微 積 分 ・
微分方程式 ・
確 率 統 計

小谷 潔 著　*Kiyoshi Kotani*

$Limit$

「極限」を
使いこなす

東京大学出版会

Practical Calculus: How to Solve Real-world Problems

Kiyoshi KOTANI

University of Tokyo Press, 2017

ISBN978-4-13-063903-3

はじめに

　昨今の情報社会の急激な進展により，私たちは幅広い知識をインターネットで手軽に得ることができるようになりました．その結果，異なる分野間のアイデアの融合や新しいビジネスチャンスが生まれやすくなりました．このような進歩と引き換えに，私たちはより激しい競争にさらされることになるかもしれません．思いついたアイデアやビジネスチャンスは地球の裏側の顔もみたことのない競争相手と争う可能性もあり，また人工知能の発展はヒトから多くの仕事を奪うのではないかともいわれています．そのような社会において私たちはこれから何を身につけていけばよいのでしょうか．

　私は有効な答えの 1 つに，数学を活用することがあるように思っています．数学の情報を誰もが手軽に入手できる世の中でありながら，式をみるのも頭が痛い，あるいは必要な前提知識がないため途中で挫折してしまう，そのような経験が皆さんにもあるのではないでしょうか．

　私たちはいまや膨大なデータに囲まれて生活をしています．そのため，日々の健康管理からスポーツの技能上達まで，目的を達成できるかどうかにおいて，データ（すなわち数）を適切に解析する能力の占める割合が大きくなりつつあります．さらに，扱う数自体も，問題に応じて，大きい数や小さい数，割り切れる数や割り切れない数，など多様なものになります．それらのデータを最大限に活用してより適切な判断や決断をするには，さまざまな性質の数をなるべく正確に扱わなければならないことは言わずもがなです．

　そのような観点で身近な問題に目を向けると，私たちは実は簡単な計算ですら，その式の意味を正確には理解していない場合があることに気づかされます．たとえば，トランプのカードはわずか 52 枚ですが，52 枚を並べる並べ方（52 の階乗）がどの程度大きい数なのかを理解するには数学の力が必要です（計算してみると，10 の 66 乗よりも大きいことがわかります）．さらにカードが 200 枚になると，コンピュータに 200 の階乗を計算させてもエラーが返っ

iv

てくるだけです（通常のコンピュータでは 10 の 309 乗以上は扱えません）.

　また，円の面積を考えてみましょう．小中学校で習った円の面積の求め方では，円を中心を頂点として扇型に細かく分割し，それぞれを三角形だとみなします（復習 1 参照）．等積変形によって底辺が（直径）×（円周率），高さが（半径）の三角形に変形されるため，（半径）×（半径）×（円周率）で求まることはみな知っていますが，扇型の面積は本当に三角形に置き換えてもよいのでしょうか．分割数が有限であれば，それぞれは三角形よりも底辺が膨らみますし，分割しすぎると，それぞれの面積は 0 になってしまうかもしれません.

　「急がば回れ」ではありませんが，一度数字を厳密に扱うためのさまざまな手法をじっくりと身につけることで，長い目で見るとデータを有効活用し，情報社会で活躍することにつながるのではないでしょうか.

　本書では数学のなかの「解析」あるいは「解析学」と呼ばれる分野を扱います．解析は「極限」や「収束」などの概念を用いて（大きな数や小さな数を含めた）さまざまな数を扱う分野です．さらに極限の操作から導かれる微分・積分を基盤とし，幅広い実生活での問題への応用につなげることができます.

　本書でははじめに，高校数学と大学数学どちらでも主要な単元となっている「微積分」を扱うことで，解析の基礎を高校数学の内容から身につけます.

　次に，微積分を基盤にしたより実用的な単元である大学数学の「微分方程式」を扱います．惑星の運動や神経細胞の電気活動などの実例を通して，現象から導かれた微分方程式がどのように振る舞うかを読み解く実用的な手法を身につけます.

　さらに，「確率統計」の講義では中心極限定理や仮説検定，さらにはクイズ番組から生まれた統計の問題（モンティ・ホール問題）などを扱うことで，実際の確率統計の問題を考える上で，「測る」「極限をとる」を含めた解析学の考え方が重要であることを確認し，具体的な解析手法を身につけます.

　最後の講義では，微積分，微分方程式，確率統計が合わさった領域の問題を考えます．はじめにオイラーの公式や重積分，偏微分といった第 1 講では扱わなかった微積分の概念を説明し，それによって正規分布の計算や微分方程式の数値計算がより厳密に行えることを示します．さらにコンピュータで乱数（ランダムな数）を実現するための法則を考え，またそれによって円周率の計

算ができることを確認したのちに，より複雑な積分計算にも有用であることを確認します．

このように，本書は解析学の入門書としては幅広い実例を扱った本になっています．また，「使いこなす」というタイトルの通り，実用面に重きを置いています．導入となる基礎的な前提は必要なものに限定し，またより深い説明が必要な際には，なるべくその考え方を使用する場所で説明する，というスタイルを心掛けました．それによって，高校数学の知識をもっているという前提がなくても無理なく読み進められるように配慮しました[1]．

また，幅広い読者に理解を深めていただけるよう，いくつかの囲み記事も用意しました．本文の内容よりも基礎的だけれど必要な内容を「復習」，本文に入れるには難しいけれど関連が深い内容を「発展」としました．また，第 1-3 講ではそれぞれの項目で得られる内容を「ポイント」としてまとめ，後から参照できるようにしました．「コラム」には本書の内容に関連するトピックについて，前提知識なしで読めるものを紹介しました．さらに，厳密な理解を助けるための補足情報は脚注に示し，また本文では扱えなかった，より難易度の高い式変形などの一部を「付録」としました．

本書では幅広いトピックを扱っていますので，まず大筋を理解されたい読者は，わからない部分は結論を先に読み，その過程は大胆に読み飛ばしていただき，日をおいて，あるいは必要に迫られた際に読み返して理解を深めるような使用方法も可能です．逆に，解析学の基礎的な側面に重きを置かれる読者の方は，脚注や「発展」を丹念に拾いながら読み進めていただければと思います．

極限を用いた微積分の基盤は万有引力の法則で有名なニュートンらによって構築され，それ以降世の中のさまざまな現象の解析に用いられています．アインシュタインは，ニュートンの一連の研究について，一人の人間の業績としては最も知的なステップかもしれないと讃えています．

一方で，ニュートンの時代には微積分における極限の概念はまだ曖昧で，数学としての厳密さはともなっておらず，途中に出てくる「0 を 0 で割ること」

---

1)　高校の履修内容であっても，重要なものは説明を施しました．また，2012 年以降の新課程で「行列」が履修範囲から外れたことを受け，行列の知識なしで読めるように配慮いたしました．一方で，新課程では代わって「複素数」が充実していますが，「複素数」も読者によって前提知識にばらつきがありますので，未習という前提で記述しました．

を妥当でないとする批判を退けることはできませんでした．その後，極限の概念はさまざまな数学者の努力によって厳密化され，今日では無限区間での積分や，確率変数の極限などを考えることが可能となり，より幅広い現象を適切に扱えるようになっています．そのような偉大な数学の基盤である「極限」およびそれにともなう微積分について，その奥深さと応用の広さを伝えられることができれば，と思っております．

小谷　潔

目　次

はじめに	iii
基本的な記号と演算ルール	xiii

第1講　極限をあやつる──微積分　　1

1.1　数を入れると数が出てくる箱──関数 2
　　1.1.1　関数の役割　2
　　1.1.2　関数の基本的な変形について　3

1.2　まがった線とまっすぐな線──微分と微分公式 7
　　1.2.1　極限と微分の基礎　7
　　1.2.2　積の微分，合成関数の微分　11
　　1.2.3　マクローリン展開・テイラー展開による関数の近似　14

1.3　面積を計算しよう──積分と積分公式 23
　　1.3.1　積分の基礎　23

1.4　解析に役立つ「発散」と「波」の関数 28
　　1.4.1　指数的に発散する関数──指数関数　28
　　1.4.2　波の関数──sin 関数と cos 関数　36
　　1.4.3　指数的に発散する関数の逆関数──対数関数　40

1.5　「$N!$」ってどれくらい大きいの？──スターリングの公式 46

コラム1　演算を表す記号の工夫について 50

第2講　世の中の現象を読み解く──微分方程式　　53

2.1　力学系の基礎 55
　　2.1.1　「力学系」とは？　55
　　2.1.2　大事な考え方，解けなくて当たり前──三体問題　56

2.2　コンピュータに式を解かせる──数値解法 58

2.3　力学系を図を使って理解するための基礎知識 65
　　2.3.1　離散時間力学系──定規があれば答えをたどれる　66

viii

  2.3.2 連続時間力学系——ヌルクラインと方向場 68

 2.4 世の中の現象の根底には発散と波の関数——連続時間線形力学系は
   $\exp(t), \cos(t), \sin(t)$ で答えが書ける 70

  2.4.1 1 変数線形力学系の解は発散か減衰 73

  2.4.2 2 変数線形力学系のパターン分け 75

 2.5 1 変数非線形力学系——非線形力学系の分岐理論 83

  2.5.1 分岐パラメータと分岐図 83

  2.5.2 標準形と呼ばれる大事な式がある 86

 2.6 2 変数非線形力学系——神経細胞のしくみ 89

  2.6.1 神経細胞と活動電位 89

  2.6.2 活動電位の仕組みを数理的に理解する 91

 2.7 3 変数非線形系——「流れ」の複雑さ 103

  2.7.1 ローレンツ方程式の概要 103

  2.7.2 平衡点と安定性の数理解析 105

  2.7.3 流れの「カオス」が生まれるわけ 107

 コラム 2 ニューロン新生 112

補講 次のステップに進むために——いくつかの積分公式 113

 補講 1 部分積分・置換積分 113

  補講 1.1 部分積分 113

  補講 1.2 置換積分 114

  補講 1.3 奇関数・偶関数の積分 116

 補講 2 ガンマ関数とベータ関数 117

  補講 2.1 ガンマ関数 117

  補講 2.2 ベータ関数 119

第 3 講 ランダムさと秩序との間に——確率統計 123

 3.1 確率的な現象とその評価手法 124

  3.1.1 離散分布と連続分布 124

  3.1.2 期待値と平均・分散・n 次モーメント 126

  3.1.3 モーメント母関数はモーメントを教える——確率にも役立つ $\exp(x)$ (そ
   の 1) 128

 3.2 正規分布を使いこなそう 130

目　次　ix

3.2.1 標準正規分布の式 $\exp(-x^2/2)/\sqrt{2\pi}$——確率にも役立つ $\exp(x)$（その2）130

3.2.2 正規分布のモーメント母関数 135

3.3 「独立」な事象とその扱い 136

3.3.1 「独立」という概念について 136

3.3.2 モーメント母関数は積分を積に変える——確率にも役立つ $\exp(x)$（その3）138

3.4 神はサイコロを丁寧に振る!?——モーメント母関数からみた中心極限定理と大数の法則 140

3.4.1 確率変数の極限について 140

3.4.2 中心極限定理 140

3.4.3 大数の法則 146

3.5 標本による推定・検定のこころ 147

3.5.1 標本とは 148

3.5.2 標本平均と標本（不偏）分散 148

3.5.3 推定と検定について——科学論文には *（星）がついている 151

3.6 その差を信じてよいのか?——t 検定をやってみよう 153

3.6.1 t 分布とは 153

3.6.2 t 検定の考え方と実際 155

3.6.3 t 検定の結果を簡単に見積もる方法 157

3.7 最尤法——母集団の特徴をピンポイントで当てる 159

3.8 ビッグデータ時代の統計手法——ベイズ統計 163

3.8.1 例題 1：ピッチング練習をしているのはどちら? 165

3.8.2 例題 2：歪んだコイン投げ 167

3.8.3 例題 3：モンティ・ホール問題 169

コラム 3　乱流はどのようにして起こる? 171

コラム 4　ニューラルネットワーク 174

第 4 講　だから世界は美しい——数学の法則は分野をこえる　177

4.1 かけ算とたし算をつなぐ——ネイピア数 e と大きな数の扱い　178

4.1.1 「ネイピア数」e 178

4.1.2 ネイピアは何をしたのか?——対数関数 181

4.2 指数関数と三角関数をつなぐ——世界で最も美しい式 $e^{i\pi} = -1$　182

4.2.1 虚数 i と複素数 182

4.2.2　波の関数 $\sin(x), \cos(x)$ と弧度法　182

4.2.3　真打ち登場——オイラーの公式　186

4.3　確率分布と円周率をつなぐ——ガンマ関数による $\Gamma(1/2) = \sqrt{\pi}$　189

4.4　テイラー展開と数値解法をつなぐ——修正オイラー法　.......　195

4.4.1　偏微分の手続きについて　195

4.4.2　2 変数関数の全微分　196

4.4.3　2 変数関数のテイラー展開について　198

4.4.4　修正オイラー法　200

4.5　コンピュータで理想のランダムさに迫る——メルセンヌ・ツイスターと疑似乱数　.......................................　202

4.5.1　線形合同法　202

4.5.2　ふだんの四則演算のルールを超えて——メルセンヌ・ツイスター　203

4.6　ランダムさと積分をつなぐ——モンテカルロ法とビッグデータ解析　.......................................　206

コラム 5　三角関数の数値計算——少しの記憶と，少しの計算と，大いなる創造力と　.......................................　212

コラム 6　コンピュータが得意なこと，苦手なこと　.............　215

付録　　　　　　　　　　　　　　　　　　　　　　　　　　　　217

付録 1　極限と収束に関する補足　...........................　218

付録 1.1　数列の極限と収束について　219

付録 1.2　関数列の極限と収束について　219

付録 1.3　その他の極限に関連する用語について　220

付録 2　微分方程式 $dX/dt = P(t)X + Q(t)$ の解　.............　221

付録 3　2 変数線形微分方程式の分類 A-E における境界のケースについて　.......................................　222

付録 4　ノーベル賞を受賞した数理モデル——HH モデル　........　225

付録 5　2 つの神経細胞タイプとその数理モデル——FHN モデルと ML モデル　.......................................　228

付録 6　確率変数の収束に関する補足　........................　231

付録 6.1　確率収束について　232

付録 6.2　概収束について　232

付録 6.3　分布収束について　233

付録 7　t 分布の導出の詳細 233

付録 7.1　商の確率密度関数　233

付録 7.2　カイ二乗分布とは　235

付録 7.3　t 分布の導出　238

付録 7.4　標本からの T 統計量が t 分布にしたがう　240

付録 7.5　重要な補足——$Z = \sum_{i=1}^{n}(X_i - \bar{X})^2/\sigma^2$ とカイ二乗分布の関係　241

参考文献　　　　　　　　　　　　　　　　　　　　　　　　245

謝　辞　　　　　　　　　　　　　　　　　　　　　　　　　247

索　引　　　　　　　　　　　　　　　　　　　　　　　　　249

基本的な記号と演算ルール

(1) 本書で用いるギリシア文字

小文字

アルファ	α	ベータ	β	ガンマ	γ	デルタ	δ	イプシロン	ε
シータ	θ	ラムダ	λ	ミュー	μ	パイ	π	ロー	ρ
シグマ	σ	ファイ	ϕ	カイ	χ	オメガ	ω		

大文字

ガンマ	Γ	デルタ	Δ	シグマ	Σ

(2) 数の体系

数の体系

自然数：$1, 2, 3$ など

整　数：$0, \pm 1, \pm 2$ など．自然数は正の整数

有理数：0 および $\pm \dfrac{a}{b}$ （ただし a, b は自然数）

無理数：$\sqrt{2}, \sqrt{3}$ などの有理数以外の実数

（複素数については第 4 講で扱う）

(3) 基本的な計算（演算）記号

足し算：$a + b$

引き算：$a - b$

掛け算：$a \times b, \ a \cdot b, \ ab$ 　　（ab の記載は b が未知数の場合に限る）

割り算：$a \div b,\ a/b,\ ab^{-1} \quad (b^{-1} = 1/b)$

平方根：$\sqrt{a},\ a^{\frac{1}{2}} \quad$ （2乗して正の実数 a になる数）

　その他の本書で説明される演算のルールについてはコラム1も参照のこと.

(4) 指数法則と絶対値

$$x^m \cdot x^n = x^{m+n} \quad \text{例)} \quad 3^4 \cdot 3^2 = 3^6,$$

$$(x^m)^n = x^{m \cdot n} \quad \text{例)} \quad (3^4)^2 = 3^4 \cdot 3^4 = 3^8,$$

$$(x \cdot y)^m = x^m \cdot y^n \quad \text{例)} \quad (3 \cdot 4)^2 = 3^2 \cdot 4^2,$$

$$x^0 = 1 \quad \text{例)} \quad 3^0 = 1,$$

$$\sqrt{x} = x^{\frac{1}{2}} \quad \text{例)} \quad \sqrt{4} = 4^{\frac{1}{2}}(= 2),$$

$$x^{-m} = \frac{1}{x^m} \quad \text{例)} \quad 3^{-1} = \frac{1}{3},$$

$$|x| = \begin{cases} x & (x \geq 0) \\ -x & (x < 0) \end{cases} \quad \text{例)} \quad |3| = 3, |-5| = 5.$$

第1講 極限をあやつる——微積分

　この講義では高校数学および大学数学で学ぶ微積分と呼ばれる単元を扱います．「微分」は範囲を細かくして考えること，「積分」は細かい範囲の計算をたくさんたし合わせる（積もらせる）ことと考えることができます．より具体的には，微積分を身につけることで

　　・複雑な曲線の式を簡単な式に近似する
　　・複数の曲線で囲まれた部分の面積を求める

ことができるようになります．どちらの場合にも，「極限」を扱わなければなりません．

　さらに微積分は，微分方程式（第2講）や，確率統計（第3講）の問題に用いることで応用先が広がり，たとえば，惑星の軌道や細胞の活動を予測すること，景品の当たる確率や薬の効き目を評価することができるようになります．ここでは第2講，第3講の計算につながるよう，基本的な部分から説明をしました．そのため，すでに習っている部分は読み飛ばし，ややこしいなと思った部分は結論だけ確認して，やはり読み飛ばしていただいてもかまいません．そして，必要に応じて読み返すような読み方をしてください．

　本講義の内容を理解することで，たとえば与えられた関数を近似する n 次関数を求めること，および1から100までの積[1]，

---

1)　このような自然数1から N までを1つずつかける演算は階乗といい，本書でも頻繁にでてきます．一般に自然数 N に対して N の階乗は記号「！」を用いて $N! = N(N-1)(N-2)\cdots 3\cdot 2\cdot 1$ と表されます．

$$1 \cdot 2 \cdot 3 \cdot 4 \cdot \cdots \cdot 99 \cdot 100$$

が何桁の数なのかを簡単に求められるようになります。前者の計算は第2講でみる物体の運動などの理解に役立ちますし，後者の計算も第3講でみる確率の見積りに役に立ちます。じゃんけんで100回連続して勝つ確率と，サイコロの目を70回連続して当てる確率はどちらが高いでしょうか？ （→答えは45ページ）

1.1 数を入れると数が出てくる箱——関数

1.1.1 関数の役割

はじめに「関数」について，その必要性と役割を説明します。私たちは，直径に対する円周の比率は $3.14\cdots$ であることを習い，それを π と表しました。そして円周率を用いた円の面積の求め方は直径の半分を半径として，（半径）×（半径）×（円周率）が円の面積であるという公式を習いました（復習1）。実際の円の面積を求めるには，公式に必要な数値を代入[2]します（復習1の場合，半径 $= 1/2$ cm ですので面積は $\pi/4$ cm^2 となります）。このように入力（問題設定）と出力（知りたい回答）の関係を数学の言葉で一般化して表現したものが関数です。具体的には， $y =$ （円の面積）, $x =$ （直径）とした場合に， $f(x) = (x/2)^2 \cdot \pi$ という関数を用意し， $y = f(x)$ に問題設定である x を代入して答え y を求めます。 x に3を代入する場合，式の書き方としては $f(3) = (3/2)^2 \cdot \pi = 9\pi/4$ となります。

この関数のグラフを描くことで，半径を変えた場合に面積がどのように変わるかを視覚的あるいは定量的に把握することができます。さらには，面積が 10 cm^2 となる円の直径は何 cm でしょう，というような逆向きの問題も考えることができます。

一般化しますと，関数とは「数を入れたら数が出てくるもの」です。ある関

---

2) 関数の式に $x = 1, x = 2$ や $x = x_0$ などのなんらかの値を入れることを「代入する」といいます。

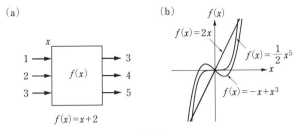

図 1.1

数 $f(x)$ に対して，x に何か値を入れると値 $f(x)$ が返ってきます．たとえば，$f(x) = x + 2$ のとき，x に 1 を入れると $f(1) = 1 + 2 = 3$ となり 3 が返ってきます（図 1.1(a)）．簡単な例としては，$f(x)$ には $f(x) = x + 2, f(x) = x^2 + x + 2, f(x) = 3x^5$ など，x 自身を何度かかけたのちにいろいろな項をたし算する $f(x)$ を考えます．このような式は多項式関数と呼ばれ，

$$f(x) = a_0 + a_1 x + a_2 x^2 + \cdots + a_{n-1} x^{n-1} + a_n x^n \tag{1.1}$$

と表されます．ただし $a_i (i = 0, 1, \cdots, n)$ は定数です．ここで $a_n \neq 0$ のとき，式 (1.1) は n 次多項式と呼ばれます．図 1.1(b) にはいくつかの多項式の関数の例をあげています．

1.1.2 関数の基本的な変形について

関数にはさまざまなものがありますが，すべてに共通して成り立つ変形を知っておくといろいろな問題に使えるので便利です．そのような便利な変形として，ここでは関数の拡大・縮小および平行移動を以下にみていきます．はじめに，何らかの x の関数 $f(x)$ があるとします[3]．ここでは $g(x) = f(ax)$ である関数 $g(x)$ を導入し[4]，$y = f(x)$ と $y = g(x)$ の比較から x 軸方向の拡大・縮小について考えます．ここで $y = f(x)$ において $x = x_0$ を代入した際に，$y = y_0$ が得られたとすると，$y = g(x)$ において $y = y_0$ が得られるのは

---

[3] 説明に用いている図 1.3(a) では例として $f(x) = x^2$ を扱っていますが，この変形は $f(x)$ がどのような関数であっても成り立ちます．
[4] $f(x) = x^2$ の場合は $g(x) = (ax)^2 = a^2 x^2$ となります．

復習 1　円の面積の求め方

　図 1.2 の通り，円周に沿って円を三角形に開き，底辺と高さを変えない，すなわち面積を変えないで変形（等積変形）すると，底辺の長さが π cm で高さが 1/2 cm の三角形ができあがり，その面積は $\pi \cdot (1/2) \div 2 = \pi/4 \text{ cm}^2$ になります。

　一般的には底辺が（直径）×（円周率），高さが半径の三角形になるため，その面積は（直径）×（円周率）×（半径）÷ 2 =（半径）×（半径）×（円周率）と求まります。

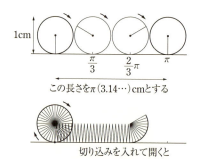

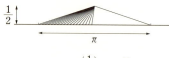

図 1.2

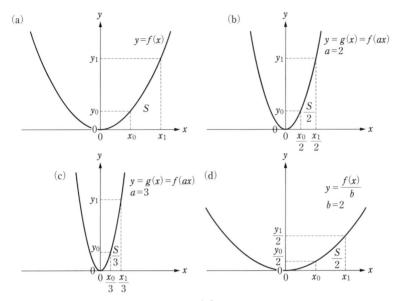

図 1.3

$x = x_0/a$ のときです[5]．そのため図 1.3(b)(c) の通り，$a = 2, 3$ のとき，$g(x)$ は x 軸方向に $1/2, 1/3$ と縮小されます．

さらに，x 軸に対して $1/a$ に縮小されているので，もし元の関数 $y = f(x)$ と $x = x_0, x = x_1, y = 0$ で囲まれた部分の面積が S であったとしたら，$a > 0$ のときには $y = f(ax)$ と $x = x_0/a, x = x_1/a, y = 0$ で囲まれた部分の面積は S/a となります[6]．

次に，$y = f(x)$ と $y = f(x)/b$ の比較から y 軸方向の拡大・縮小について考えます．$x = x_0$ を代入した場合，前者が y_0 を返すのに対して，後者は y_0/b を返します．そのため，$b > 0$ のときには $y = f(x)/b$ と $x = x_0, x = x_1, y = 0$ で囲まれた部分の面積は元の面積の $1/b$ 倍となります．たとえば $b = 2$ であれば y 軸方向に $1/2$ 縮小され，面積も $1/2$ 倍となります（図 1.3(d)）．

---

5) $f(x) = x^2$ に対して $y_0 = f(x_0) = (x_0)^2$ のときに $g(x_0/a)$ を代入すると，$g(x_0/a) = a^2(x_0/a)^2 = (x_0)^2 = y_0$ が成り立つことが確認できます．

6) 逆に，$f(x)$ を x 軸方向に a 倍に拡大した関数は $f(x/a)$ になり，$f(x/a)$ と $x = ax_0, x = ax_1, y = 0$ で囲まれた部分の面積は aS になります．

さらに，以下では関数の x 軸および y 軸方向への平行移動について考えますが，やや複雑なため，はじめに方眼紙と透明な紙を用いた例について考えます．図 1.4(a) のように，方眼紙の上に透明な紙を乗せて関数 $y = f(x)$ を描きます．次に関数を移動させたい方向と逆方向に方眼紙を動かして，元の関数を新しい目盛り (X, Y) で表現し直せば，平行移動した後の関数が得られます．$y = f(x)$ を x 軸正方向に c 移動し，y 軸正方向に d 移動する場合は，図 1.4(b) のような新しい X 軸と Y 軸[7]を考えることになります．この場合，$x = 0$ が $X = c$ に，$y = 0$ が $Y = d$ に対応するので，一般に $X = x + c$ および $Y = y + d$ が成り立ちます．ここから $x = X - c, y = Y - d$ を $y = f(x)$ に代入すると，$Y - d = f(X - c)$ より $Y = f(X - c) + d$ となり，元の関数を x 軸正方向に c，y 軸正方向に d 動かした関数が得られます．$y = x^2$ の例を考えると，移動後の関数は $Y = (x - c)^2 + d$ となります．たまに c をたすのかひくのかこんがらがることがありますので，関数を移動させることは，方眼紙（座標系）の移動と等価であるということを思い出してください．

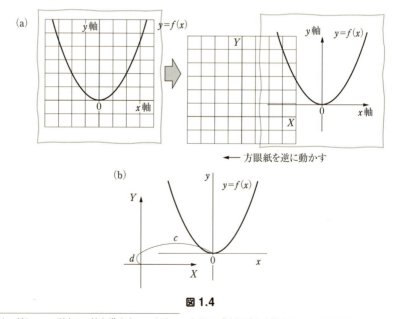

図 **1.4**

---

[7] 新しい X 軸と Y 軸を導入することを，一般的に「座標系を変換する」といいます．

また，これまで $y = f(x)$ という形を使ってきましたが，y を代入したら x を返す $f(x)$ と逆向きの関数 $x = g(y)$ を考えることができます．x と y を入れ替えた $y = g(x)$ という関数を $f(x)$ の逆関数といいますが，詳細は 1.4 節で示しますので，名前だけ紹介するにとどめます．

■ 1.1 節のポイント ■

・$y = f(x)$ を x 軸方向に $1/a$ 倍に縮小 → $y = f(ax)$

・$y = f(x)$ を y 軸方向に $1/b$ 倍に縮小 → $y = f(x)/b$

・$y = f(x)$ を x 軸正方向に c，y 軸正方向に d だけ平行移動 → $y = f(x - c) + d$

1.2 まがった線とまっすぐな線——微分と微分公式

1.2.1 極限と微分の基礎

1.1 節でみた多項式関数は多くの場合まがっていました．まがっていないのは，$f(x) = ax + b$ と書ける場合のみです．一方で，線がまがっているかまっすぐかは数理的にはとても大きな違いがあり，まっすぐの線のほうが圧倒的に扱いやすいのです．そこで「まがっている線の一部分を拡大し，そのなかにまっすぐな線の特徴を見つける」試みが微分という操作になります（微分法は，この後に出てくる積分法とあわせ，17 世紀にニュートンとライプニッツの功績によって発展しました．それ以来，リンゴや惑星の運動をはじめ，いたるところで使用されている重要な考え方です）[8]．ではそのまっすぐな線の関数はどのように求まるのでしょうか．図 1.5 の $y = x^2$ を例にとって具体的に考えていきます．$y = x^2$ 上の (x_0, x_0^2) と $(x_0 + \Delta x, (x_0 + \Delta x)^2)$[9] の 2 点を通る直

---
8) 微分によって得られるまっすぐな線が扱いやすいことを示す一例をあげます．目的地まで距離 80 km として，ドライブ中に車のフロントパネルに時速 40 km/h と表示されていたとします．この場合，私たちは（時間）＝（距離）÷（速さ）の公式から 80 ÷ 40 ＝ 2 と計算することで，到着まで 2 時間かかると予測します．この予測は，同じ速度で進み続けた場合ですから，時間と距離の関数が直線であることを仮定して計算しています．直線の関数の特徴を扱う分野に「線形代数」があります（本書では紙面の都合から線形代数については割愛しています）．

9) ギリシア文字 Δ はデルタと読み，$\Delta x, \Delta y$ などと変数とセットで書くと，微小な量を表すこと

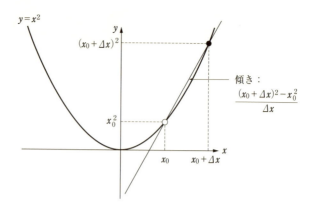

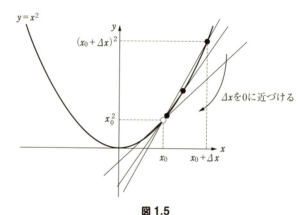

図 1.5

線を引き，この線の傾きを考えると，

$$\frac{(x_0 + \Delta x)^2 - (x_0)^2}{\Delta x} = \frac{2(\Delta x)x_0 + (\Delta x)^2}{\Delta x} \tag{1.2}$$

となります．ここで Δx を 0 に近づけることで，(x_0, x_0^2) を通って $y = x^2$ に接する直線の式を求めます．この Δx を 0 に極限まで近づける操作を「極限をとる」といい，$\lim_{\Delta x \to 0}$ という記号を用います．以下では，はじめに高校数学で習う微分の手続きを説明し，そのあとで極限をとることについてのよりくわしい説明をします．

があります．本書で用いるギリシア文字については「基本的な記号と演算ルール」にまとめましたので，そちらも参照してください．

いま，$\dfrac{2(\Delta x)x_0 + (\Delta x)^2}{\Delta x}$ は $\Delta x = 0$ において $0/0$ となって値が求まりません．しかしながら Δx を 0 に限りなく近い有限の値だと思うと，Δx について約分することで $2x_0 + \Delta x$ が得られ，その後で Δx がとても小さいという情報を用いる（Δx に 0 を代入）と，

$$\lim_{\Delta x \to 0} \frac{2(\Delta x)x_0 + (\Delta x)^2}{\Delta x} = \lim_{\Delta x \to 0}(2x_0 + \Delta x) = 2x_0$$

と求まります．このようにして関数 $f(x)$ に対して任意の点 $x = x_0$ における接線の傾きを求める操作を微分といいます．さらに直線の式を求めるには，傾きが $2x_0$ となる直線が定数 b を用いて，

$$y = 2x_0 x + b \tag{1.3}$$

と表されることと，この直線は $(x_0, (x_0)^2)$ を通ることを用います．式 (1.3) は $(x_0)^2 = 2(x_0)^2 + b$ を満たさなければならないため，最終的に，

$$y = 2x_0 x - (x_0)^2$$

が $x = x_0$ で $y = x^2$ に接する直線（接線）になります．

　上記の微分法の基礎はニュートン，ライプニッツによって構築されたものです．一方で，Δx を小さくすると，本当にこの関数はだんだんとある値に近づいていくのか（このことを「収束する」といいます），あるいはそうではないのか，はとても重要な検討事項です（もちろん，そうではない場合はこのような極限を考える妥当性がなくなります）．このような極限や収束に関する厳密な操作はニュートンやライプニッツ以降の数学者によって発展したものです．その結果，現在では極限をとるということを数学として厳密に考え，またこれまで直感的に用いてきた「連続」や「∞（無限大）」といった用語に対する厳密な意味付けがなされました．高度な応用問題を扱う場合には，より厳密な議論に立ち返る必要もあるため，以下では微分を表す極限の収束性について，「イプシロン – デルタ論法」という考え方を説明します．また，付録 1 においては，さらに深い内容を学習する際にはじめに必要となる極限や収束についての基本的な考え方をいくつかまとめましたので，そちらもご参照ください．

　いま，2 点を通る直線の傾きの関数 $\dfrac{2(\Delta x)x_0 + (\Delta x)^2}{\Delta x}$ が $\Delta x \to 0$ の極限で

10   第 1 講　極限をあやつる

$2x_0$ に収束することを，「どこまででも精度を高められる近似」だと考え直します．その場合，$2x_0$ に収束するとは，関数の値と $2x_0$ の誤差が要求された精度に収まることを示す必要があります．

　このことを式で表すと，精度として誰かが正の定数 $\varepsilon > 0$ を要求したときに，（それがどんなに小さな ε であっても）

$$\left| \frac{2(\Delta x)x_0 + (\Delta x)^2}{\Delta x} - 2x_0 \right| < \varepsilon$$

を満たす Δx が $0 < \Delta x < \delta$ で存在することを示せればよいことになります．この例では，たとえば $\delta = \varepsilon/2$ を考えると，δ より小さい正の Δx に対して，

$$\left| \frac{2(\Delta x)x_0 + (\Delta x)^2}{\Delta x} - 2x_0 \right| = \frac{(\Delta x)^2}{\Delta x} < \delta = \frac{\varepsilon}{2} < \varepsilon$$

ですので，どんなに小さい ε に対しても $2x_0 \pm \varepsilon$ の範囲に収めることができ，この極限は $2x_0$ に収束するといえます[10]．

　このようにして定められた微分の手続きを関数 $f(x)$ に適用し，得られた関数を $df(x)/dx$ もしくは $f'(x)$ と表します．また，得られた $f'(x)$ を新たな x の関数とみて x について再度微分する操作を 2 回微分といい，$d^2 f(x)/dx^2$ もしくは $f''(x)$ と表します．この操作を n 回繰り返す操作を n 回微分といい，「$'$」を n 個書く代わりに $f^{(n)}(x)$ と表します．もちろん，$d^n f(x)/dx^n$ でも大丈夫です．

　次に，先ほどの図 1.5 の例を拡張し，いろいろな a および n に対する x の関数 $y = ax^n$ に対して，$x = x_0$ でこの曲線に接する直線の傾きを考えます（二項定理を使うと簡単ですので，二項定理を初めて学ぶ方，忘れてしまった方は復習 3 を参考にしてください）．最終的に，組み合わせ計算の結果，

$$\lim_{\Delta x \to 0} \frac{a(x_0 + \Delta x)^n - a(x_0)^n}{\Delta x}$$
$$= \lim_{\Delta x \to 0} \frac{an(\Delta x)(x_0)^{n-1} + a \cdot {}_n\mathrm{C}_2(\Delta x)^2(x_0)^{n-2} + \cdots}{\Delta x}$$
$$= an(x_0)^{n-1}$$

---

10)　より正確には，Δx を負の数から 0 に近付けた極限が今回の結果と一致することも確認しなければなりませんが，ここでは割愛します．

が傾きとして求まります.

一般的な多項式関数はさまざまな次数(x がかけられている回数)の和として $y = a_0 + \sum_{k=1}^{n} a_k x^k$ と表すことができます[11]. この関数についても $x = x_0$ で接する直線の式を求めてみましょう. この関数に接する直線の傾きは,各項のたし合わせで $\sum_{k=1}^{n} a_k k (x_0)^{k-1}$ となります. 先の極限操作に則って確認すると,$y = a_0 + \sum_{k=1}^{n} a_k x^k = f(x)$ として,

$$
\begin{aligned}
&\lim_{\Delta x \to 0} \frac{f(x_0 + \Delta x) - f(x_0)}{\Delta x} \\
&= \lim_{\Delta x \to 0} \frac{a_0 + \sum_{k=1}^{n} a_k (x_0 + \Delta x)^k - (a_0 + \sum_{k=1}^{n} a_k (x_0)^k)}{\Delta x} \\
&= \lim_{\Delta x \to 0} \sum_{k=1}^{n} \frac{a_k (x_0 + \Delta x)^k - a_k (x_0)^k}{\Delta x} \\
&= \sum_{k=1}^{n} a_k k (x_0)^{k-1}
\end{aligned}
$$

と導かれます. この直線が (x_0, y_0) を通るという条件を考えると,

$$
y = \sum_{k=1}^{n} a_k k (x_0)^{k-1} (x - x_0) + y_0
$$

が直線の式として得られます(ただし $y_0 = a_0 + \sum_{k=1}^{n} a_k (x_0)^k$).

1.2.2 積の微分,合成関数の微分

この項では,のちのち重要になる基本的な法則として,積の微分公式と合成関数の微分公式を取り上げます. これらの公式には少し複雑な式変形も含まれていますが,一度経験しておくと,いろいろな関数を簡単に微分できるようになります. 積の微分公式は,$h(x) = f(x)g(x)$ のとき,

$$
h'(x) = f'(x)g(x) + f(x)g'(x)
$$

---

11) $\sum_{k=1}^{n}$ は「k に 1 から n まで代入して和をとる」という記号です. 具体的には $\sum_{k=1}^{n} a_k x^k = a_1 x + a_2 x^2 + \cdots + a_n x^n$ を意味します. $_nC_2$ は組み合わせ計算の記号で,復習 3 を参考にしてください.

12   第 1 講　極限をあやつる

というものです．これを確かめてみましょう．いままでと同様に $(x, h(x))$ と $(x + \Delta x, h(x + \Delta x))$ を通る直線の傾きを考え，Δx を 0 に近づけます．$h(x + \Delta x) = f(x + \Delta x)g(x + \Delta x)$ ですので，

$$h'(x) = \lim_{\Delta x \to 0} \frac{h(x + \Delta x) - h(x)}{\Delta x}$$

$$= \lim_{\Delta x \to 0} \frac{f(x + \Delta x)g(x + \Delta x) - f(x)g(x)}{\Delta x}$$

$$= \lim_{\Delta x \to 0} \frac{f(x + \Delta x)g(x + \Delta x) - f(x + \Delta x)g(x) + f(x + \Delta x)g(x) - f(x)g(x)}{\Delta x}$$

$$= \lim_{\Delta x \to 0} \frac{f(x + \Delta x)\{g(x + \Delta x) - g(x)\}}{\Delta x} + \frac{\{f(x + \Delta x) - f(x)\}g(x)}{\Delta x}$$

$$= f(x)g'(x) + f'(x)g(x)$$

と示すことができます[12]．

　具体例を使って確認してみましょう．$f(x) = 2x, g(x) = 3x^3$ のときを考えると，$h(x) = 6x^4$ から $h'(x) = 24x^3$ ですが，

$$f'(x)g(x) + f(x)g'(x) = 2 \cdot 3x^3 + 2x \cdot 9x^2 = 24x^3$$

からも求まることが確認できます．

　積の微分と同じやり方を用いて，商の微分も求めることができます．商の微分は $h(x) = f(x)/g(x)$ のとき，

$$h'(x) = \lim_{\Delta x \to 0} \frac{h(x + \Delta x) - h(x)}{\Delta x}$$

$$= \lim_{\Delta x \to 0} \frac{\dfrac{f(x + \Delta x)}{g(x + \Delta x)} - \dfrac{f(x)}{g(x)}}{\Delta x}$$

が得られますが，通分して，

---

12)　下波線部はたすと 0 になるものを加えてうまく計算するテクニック．

$$= \lim_{\Delta x \to 0} \frac{f(x + \Delta x)g(x) - f(x)g(x + \Delta x)}{g(x + \Delta x)g(x)\Delta x}$$

$$= \lim_{\Delta x \to 0} \frac{f(x + \Delta x)g(x) - f(x)g(x) + f(x)g(x) - f(x)g(x + \Delta x)}{g(x + \Delta x)g(x)\Delta x}$$

$$= \lim_{\Delta x \to 0} \frac{1}{g(x + \Delta x)g(x)} \left(\frac{f(x + \Delta x) - f(x)}{\Delta x}g(x) - f(x)\frac{g(x + \Delta x) - g(x)}{\Delta x} \right)$$

極限をとり,

$$= \frac{f'(x)g(x) - f(x)g'(x)}{g(x)^2}$$

が求まります[13].

　次に,合成関数の微分公式をみていきます.合成関数とは,y が u の関数で,u が x の関数であるような場合です.たとえば $y = f(u) = 2u, u = g(x) = 3x^3$ のような場合に $\frac{dy}{dx}$ を求める公式になります.y の x による微分は u を介して,

$$\frac{\Delta y}{\Delta x} = \frac{\Delta y}{\Delta u} \cdot \frac{\Delta u}{\Delta x} \to \frac{dy}{dx} = \frac{dy}{du} \cdot \frac{du}{dx}$$

となります.$\Delta x, \Delta y, \Delta u$ を微小な有限の変化と思えば自明で,その後極限をとれば示されます.「x を動かした際の y の反応をみるには,x を動かした際に u がどれくらい動いたかを記録し,$y(u)$ を用いて u を該当量動かした際の y の反応を評価する」とも理解できます[14].

　具体例として,上の $y = f(u) = 2u, u = g(x) = 3x^3$ についてみていきます.それぞれの関数を描くと図 1.6 の通りです.$x = 1$ から微小量 Δx 増やした場合,$\frac{dg(x)}{dx} = 9x^2$ より応答 $\Delta u = 9(\Delta x)^2$,u が $u = 3$ から $9(\Delta x)^2$ 増加した場合,$\frac{df(u)}{du} = 2$ より $\Delta y = 18(\Delta x)^2$ と求まります.これは上の手法で,$\left(\frac{dy}{du}\right) \cdot \left(\frac{du}{dx}\right) = 2 \cdot 9x^2 = 18x^2$ に $x = 1$ を代入するのと同じ操作です.また,

---

13) 　下波線部は脚注 12 と同様の計算です.

14) 　なお,この説明では $\frac{du(x)}{dx}$ がつねに 0 ではないことを前提としています($\frac{du(x)}{dx} = 0$ の近くでは有限の Δx に対しても $\Delta u = 0$ となり,Δy を 0 で割ることによって操作の途中で ∞ が発生してしまうため).一方で $\frac{du(x)}{dx} = 0$ を含む場合もこの法則が成り立つことは示されます(高木貞治『定本　解析概論』(岩波書店,2010)).

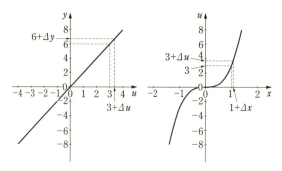

図 1.6

直接 $y = f(u) = f(g(x))$ と代入して y と x の関係を求めると $y = 6x^3$ となるので，微分して $\dfrac{dy}{dx} = 18x^2$ が確認できます．

1.2.3 マクローリン展開・テイラー展開による関数の近似

1.2.1 項において，微分を用いてある関数に接する直線の方程式を求めました．この考え方の延長にはマクローリン展開やテイラー展開と呼ばれる考え方があります．それは，複雑な関数[15]に対して，$x = a$ の周りで，その関数を近似するより簡単な関数を導くことができるというものです．$f(x)$ がどんな関数であっても $x = a$ の近くで成り立つ x の n 乗までの近似式は $f(x) \simeq f(a) + \sum_{k=1}^{n} \dfrac{f^{(k)}(a)}{k!}(x-a)^k$ と表せることが知られています[16]．このことを，具体例で確認していきます．

はじめに簡単な例として，原点を通る 4 次関数

$$y = f(x) = a_1 x + a_2 x^2 + a_3 x^3 + a_4 x^4 \tag{1.4}$$

について考えます．この場合，x が 1 より小さい場合，$x > x^2 > x^3 > x^4$ より（たとえば $x = 0.01$ だと思って x^2, x^3 などを確認してください），高次の項を 0 だと思って無視してしまってもよい近似になる場合があります．具体

---

[15] 本項では多項式関数についてのみ取り上げますが，この展開法は何度でも微分できるなめらかな関数であればどのような関数でも成り立つ便利な考え方です．次節以降では項の数が無限大となる場合も含め，さまざまなケースにこの手法を用います．

[16] この記号 $\simeq$ は両辺の値が近いことを意味します．$\sim$ や $\fallingdotseq$ が使用されることもありますが，本書では $\simeq$ を用います．

的には，x^4 がほとんど 0 だとみなせれば $f(x) = a_1 x + a_2 x^2 + a_3 x^3$ が近似式となり，x^4, x^3 がほとんど 0 だとみなせれば $f(x) = a_1 x + a_2 x^2$ と近似できます．

　この考え方を深めるために，近似式の係数ともとの関数の微分との関係を確認しておきます．いま，式 (1.4) を原点の近くにおいて 2 次の項までで近似することを考える場合，その式の 1 次項の係数は a_1 ですが，これは元の関数の微分 $f'(x) = a_1 + 2a_2 x + 3a_3 x^2 + 4a_4 x^3$ に $x = 0$ を代入することでも求まります．近似式の 2 次項は a_2 ですが，これは $f''(x) = 2a_2 + 3 \cdot 2 a_3 x + 4 \cdot 3 a_4 x^2$ について $f''(0)/2$ として求まります．このことを一般化すると図 1.7 が成り立ちます．元の関数を n 回微分すると，元の関数の $n - 1$ 次以下の項は 0 になり，n 次項の係数が定数項となり，$n + 1$ 次以上の項は x の 1 次以上の項として現れます．そのため，$f^{(n)}(0)$ は元の関数の $n - 1$ 次までの項および $n + 1$ 次以上の項がすべて 0 になるので，n 次項の情報だけが残ることになります．元の関数の n 次項と $f^{(n)}(0)$ の関係については，$a_n x^n$ を n 回微分すれば $n! a_n$（定数）になることから，$a_n = f^{(n)}(0)/n!$ が成り立ちます．

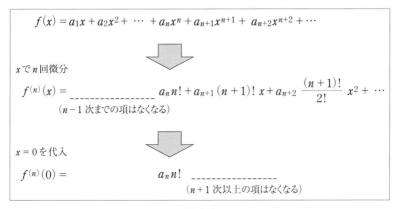

図 1.7

　この関係から $x = 0$ の近くで成り立つ n 次までの近似式は $f(x) \simeq f(0) + \sum_{k=1}^{n} \dfrac{f^{(k)}(0)}{k!} x^k$ と表され，マクローリン展開と呼ばれます．求まった多項式関

16   第1講　極限をあやつる

数ともとの関数の差は x の $n+1$ 次以上の多項式関数となりますので[17) 18)]，$f(x) = f(0) + \sum_{k=1}^{n} \frac{f^{(k)}(0)}{k!}(x)^k + R_{n+1}(x)$ と書くこともあります．さらに，$x = 0$ ではなく一般に $x = a$ の近くで成り立つ多項式を近似的に求める計算はテイラー展開と呼ばれます．この場合は，1.1.1 項でみた関数の平行移動を行ってからマクローリン展開をすることで，$f(x) \simeq f(a) + \sum_{k=1}^{n} \frac{f^{(k)}(a)}{k!}(x-a)^k$ となることが確認できます．この操作についてはみなさんで確認してください．

　次に，この計算が役に立つ例をみてみましょう．元の関数が多項式関数ではない例として，$h(x) = \dfrac{1}{1+x}$ のマクローリン展開を考えます．マクローリン展開に必要な $h^{(n)}(x)$ は，商の微分公式，あるいは合成関数の微分公式を使って求めることができます．後者の合成関数の微分公式を用いると，この場合は $u = g(x) = 1 + x$，$f(u) = u^{-1}$ と表せますので，

$$h'(x) = \left(\frac{df}{du}\right) \cdot \left(\frac{dg}{dx}\right) = -(1+x)^{-2}$$

が得られます．さらに，$h''(x)$ については，$g(x) = 1 + x$，$f(u) = -u^{-2}$ での合成関数の微分法則から，$h''(x) = 2!(1+x)^{-3}$ が得られます．$h'''(x)$ についても $g(x) = 1 + x$，$f(u) = 2!u^{-3}$ とすることで，$h'''(x) = -3!(1+x)^{-4}$ と求まります．以下，繰り返し計算していけば n 回微分は，

$$h^{(n)}(x) = (-1)^n (n!)(1+x)^{-(n+1)}$$

となることがわかります．微分した後の関数に $x = 0$ を代入すると $h^{(n)}(0) = (-1)^n n!$ と，何回微分してもシンプルな答えになる興味深い結果が得られます．この結果をマクローリン展開の式 $h(x) \simeq h(0) + \sum_{k=1}^{n} \frac{h^{(k)}(0)}{k!} x^k$ に代入す

---

17)　やや専門的な話になりますが，この誤差項を $R_{n+1}(x)$ とすると，平均値の定理を用いることで，$R_{n+1}(x) = \dfrac{f^{(n+1)}(c)}{(n+1)!} x^{n+1}$ となる適切な c が $0 < c < x$ の範囲で存在することが示されます．詳細は一般的な大学数学の微積分の教科書（たとえば，寺田文行・坂田㳠『演習と応用　微分積分』（サイエンス社，2000））を参考にしてください．本書では記述のわかりやすさのため，テイラー展開，マクローリン展開は誤差項をはぶいて近似の記号 $\simeq$ で両辺をつなぎます．

18)　また，0 の階乗について，$0! = 1$ というルールを認めれば $f(x) \simeq \sum_{k=0}^{n} \dfrac{f^{(k)}(0)}{k!} x^k$ と，よりシンプルに表すことができます．$0! = 1$ という関係については補講のガンマ関数のところでも説明しています．

ると，$h(x) \simeq 1 + \sum_{k=1}^{n}(-1)^k x^k$ が得られます．この関数をグラフに描くと，図 1.8 の通りです．

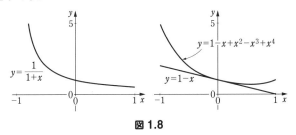

図 1.8

発展 1　ニュートン法

　微分法を用いた重要な応用として，ニュートン法と呼ばれる手法があげられます．ニュートン法とは，方程式 $f(x) = 0$ の解を微分法と繰り返し計算によって数値的に解を求める手法です．微分可能な関数 $f(x) = 0$ が解 $x = c$ をもつとき，その近くの点 x_0 を初期値にとり，繰り返し

$$x_1 = x_0 - \frac{f(x_0)}{f'(x_0)}, \cdots, x_{i+1} = x_i - \frac{f(x_i)}{f'(x_i)}$$

を計算することで，$\lim_{n \to \infty} x_n = c$ に収束します．それぞれの点で，接線の傾きを微分によって求め，接線が $x = 0$ と交わる点を新たな点とします．図 1.9 のように，その操作を繰り返すことで，解に収束します．

　$f(x) = x^2 - 5$ について，$x_0 = 5$ からニュートン法で計算した結果を表 1.1 に示します．$f(x) = 0$ の解は $x = \pm\sqrt{5}$ ですが，ルート 5 は「富士山麓（さんろく）オウム鳴く」という語呂合わせで覚えられる 2.2360679… です．表 1.1 の通り，4 回の繰り返しで $f(x_i) \simeq 0$ となり，また数値解も語呂合わせの値に近くなりました．

　このように，ニュートン法は簡単な繰り返し計算で数値解を得ることができるため，実用上のさまざまな方程式の解を求める問題に使われています．ニュートン法の構築には，ニュートンに加えてラフソン（Joseph Raphson），シンプソン（Thomas Simpson）の貢献があったと言われています[19]．

19）くわしい解説は，岡本久「ニュートン法の話」『数学の楽しみ　2006 春号』（日本評論社，

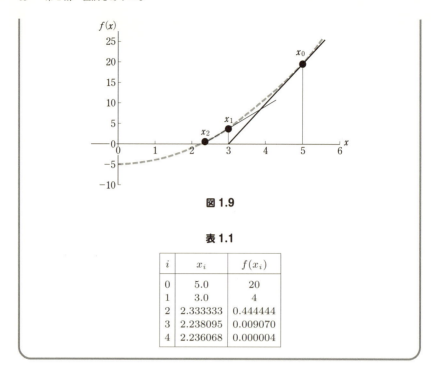

図 1.9

表 1.1

i	x_i	$f(x_i)$
0	5.0	20
1	3.0	4
2	2.333333	0.444444
3	2.238095	0.009070
4	2.236068	0.000004

このように元の関数が多項式関数でない場合は終わりの次数（それ以上の次数では係数がすべて0になる次数）がないため，精度をよくするためには n を大きくする必要があります．しかしながら $n \to \infty$ の極限でマクローリン展開の結果が正しいかどうかは，展開の結果が $n \to \infty$ で収束するための x の範囲を確認しなければなりません．この x の範囲を収束半径と呼びます．収束半径を知るには「ダランベールの収束判定法」が知られており，n 項目の係数を a_n としたときに $\rho = \lim_{n \to \infty} \left| \frac{a_{n+1}}{a_n} \right|$ を計算します．ρ が存在するなら，収束半径は $1/\rho$ となります．今回のマクローリン展開の結果 $a_n = (-1)^n$ からは，

$$\rho = \lim_{n \to \infty} \left| \frac{a_{n+1}}{a_n} \right| = 1$$

が得られ，この展開は $|x| < 1$ のときに $n \to \infty$ で元の関数の値に収束するこ

2006）に載っていますので，そちらも参照してください．

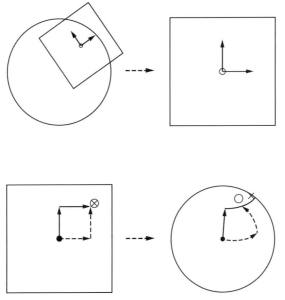

図 1.10 下図のような地球（球面）上の大きな動きは，1 枚の地図（平面）で正しく表すことができません．2 つの移動○と×は平面上では一致しますが球面上では別な場所に移ります．

とがわかります[20]．

最後に，ここまでの微分の話の拡張として，まがった面（曲面）とまっすぐな面（平面）の話を少しだけします．まがった面を数学的に厳密に扱うのは大変なので，その中のごく小さい領域で成り立つ平面の式を導出すると役に立つことがあります．たとえば，私たちの住む地球は球面ですが，日々の生活で用いる地図は球面に接し，そしてごく微小な面積で成り立つ平面と考えられます（図 1.10）．そのため，地球上の大きな移動を一枚の地図で考えると不都合な点があります[21]が，日々の生活のように，ある場所の範囲での移動に関して

---

[20] ダランベールの収束判定法からは，$n \to \infty$ としたとき，$|x| < 1/\rho$ でこの多項式関数は収束し，$|x| > 1/\rho$ で発散することがわかります．一方で，$|x| = 1/\rho$ のときに収束するか発散するかについては，この結果からはわからないため，必要に応じて別な手段で計算しなければなりません．

[21] たとえば，私たちが目にする世界地図（メルカトル図法の場合）は北極や南極にいくほどゆがみが大きいことが知られていますし，実際の形状を模した地球儀上で大きく（飛行機で海外旅行に行く感覚で）「北に行ってから東に行く」場合と「東に行ってから北に行く」場合では，別な場所

20 第 1 講 極限をあやつる

は，それぞれの場所で成り立つ地図をつなぎ合わせることで，目的地の場所と
行き方を知ることができます．

このような平面と曲面に対する考え方が役に立った歴史的な出来事として，
一般相対性理論の発見が挙げられます．一般相対性理論とは，「重力が空間を
歪める」という理論です．アインシュタインが一般相対性理論を導いた際にも
ゆがんだ空間を扱う数学的理論である微分幾何学を用いたのでした．

── 1.2 節のポイント ──

・多項式関数の微分：$a_n x^n$ を x で微分すると，$a_n n x^{n-1}$

・積の微分：$\{f(x)g(x)\}' = f(x)g'(x) + f'(x)g(x)$

・商の微分：$\left\{ \dfrac{f(x)}{g(x)} \right\}' = \dfrac{f'(x)g(x) - f(x)g'(x)}{g(x)^2}$

・合成関数の微分：$\dfrac{dy}{dx} = \dfrac{dy}{du} \cdot \dfrac{du}{dx}$

・マクローリン展開：$f(x) \simeq f(0) + \displaystyle\sum_{k=1}^{n} \dfrac{f^{(k)}(0)}{k!} x^k$

・$x = a$ の周りでのテイラー展開：$f(x) \simeq f(a) + \displaystyle\sum_{k=1}^{n} \dfrac{f^{(k)}(a)}{k!} (x-a)^k$

── 復習 2　順列と組み合わせ ──

順列と組み合わせの計算は小中学校で習う内容ですが，本書ではこの後
何回も使いますのでここで復習しておきます．考える対象は何でもよいの
ですが，ここでは便宜上，カードを選択し，並べることとします．

n 枚のカードから k 枚選択し並べる場合の数を「順列」といい，$_nP_k$
という記号を用いて表します．一方で，n 枚のカードから k 枚選択する
（順番は問わない）場合の数を「組み合わせ」といい，$_nC_k$ と表します．

はじめに簡単な例で考えてみましょう．A,B,C,D と書かれた 4 枚のカー
ドから 2 枚選択して並べる場合を考えます．図 1.11 のように 1 番目には
A から D それぞれを選ぶ 4 通りがあり，それぞれの場合について 2 番目
に 3 通りの選択肢があります．そのため，$_4P_2 = 4 \cdot 3 = 12$ です．一方

に行くことになりますが，世界地図上では両者は同じ場所になってしまいます．

で，順番は問わない「組み合わせ」では，順列の場合に入っている A-B と B-A などを同じものとします．順列には 1 番目と 2 番目をひっくり返したものが含まれているため，2 でわって重複を避け，${}_4C_2 = {}_4P_2/2 = 6$ となります．

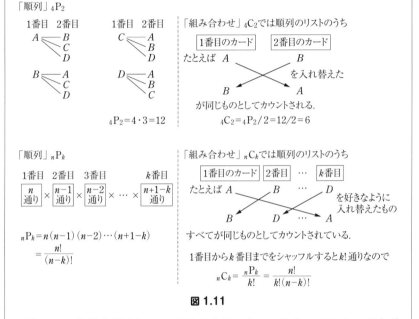

図 1.11

次に，一般的な場合について考えましょう．n 枚すべてのカードを並べる場合には，1 番目の候補が n 通り，2 番目の候補が（n 個から 1 番目で選んだものを除いた）$n - 1$ 通りとなり，n 番目まですべてを数え上げると $n!$ 通りあります．n 枚から k 枚並べる場合であれば，1 番目が n 通り，2 番目が $n - 1$ 通り，$\cdots$ と繰り返して k 番目を $n + 1 - k$ 枚の候補から 1 つ選んで終わりになります（「$n + 1 - k$ 枚」にピンとこない場合は $k = 1$ のとき $n + 1 - k = n$，$k = 2$ のとき $n + 1 - k = n - 1$ と代入してみると正しいことを確かめられるかと思います）．そのため，

22　第1講　極限をあやつる

$_n\mathrm{P}_k = n\cdot(n-1)\cdot(n-2)\cdots(n-k+1)$ ですが，この数に $\dfrac{(n-k)!}{(n-k)!}$[22) を
かけると分子も分母も階乗を使って表すことができ，

$$\frac{n\cdot(n-1)\cdot(n-2)\cdots(n-k+1)\cdot(n-k)!}{(n-k)!}$$

$$= \frac{n\cdot(n-1)\cdot(n-2)\cdots(n-k+1)\cdot(n-k)\cdot(n-k-1)\cdots2\cdot1}{(n-k)!}$$

$$= \frac{n!}{(n-k)!}$$

通りと表せます.

　最後に，n 枚から k 枚選ぶ組み合わせの数を求めるには，順列に含まれ
ている「並べなおすと実は同じものだった」場合を重複とみなして除かな
ければなりません. 順列の計算では，選ばれた k 枚の組み合わせそれぞ
れについて，並び替えたものがすべてカウントされています. k 枚を並べ
替えるには $k\cdot(k-1)\cdot(k-2)\cdots2\cdot1 = k!$ 通りありますので，その重複
をわり算で補正して $_n\mathrm{C}_k = {}_n\mathrm{P}_k \div k! = \dfrac{n!}{k!(n-k)!}$ 通りとなります.

復習3　二項定理

　復習2の組み合わせの計算を発展させることで，一見関係のない $(x+y)^n$ を展開（括弧を外して記述すること）することができ，このことは
二項定理と呼ばれています[23]. 難しいことを考えなくても $(x+y)^2 = x^2+2xy+y^2$, $(x+y)^3 = (x^2+2xy+y^2)(x+y) = x^3+3x^2y+3xy^2+y^3$
と3次くらいの展開まではなんとかなりますが，$(x+y)^{10}$ や $(x+y)^{100}$
などになると1つ1つ展開していくのは困難です.

　はじめに，$(x+y)^4$ の展開について復習2のカードの組み合わせとの
対応から考えましょう. この展開は係数 a_0 から a_4 を用いて $(x+y)^4 = a_0x^4+a_1x^3y+a_2x^2y^2+a_3xy^3+a_4y^4$ と表せますが，この a_0 から a_4 の値
を組み合わせ計算を用いて求めることができます. 図1.12の通り，展開

---

22)　この数は 1/1 なのでかけても値は変わりません.

23)　二項展開に組み合わせ計算が用いられるのは，かけ算のもつ「順番を入れ替えても結果が変わ
らない」という性質（たとえば $yxxx = xyxx$）からきています.

の際には A-D の 4 つの $(x+y)$ から x か y のどちらかが選ばれます．た
とえば x^3y の係数 a_1 については，y が A から D のどこから選ばれるか
を数えるため $a_1 = {}_4\mathrm{C}_1 = 4$ と求まります．他の係数についても同様に計
算することで，最終的に $(x+y)^4 = \sum_{k=0}^{4} {}_4\mathrm{C}_k x^{4-k}y^k$ が得られます．

$$(x+y)^4 = \underbrace{(x+y)}_{\text{A}}\ \underbrace{(x+y)}_{\text{B}}\ \underbrace{(x+y)}_{\text{C}}\ \underbrace{(x+y)}_{\text{D}}$$

1：入れ替えて x^3y になる項は
$$yxxx + xyxx + xxyx + xxxy = {}_4\mathrm{C}_1 x^3 y = 4x^3y$$

$1'$：xy^3 になる項は
$$xyyy, yxyy, yyxy, yyyx\ \text{の4通り}$$
$$a_3 = {}_4\mathrm{C}_3 = 4$$

2：x^2y^2 になる項の数は
先の4枚のカードから2枚を選ぶ組み合わせと同じ
$$a_2 = {}_4\mathrm{C}_2 = 6$$

3：x^4, y^4 はそれぞれすべて x, すべて y が選ばれた場合の1通り
$$a_0 = {}_4\mathrm{C}_0 = 1$$
$$a_4 = {}_4\mathrm{C}_4 = 1\quad(\text{一般に}\quad {}_n\mathrm{C}_0 = {}_n\mathrm{C}_n = 1)$$

4：1から3を合わせて
$$(x+y)^4 = {}_4\mathrm{C}_0 x^4 + {}_4\mathrm{C}_1 x^3 y + {}_4\mathrm{C}_2 x^2 y^2 + {}_4\mathrm{C}_3 xy^3 + {}_4\mathrm{C}_4 y^4$$
$$= \sum_{k=0}^{4} {}_4\mathrm{C}_k x^{4-k}y^k$$

図 1.12

次に，一般的な場合として $(x+y)^n$ の展開について考えましょう．こ
の場合は n 個の $(x+y)$ それぞれから x か y のどちらかが選ばれます．こ
の場合，展開後の $x^{n-k}y^k$ の項の係数は $n-k$ 個の x と k 個の y を選ぶ組
み合わせの数 ${}_n\mathrm{C}_k$ となります．そのため，すべての項をまとめると $(x+y)^n = \sum_{k=0}^{n} {}_n\mathrm{C}_k x^{n-k}y^k$ と表すことができ，どんな大きさの n であって
も（n が自然数であれば）展開することができます．

1.3　面積を計算しよう——積分と積分公式

1.3.1　積分の基礎

ここでは平面上の領域の面積を求める方法として積分の基本的な説明をしま

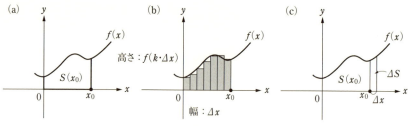

図 1.13

す．図1.13(a) のように任意の多項式関数 $f(x)$（ただし $f(x) > 0$ とする）に対して，x 軸と $x = 0$, $x = x_0$, $f(x)$ で囲まれた面積を $S(x_0)$ とします．積分の基本は「細かく分けてたし合わせる」なので，図1.13(b) のように幅 Δx，高さ $f(x)$ の長方形を $x_0/\Delta x$ 個用意し，たし合わせた面積を考えます．この面積は分割の幅 Δx を小さくしてたくさんの長方形をたし合わせていくようにすると，幅 $\Delta x \to 0$ の極限で収束することから，面積 $S(x_0)$ は，

$$S(x_0) = \lim_{\Delta x \to 0} \sum_{k=0}^{x_0/\Delta x} f(k\Delta x)\Delta x \tag{1.5}$$

と表されます[24]．ここではさらに，図1.13(c) のように x が 0 から $x_0 + \Delta x$ の範囲での面積 $S(x_0)$ に対する増分を ΔS とします．Δx が十分に小さいときには ΔS を長方形と近似できるため，

$$S(x_0 + \Delta x) - S(x_0) = \Delta S = (\Delta x)f(x_0)$$

が成り立ちます．このことを $\Delta x \to 0$ の極限を用いて表すと，

$$\lim_{\Delta x \to 0} \frac{S(x_0 + \Delta x) - S(x_0)}{\Delta x} = f(x_0)$$

が得られます．この式は任意の x_0 で成り立つことから，$\dfrac{dS}{dx} = f(x)$ が得られます．

n 次多項式の微分は，

---

24) より正確には，幅 Δx の長方形のたし合わせで $S(x_0)$ より小さな面積となる領域 S_1 と $S(x_0)$ より大きくなる領域 S_2 を作って $\Delta x \to 0$ の極限で S_1 と S_2 が同じ値に収束することが示され，はさみうちの原理によってその極限値が面積 $S(x_0)$ になります（はさみうちの原理については付録1参照）．

$$f(x) = \sum_{k=1}^{n} a_k x^k \text{ のとき, } f'(x) = \sum_{k=1}^{n} k \cdot a_k x^{k-1}$$

でしたので, $S(x)$ は微分すると $\sum_{k=0}^{n} a_k x^k$ になる関数として,

$$f(x) = \sum_{k=0}^{n} a_k x^k \text{ のとき, } S(x) = \sum_{k=0}^{n} \frac{a_k}{k+1} x^{k+1}$$

と表されることがわかります. ここで面積の算出の元となる $S(x)$ は「微分すると $f(x)$ になる関数」です. 一方で, 定数 C は微分すると 0 になるので, $S(x) + C$ はどんな C についても, 微分すると $f(x)$ になります. この任意定数 C を含んだ $S(x) + C$ を $f(x)$ の原始関数と呼び, 一般には $F(x)$ と書きます. C の値が変わることは, 面積を算出する基準の位置 (今回の $S(x)$ の例では $x = 0$) が変わることを意味します. $F(x)$ を用いて $F(x_2) - F(x_1)$ を算出すると, C はどのような値であっても $C - C$ でキャンセルされ, $f(x)$ と x 軸および $x = x_1, x = x_2$ で囲まれる領域の面積が求まります.

一般的に, 関数 $f(x)$ について原始関数を求める手続きを積分あるいは不定積分と呼び, $\int f(x) dx$ と表します. また, 不定積分に区間を代入し面積を求める手続きを定積分と呼び, たとえば a から b までの積分では $\int_a^b f(x) dx$ と表します.

確認のため, 以下に簡単な例で具体的にみていきます. 図 1.14 のような関数 $y = ax$ と x 軸および $x = x_1, x = x_2$ で囲まれる台形 ABCD の面積を求めます. はじめに三角形の面積の公式「底辺 × 高さ ÷ 2」を使うと, 図のように, $x = 0$ から x までの三角形の面積は公式から $x \cdot ax/2$ と求めることができます. すると, 台形 ABCD の面積は (三角形 ODC の面積) − (三角形 OAB の面積) として $a(x_2)^2/2 - a(x_1)^2/2$ と三角形の面積の公式に値を代入して求めることができます. このことから, 「ある基準点から測った $f(x)$ の面積を与える関数を知っておくと, その差で区間 $[x_1, x_2]$ での面積が得られる」ことがわかります. 先の公式からも, $f(x) = ax$ の原始関数は $F(x) = ax^2/2 + C$, $F(x_2) - F(x_1) = (a(x_2)^2/2 + C) - (a(x_1)^2/2 + C) = a(x_2)^2/2 - a(x_1)^2/2$ となるため, 積分の計算は先ほどの三角形の面積による計算と同じ

ことをしていることがわかります[25].

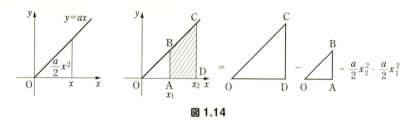

図 1.14

一般的に原始関数 $F(x)$ に値を代入して x_1 から x_2 の区間で積分する操作は $[F(x)]_{x_1}^{x_2}$ と表され,積分における式変形は $\int_{x_1}^{x_2} f(x)dx = [F(x)]_{x_1}^{x_2} = F(x_2) - F(x_1)$ と表すことになります.

定積分と面積の関係については,いくつか注意点があります.私たちは面積をつねに正のものとして考えていますが,演算の法則からわかるように,積分区間を逆にしたり,関数を上下逆にすると定積分の結果はマイナスになります ($\int_a^b f(x)dx = -\int_b^a f(x)dx = -\int_a^b (-f(x))dx$).また $f(x)$ の値が正負にまたがる領域の定積分は,$f(x)$ が正の値をとる領域の面積から $f(x)$ が負の値をとる領域の面積を引いたものになります.さらに,積分も微分同様,$\lim_{\Delta x \to 0}$ によって極限をとる操作を行っておりますので,その収束性について考えなければなりません.とくに積分区間,あるいは区間のどこかの $f(x)$ の値が ∞ や $-\infty$ をとる場合には,式 (1.5) が収束することは自明ではないため,広義積分と呼ばれる考え方でていねいに極限の計算をしなければなりません.広義積分については発展 5 で扱いますので,そちらもご参照ください.

複雑な関数を積分するためには,さらに部分積分と置換積分と呼ばれる式変形を知っておくと便利です.しかしながら,本書の第 1,2 講ではこれらの変形は用いませんので,第 2 講が終わった後に「補講」として紹介します.

---

[25] もちろん台形の面積の公式「(上底 + 下底) × 高さ ÷ 2」から台形 ABCD の面積を算出することもでき,$(ax_1 + ax_2) \times (x_2 - x_1) \div 2 = \frac{a}{2}(x_2)^2 - \frac{a}{2}(x_1)^2$ と求めた答えに一致することが確認できます.

1.3 面積を計算しよう　27

―――― **1.3 節のポイント** ――――

・多項式関数の積分：$\displaystyle\int \sum_{k=0}^{n} a_k x^k dx = \sum_{k=0}^{n} \frac{a_k}{k+1} x^{k+1} + C$　（C は定数）

―――― **発展 2　リーマン積分とルベーグ積分** ――――

　高校数学や上記で学んだ積分法は，リーマン積分と呼ばれる手法ですが，大学数学ではリーマン積分では扱えない積分も習います．たとえば，ディレクレ関数と呼ばれる関数

$$f(x) = \begin{cases} 1 & (x \text{ が有理数のとき}) \\ 0 & (x \text{ が無理数のとき}) \end{cases}$$

の区間 $[0,1]$ での積分 $\int_0^1 f(x)dx$ を考えます．

　この場合，$[0,1]$ でどれだけ小さな幅 Δx を用意したとしても，その区間に有理数と無理数はどちらも含まれるため[26]，どこまで細かくしても区間内に $f(x) = 0$ と $f(x) = 1$ が混在し，いままでの積分（リーマン積分）では $\Delta x \to 0$ で収束する積分値を求めることができません．

　このような式で表せない特殊な関数について，積分を考える意味はないと思われるかもしれませんが，実はディレクレ関数は次節で出てくる cos 関数を用いて $f(x) = \displaystyle\lim_{n \to \infty} \lim_{k \to \infty} \cos^{2k}(n!\pi x)$ と表される関数でもあります（実際に，ディレクレ関数以外にも，極限が関係した積分の問題の多くでリーマン積分を用いることができない場合があります）．

　このような積分は，長さや面積，体積の概念をより深く考えた「測度」を用いるルベーグ積分と呼ばれる手法を用います．基本的な考え方としては，リーマン積分が幅が Δx という縦長の長方形の極限を計算していたのに対して，ルベーグ積分では高さが Δy という横長の長方形の極限を計算します．そして今回の例では，x が有理数となる測度が 0 なので，積分の結果は 0 となります．一方で，一般的な関数（閉区間上で定義された有

---

26)　有理数は「2 つの整数 a, b（ただし $b \neq 0$）を用いて a/b という分数で表せる数」です．そのため，b を十分に大きくすると，区間内に含まれる有理数があることが直感的にわかります．なお，実数や有理数の性質は解析の専門書でくわしく説明され，有理数に稠密性，実数に連続性と呼ばれる性質があることなどが導かれます．

界な連続関数）についてリーマン積分とルベーグ積分の結果は一致することも知られています．「測度」の概念は確率統計の理論に数学としての厳密な意味づけを与える際にも使われますので，興味に応じてルベーグ積分や測度に関する書籍[27]を参照してください．

1.4 解析に役立つ「発散」と「波」の関数

1.4.1 指数的に発散する関数——指数関数

1.1 節では関数の例として，いくつかの多項式を扱い，さらにその一般形として n 次多項式を考えてきました．しかし世の中の現象には，どの多項式関数よりも急激に値が増加したり，減少したりする場合があります．たとえば株価や貨幣価値の暴落や高騰がそれにあたり（図 1.15），また関連してインフレやデフレといった用語も耳にすることがあるのではないでしょうか．そのような急激な増加現象を，横軸を時間にとってグラフにしようとすると，有限個の多項式関数では表すことができず，無限個の項を用いて表されます．以下では急激に発散する変化を表現する関数の特徴を考えていきます．

はじめに，急激な変化を表現する関数として以下のルールを満たす関数を考えてみます．

関数のルール (1) $(x, y) = (0, 1)$ を通るある関数 $y = f(x)$ について，任意の x_0 に対して $x = x_0$ での接線の傾きが y 座標 $y = f(x_0)$ に等しい[28]．

まずは簡単にグラフを描いてみましょう．はじめに $(x, y) = (0, 1)$ に点を打ちます．微分の定義から，$(x, y) = (0, 1)$ のごく近くにおいては x が増えるにしたがい傾き 1 の直線 $y = x + 1$ に則って増加します．$x = \Delta x$ においては y 座標は 1 よりも大きいので，傾きは大きくなります．$x = 2\Delta x, 3\Delta x, \cdots$ と

---

27) たとえば，森真『入門 確率解析とルベーグ積分』（東京図書，2012）など．

28) 微分を含む等式で表した式を微分方程式といいますが（第 2 講でくわしく扱います），このルールを微分方程式で表すと $\dfrac{df(x)}{dx} = f(x)$ となります．

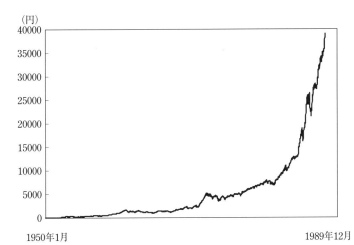

図 1.15 日経平均の 1950 年はじめから 1989 年終わりまでの推移.
https://stooq.com/q/d/?s=%5Enkx&c=0&d1=19500101&d2=19891231&i=w

進めていくと，だんだんと傾きが大きくなり，図 1.16(a) のように確かに急な増加を表す関数になりそうです．

次に，[関数のルール (1)] をもう少し一般化して以下の法則について考えます．

関数のルール (1)′　$(x, y) = (0, 1)$ を通るある関数 $y = f(x)$ について，任意の x_0 に対して $x = x_0$ での傾きが y 座標 $y = f(x_0)$ の λ 倍に等しい[29]．

この関数は λ が正の数であれば (1) 同様に急激な増加を示しますし，図 1.16(b) のように λ が大きければ大きいほど急激な増加となります．

次に，[関数のルール (2)] として，

関数のルール (2)　$(x, y) = (0, 1)$ を通るある関数 $y = f(x)$ について，$y = f(x_1 + x_2) = f(x_1)f(x_2)$ を満たす．

---

[29] このルールは微分方程式では $\dfrac{df(x)}{dx} = \lambda f(x)$ と表されます．

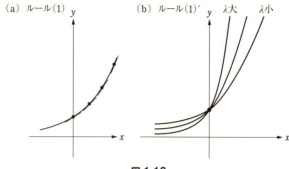

図 1.16

を考えます．こちらは直感的な理解をしにくいですが，グラフを描けば急に変化する関数であることが確認できます．たとえば，ある値 a を入れた結果 $f(a) = 3$ が得られているとします．x が $2a, 3a$ のときの y を求めますと，$f(2a) = f(a) \cdot f(a) = 3 \cdot 3 = 9$，また $f(3a) = f(a) \cdot f(a) \cdot f(a) = 3 \cdot 3 \cdot 3 = 27$ です．これを図に描くと，急激な増加が確認できます（図 1.17）．

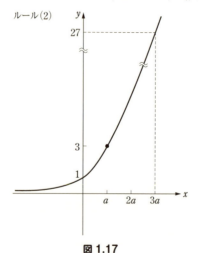

図 1.17

実は，[関数のルール (1)′] を満たす関数と [関数のルール (2)] を満たす関数は同じ関数になります．その詳細について以下でみてみましょう（ルール (1)′ および (2) を満たす関数は急な変化をする関数という理解だけでも以後の理解に支障はありませんので，読み飛ばしてもかまいません）．

ルール (2) について，x_2 が小さい値 Δx の場合を考えると，

$$f(x_1 + \Delta x) = f(x_1)f(\Delta x),$$

$$f(x_1 + \Delta x) - f(x_1) = f(x_1)(f(\Delta x) - 1),$$

$$\frac{f(x_1 + \Delta x) - f(x_1)}{\Delta x} = \frac{f(x_1)(f(\Delta x) - 1)}{\Delta x} \tag{1.6}$$

となります．ここで $\Delta x \to 0$ の極限を考えると，式 (1.6) 左辺は微分の公式そのものなので，

$$f'(x_1) = f(x_1) \lim_{\Delta x \to 0} \frac{f(\Delta x) - 1}{\Delta x}$$

が得られます．$f(0) = 1$ から，

$$f'(x_1) = f(x_1) \lim_{\Delta x \to 0} \frac{f(\Delta x) - f(0)}{\Delta x},$$

$$f'(x_1) = f(x_1)f'(0)$$

として，$x = x_1$ での $f(x)$ の微分は y 座標 $f(x_1)$ を定数 $\lambda(= f'(0))$ 倍したものである，という [関数のルール $(1)'$] が得られます．

次に，このルールを満たす関数で $\lambda = 1$ としたもの（これは関数のルール (1) です）を $\exp(x)$ と名付け，具体的な関数の形を求めてみましょう．このような関数は有限の項のたしひきで表す多項式関数では表現できないのですが，項が無限に続く多項式関数として表現できることが知られています．いま，その関数の形を $\exp(x) = \sum_{k=0}^{\infty} a_k x^k$ とします．この $\exp(x)$ が $(0,1)$ を通るためには，$\exp(0) = 1$ より $a_0 = 1$ である必要があります．$a_1, a_2, \cdots$ などの中身をこれから求めていこうというわけです．まずは，各項を微分した関数 $\exp'(x)$ を求めると，

$$\exp'(x) = a_1 + 2 \cdot a_2 x + 3 \cdot a_3 x^2 + \cdots + n \cdot a_n x^{n-1} + \cdots$$

となります．(1) のルール $\exp(x) = \exp'(x)$ に当てはめるために $\exp(x)$ と $\exp'(x)$ を並べて表記すると，

32   第 1 講 極限をあやつる

$$\exp(x) = \quad 1 \quad + \quad a_1 x \quad + \quad a_2 x^2 \quad + \quad a_3 x^3 \quad + \cdots, \tag{1.7}$$

$$\exp'(x) = a_1 \quad + \quad 2a_2 x \quad + \quad 3a_3 x^2 \quad + \quad 4a_4 x^3 \quad + \cdots \tag{1.8}$$

となり,すべての x で式 (1.7)＝式 (1.8) が成り立つには各項が等しい必要があるため,$a_1 = 1, a_2 = 1/2, a_3 = 1/6, a_4 = 1/24, \cdots$ と低次の係数から順に求まることがわかります[30].この計算をくりかえすと,$a_n = a_{n-1}/n$ が得られ,結果として $\exp(x)$ は以下のようになることがわかります.

$$\exp(x) = 1 + x + \frac{x^2}{2!} + \frac{x^3}{3!} + \frac{x^4}{4!} + \cdots = \sum_{k=0}^{\infty} \frac{x^k}{k!} \tag{1.9}$$

∞ までの和をとることで,どの多項式関数よりも急激に増加します.

　本書では以下この $\exp(x)$ を「指数的に発散する関数（指数関数）」として扱います[31].$\exp(x)$ の x に何かの値 x_0 を入れると,x_0 が大きいほど $\exp(x)$ は大きな値を返してくる関数です.この関数は項が無限に続くため,1.2.3 項でみた収束半径（展開の結果が元の関数に収束する x の範囲）を求めておく必要があります.n 次項の係数を a_n としたときに $\rho = \lim_{n \to \infty} \left| \frac{a_{n+1}}{a_n} \right| = \lim_{n \to \infty} \frac{1}{n+1} = 0$ から収束半径は $1/\rho = \infty$ が得られますので,この展開は x の値によらず $n \to \infty$ で決まった（正しい）値を返す関数です.

　次に,ルール (1)′ を満たす関数も,この関数 $\exp(x)$ を用いて表してみましょう.λ が正の場合について,この関数を 1.1 節の関数の拡大・縮小から考えます.関数の拡大・縮小は x 軸と y 軸それぞれについて示しましたが,ここで大事なのは,y 軸を 2 倍,4 倍にすると (0,1) を通らなくなることです.一方で,$\exp(x)$ を x 軸に沿って 1/2, 1/4, $\cdots$ と縮小すれば,(0,1) を通り,かつ発散の度合いを高めることができます（図 1.18）.そこでここでは,x 軸方向に $1/\lambda$ 縮小する変形を用います.その結果得られた関数 $\exp(\lambda x)$ は,

---

30)　なんと場当たり的な,と思われるかもしれませんが,これは「べき級数法」と呼ばれる微分方程式の解法の 1 つとして知られています.

31)　一般にはこの指数関数は,ネイピア数 e を用いて e^x と表します.本書では,ネイピア数の値よりも,微分に関するルールを満たす「関数」であることを重視する立場をとるため,しばらく $\exp(x)$ と書くことにします.ネイピア数の導出やこの関数の他の特徴については,第 4 講でくわしくみていくこととします.

$$\exp(\lambda x) = 1 + \lambda x + \frac{(\lambda x)^2}{2!} + \frac{(\lambda x)^3}{3!} + \cdots \tag{1.10}$$

と表すことができます．$\exp(\lambda x)$ の微分は，

$$\exp'(\lambda x) = 0 + \lambda + \lambda \frac{(\lambda x)}{1!} + \lambda \frac{(\lambda x)^2}{2!} + \cdots$$

ですから，$\exp(\lambda x)$ の λ 倍となり，[関数のルール (1)′] を満たします．さらにこの関数は λ を大きくすると変化がより急になることが確認できます．

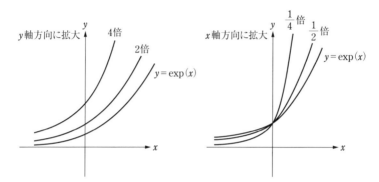

図 1.18

このように，$\exp(\lambda x)$ は λ の値にかかわらず $(0,1)$ を通り，λ の値を変えると $x = 1$ のときにとる y の値が変わります．ここで，$\lambda_c = 2.302585\cdots$ という値をとると，$(0,1)$ および $(1,10)$ を通る関数となることが知られています（図 1.19）．この関数は，$x = 2$ の場合，$\exp(\lambda_c \cdot 2) = \exp(\lambda_c + \lambda_c) = \exp(\lambda_c) \cdot \exp(\lambda_c) = 100$ となります．同様の計算から，この関数は $(3,1000)$，$(4,10000)$ と x が 1 増えるごとに返ってくる値が 1 桁増える関数で，$y = 10^x$ に等しいことがわかります．

最後に，$\exp(x)$ に関する積分についても考えましょう．微分して変わらない関数 $\exp(x)$ は，微分の逆の操作である積分をしても変わらないはずなので，$\exp(x)$ の不定積分は $\exp(x) + C$ となります．下記の通り，項別に積分して確かめることもできます．

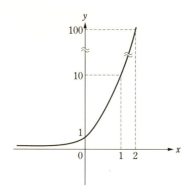

図 1.19 $y = 10^x$ のグラフ

$$\int \exp(x) dx = \int \sum_{k=0}^{\infty} \frac{x^k}{k!} dx = \sum_{k=0}^{\infty} \frac{x^{k+1}}{(k+1)!} + C = \sum_{\hat{k}=0}^{\infty} \frac{x^{\hat{k}}}{\hat{k}!} - 1 + C$$

$$= \exp(x) + C.$$

(途中 $\hat{k} = k+1$ および $x^0/0! = 1$ を用い,また最後の等式では $-1+C$ を新たな積分定数 C として置きなおしています.) $\exp(-x)$ の不定積分は $-\exp(-x) + C$ となりますが,これも項別に積分して確かめることができます.

$$\int \exp(-x) dx = \sum_{k=0}^{\infty} \frac{-(-x)^{k+1}}{(k+1)!} + C = -\sum_{\hat{k}=0}^{\infty} \frac{(-x)^{\hat{k}}}{\hat{k}!} + 1 + C$$

$$= -\exp(-x) + C.$$

1.4.1 項のポイント

- $\exp(x) = \sum_{k=0}^{\infty} \frac{x^k}{k!}$
- $\exp(x+y) = \exp(x)\exp(y)$
- $\exp'(x) = \exp(x)$
- $\exp'(\lambda x) = \lambda \exp(\lambda x)$
- $y = \exp(\lambda x)$ は λ が正のときは単調増加(指数的に発散)し,$y = \infty$ に向かう.
- $\int \exp(x) dx = \exp(x) + C$
- $\int \exp(-x) dx = -\exp(-x) + C$

復習 4　指数関数の上下・左右反転について

先ほどみた通り，$y = \exp(x)$ は指数的に増加し $y = \infty$ へ発散する関数ですが，指数的に変化する関数には上下・左右反転したものがありますので，それぞれについて簡単に確認します．

$y = \exp(x)$ を x 軸に対して（左右）反転させた関数は，x を $-x$ に変えて $y = \exp(-x)$ として得られ，図 1.20(a) 破線のように指数的に減少し 0 に収束する関数です（関数の拡大・縮小のルールで $a = -1$ を代入した場合に相当）．同様に考えると，$y = \exp(-\lambda x)$ $(\lambda > 0)$ は $y = \exp(\lambda x)$ を左右反転したものと考えられます．$y = \exp(\lambda x)$ は λ が大きいほどより急激に増加する関数でしたので，$y = \exp(-\lambda x)$ は λ が大きいほど急激に減少して 0 に近づく関数となります．また，$y = \exp(x)$ を y 軸に対して反転した関数は $y = -\exp(x)$（関数の拡大・縮小ルールで $b = -1$ を代入した場合）として得られます．図 1.20(b) 実線の通り，指数的に減少し $y = -\infty$ へ発散する関数です．$y = \exp(x)$ を x 軸 y 軸ともに反転した関数は，$y = -\exp(-x)$ となります．この関数は図 1.20(b) 破線の通り，指数的に増加し，0 に収束する関数です．

このように，同じ指数関数でも符号によって増加か減少か，発散か 0 への収束か，が変わりますのでそれぞれについて確認する必要があります．

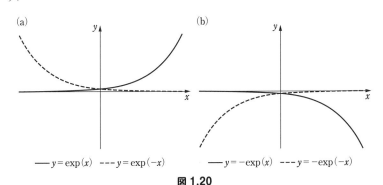

図 1.20

1.4.2 波の関数——sin 関数と cos 関数

有限の多項式関数では表現できないもう1つの関数として周期的に繰り返す関数（波の関数）があります．その関数を調べるため，以下のルールを考えます．

> **関数のルール (3)** 任意の $x = x_0$ に対して，$f(x)$ はその2回微分が y 座標 $y = f(x_0)$ の -1 倍に等しい[32]．

1.2.1項でも述べたように，2回微分という用語は字の通り微分を2回行うものです．たとえば $f(x) = x^2$ を2回微分すると $f'(x) = 2x$ から $f''(x) = 2 > 0$ と2回微分がつねに正です．一方で $g(x) = -x^2$ を2回微分すると $g'(x) = -2x$ より $g''(x) = -2 < 0$ が得られます．図1.21(a) および微分の結果から，$f(x)$ は傾きが増加する関数，$g(x)$ は減少する関数ですので，2回微分の値が正であれば傾きが増加傾向で，負であれば傾きが減少傾向であると解釈できます．そのため，ルール (3) は「x の値が正であればだんだん傾きが減少し，x の値が負であればだんだん傾きが増加する」ことを意味します．このルールにしたがうと「上がったら下がる，下がったら上がる」という繰り返しの波が作られることになります（図1.21(b)）．

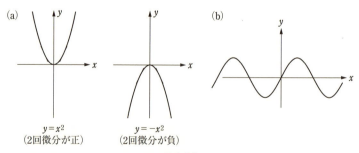

図 1.21

ルール (3) を満たす関数のなかで $(0,1)$ を通り，$(0,1)$ での傾きが 0 である関数を $\cos(x)$ として，その具体的な形を求めてみましょう．この条件を満たす一般的な式は，

---

32) このルールを微分方程式で表すと，$\dfrac{d^2 f(x)}{dx} = -f(x)$ となります．

$$\cos(x) = 1 + 0 \cdot x + a_2 \cdot x^2 + a_3 \cdot x^3 + a_4 \cdot x^4 + \cdots$$

と書くことができます．$a_2, a_3, \cdots$ の値をこれから求めていきます．ここで，ルール (3) を用いるために $-\cos''(x)$ を求めると，$-\cos''(x) = -2a_2 - 3 \cdot 2 \cdot a_3 \cdot x - 4 \cdot 3 \cdot a_4 \cdot x^2$ となります．$\cos(x)$ と $\cos''(x)$ の各項は等しいので，

$$\cos(x) = 1 + 0 \cdot x + a_2 x^2 + a_3 x^3 + a_4 x^4 + a_5 x^5 \cdots$$
$$-\cos''(x) = -2a_2 - 3 \cdot 2 a_3 x - 4 \cdot 3 a_4 x^2 - 5 \cdot 4 a_5 x^3 \cdots$$

と並べ，$a_2 = -1/2, a_3 = 0, a_4 = 1/24, \cdots$ のように係数が順に求まります．以下繰り返すことで，$\cos(x)$ は以下の関数として表されます[33]．

$$\cos(x) = 1 - \frac{x^2}{2!} + \frac{x^4}{4!} - \frac{x^6}{6!} + \frac{x^8}{8!} - \frac{x^{10}}{10!} + \cdots$$
$$= 1 + \sum_{n=1}^{\infty} (-1)^n \frac{x^{2n}}{(2n)!}.$$

右辺の関数について，2項まで，3項まで，5項まで，$\cdots$ とグラフを描くと，項を増やすにしたがって，きれいな振動状態が現れることがわかります（図 1.22）．確認のため，この関数がはじめのルール (3) を満たすことをみてみま

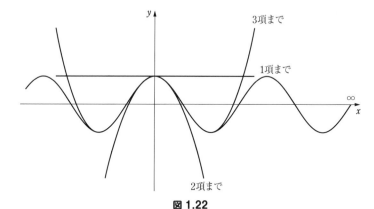

図 1.22

---

33) この関数は余弦（コサイン）関数と呼ばれ，また後で出てくる正弦（サイン）関数 $\sin(x)$ とあわせて三角関数と呼ばれます．一般にこれらの関数は直角三角形や半径 1 の円との関係で導入されますが，本書ではこの関数の微分に関する特徴に重点をおくため，しばらくは「関数」であることを強調し $\cos(x), \sin(x)$ とします．第 4 講で直角三角形や円との関係とともに，正規分布の公式になぜ円周率が出てくるのか，などの発展した内容を扱います．

38 第1講 極限をあやつる

しょう. 項別に微分すると,

$$\cos'(x) = \sum_{n=1}^{\infty} (-1)^n \frac{x^{2n-1}}{(2n-1)!},$$

$$\cos''(x) = -1 + \sum_{n=2}^{\infty} (-1)^n \frac{x^{2n-2}}{(2n-2)!}$$

$$= -1 - \sum_{\hat{n}=1}^{\infty} (-1)^{\hat{n}} \frac{x^{2\hat{n}}}{(2\hat{n})!}$$

$(\hat{n} = n+1$ としました$)$

$$= -\cos(x)$$

と確認できます.

$\exp(x)$ と同様に, $\cos(x)$ も無限個の項をもつ多項式によって表現されていますので, 適用できる x の範囲を知るために収束半径の議論が必要です. 実際に計算してみると, この関数も収束半径は ∞ となり, この展開はすべての x について成り立ちます.

この関数にもいくつかの種類があるのでみてみましょう.

関数のルール (3)′ $f(x)$ は原点 $(x, y) = (0, 0)$ を通り, 原点での接線の傾きを 1 とする. かつ任意の $x = x_0$ に対して, 2 回微分が $y = f(x_0)$ の -1 倍に等しい[34].

計算の仕方は $\cos(x)$ と同じですので結果を示しますと, このような関数を $\sin(x)$ とおくと,

$$\sin(x) = x - \frac{x^3}{3!} + \frac{x^5}{5!} - \frac{x^7}{7!} + \frac{x^9}{9!} - \cdots$$

$$= \sum_{n=1}^{\infty} (-1)^{n+1} \frac{x^{2n-1}}{(2n-1)!}$$

となります[35]. この関数は $x = 0$ を代入すると $\sin(0) = 0$ となるため, $(0, 0)$

---

[34] このルールを微分方程式で表すと,「初期値 $f(0) = 0$, $\frac{df(0)}{dx} = 1$, かつ $\frac{d^2 f(x)}{dx^2} = -f(x)$ を満たす関数」となります.

[35] 収束半径を確認すると, $\cos(x)$ 同様 ∞ であることがわかります.

を通ることがわかります. また $\sin'(0) = 1$ および $\sin''(x) = -\sin(x)$ を満たすこともわかりますので, 確認してください.

さらに, $\sin(x)$ を先ほど計算した $\cos'(x)$ と比べると, $\cos'(x) = -\sin(x)$ が成り立ちます. 同様に, $\sin'(x) = \cos(x)$ も成り立ちます. こちらもみなさんで確認してみてください.

次に,

> **関数のルール (3)″** $f(x)$ は原点 $(x, y) = (0, 0)$ を通り, 原点での傾きを k とする. かつ任意の $x = x_0$ に対して, その 2 回微分が $-y$ の k^2 倍に等しい (k は正の定数)[36].

について考えます. これを満たす関数は, $\sin(x)$ を x 軸方向に $1/k$ 縮小した関数 $\sin(kx) = \sum_{n=1}^{\infty} (-1)^{n+1} \dfrac{(kx)^{2n-1}}{(2n-1)!}$ となります. 実際に微分してみると,

$\sin'(kx) = k + k \displaystyle\sum_{\hat{n}=1}^{\infty} (-1)^{\hat{n}} \dfrac{(kx)^{2\hat{n}}}{(2\hat{n})!}$ および,

$$\sin''(kx) = -k^2 \sum_{\hat{n}=1}^{\infty} (-1)^{\hat{n}+1} \frac{(kx)^{2\hat{n}-1}}{(2\hat{n}-1)!} = -k^2 \cdot \sin(kx)$$

から, ルール $(3)''$ を満たすことが確認できます (ここで, $\cos''(x)$ の場合と同じく $\hat{n} = n + 1$ としました). k は関数を x 軸方向に拡大・縮小する役割があるため, 横軸を時間にとった場合, 波の周期に関係することがわかります (図 1.23). 図 1.23 の通り, k の値を大きくすると振動が密になる様子が確認できます. そのため, k の値を調節することで, 任意の周期をもった波を作ることができます.

---

36) このルールを微分方程式で表すと「初期値 $f(0) = 0$, $\dfrac{df(0)}{dx} = k$, かつ $\dfrac{d^2 f(x)}{dx^2} = -k^2 f(x)$ を満たす関数」となります. また, ここで k^2 倍としているのは 2 回微分を考えることと関係しており, このように設定しておくと後の計算がしやすくなります.

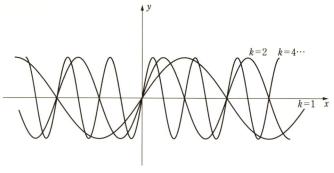

図 1.23

1.4.2 項のポイント

- $\cos(x) = 1 + \sum_{n=1}^{\infty} (-1)^n \dfrac{x^{2n}}{(2n)!}$
- $\sin(x) = \sum_{n=1}^{\infty} (-1)^{n+1} \dfrac{x^{2n-1}}{(2n-1)!}$
- $\cos''(x) = -\cos(x)$
- $\sin''(x) = -\sin(x)$
- $\cos'(x) = -\sin(x)$
- $\sin'(x) = \cos(x)$
- $\cos''(kx) = -k^2 \cos(kx)$
- $\sin''(kx) = -k^2 \sin(kx)$

1.4.3 指数的に発散する関数の逆関数——対数関数

さて，これまで $y = f(x)$ という関数についてくわしくみてきましたが，y を入れたら x を返す関数 $x = g(y)$ という，$f(x)$ とは逆向きの関数も考えることができます（図 1.24(a)）．このような関数 $g(x)$ を $f(x)$ の逆関数といいます．この逆関数を知ることで冒頭の疑問「じゃんけんで 100 回連続して勝つ確率と，サイコロの目を 70 回連続して当てる確率はどちらが高いか？」もわかるようになります．

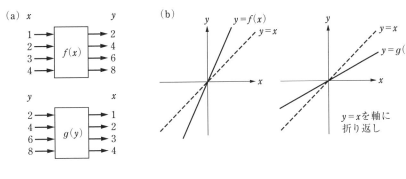

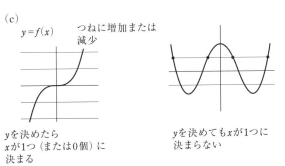

図 1.24

　逆関数 $g(x)$ は，x と y を入れ替えた方程式を y について解き，$y = \cdots$ の形にすることで求まります．図 1.24(b) では，$y = f(x) = 2x$ を例にしていますが，この場合は $x = 2y$ を y について解いて $y = g(x) = x/2$ が逆関数となります．逆関数 $g(x)$ は，元の関数 $f(x)$ を $y = x$ を中心軸として折り返す（x と y を入れ替える）ことでも作成できます．

　また，逆の逆は元に戻るということで，逆関数 $g(x)$ と元の関数 $f(x)$ を組み合わせた $g(f(x))$ は $g(f(x)) = g(y) = x$ が成り立ちますので，元の値 x に戻るという性質があります．また，$g(x)$ と $f(x)$ を反対にした場合も $g(x)$ に対して $f(x)$ が逆関数になることから，$f(g(x)) = x$ が成り立ちます．

　ここでは，$\exp(x)$ の逆関数を求めてみましょう．$\exp(x)$ は x の値が増えるたびに返す値が増加していく関数（単調増加関数）ですから，x の値を決めた際に y の値が 1 つに決まるのと同様，y の値を決めた際に x の値が 1 つに決

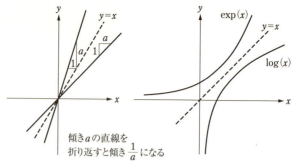

図 1.25

まります．$y > 0$ では x が1つに決まり，また $y \leq 0$ では対応する x はありません（もしも $f(x)$ が $\cos(x)$ のように $f(x)$ と同じ値となる x を複数もつ関数であった場合，その逆関数は x を1つに決めても複数の $g(x)$ の候補があるため——多価関数といいます——，関数として1つの値を返すことができなくなります（図 1.24(c)）．

$y = \exp(x)$ の性質は，つねに $y > 0$ であること，(0,1) を通ること，および $x = x_0$ での接線の傾きが y 座標に等しい，つまり $\exp'(x_0) = \exp(x_0)$ となることの3点でした．$\exp(x)$ を $y = x$ を中心軸として折り返した関数を $\log(x)$ とすると，これら3つの $\exp(x)$ の性質は $\log(x)$ ではどうなるでしょうか[37]．まず，$y > 0$ という条件を $y = x$ を中心軸として折り返すと $x > 0$ が得られます．次に，(0,1) を通るという条件を $y = x$ を中心軸として折り返すと，(1,0) を通ることになります．また，傾きが a の直線を $y = x$ を中心軸として折り返すと傾きが $1/a$ になるので（図 1.25），$x = x_0$ での傾きが $1/x_0$ に等しいことになります．定められた $x_0 > 0$ の範囲では傾き $1/x_0$ はつねに正なので，この関数はつねに増加する関数（単調増加関数）であることもわかります．

そのため，$\log(x)$ は「$x > 0$ で定義され，$(x, y) = (1, 0)$ を通り，$x = x_0$ での傾きが $1/x_0$ に等しい」関数であることがわかります．この関数は $x = 2$ のとき $y = 0.693147$ を通り，$x = 3$ のとき $y = 1.098612$ を通ります．図 1.25 ではあまり広い範囲を示すことができませんので，いくつかの代表的な値をま

---

37) この関数は対数関数と呼ばれ，括弧を外して $\log x$，あるいは $\log_e x$ や $\ln x$ とも表されます．

表 1.2

x	$\log(x)$
2	0.693147
3	1.098612
10	2.302585
100	4.605170
1000	6.907755
10000	9.210340

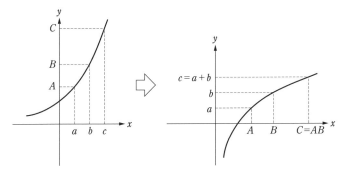

図 1.26

とめますと，表 1.2 の通りとなります．

さて，$\exp(x)$ の性質にはもう 1 つ $\exp(x_1 + x_2) = \exp(x_1)\exp(x_2)$ がありました．この法則について $\log(x)$ でどうなるかをみてみましょう．まずは元の関数 $\exp(x)$ について，$A = \exp(a)$, $B = \exp(b)$, $C = \exp(c)$ が成り立つとします．このとき $a + b = c$ であれば $AB = C$ ということになります．$\log(x)$ は逆関数ですので，$a = \log(A), b = \log(B), c = \log(C)$ が成り立ちます．ここに先のルールを代入しますと，$c = \log(C)$ について左辺 $= a + b = \log(A) + \log(B)$, 右辺 $= \log(AB)$ なので，$\log(AB) = \log(A) + \log(B)$ が成り立つことになります（図 1.26）．確かに，先の表からも $\log(100) = \log(10 \cdot 10) = 2\log(10), \log(1000) = \log(100 \cdot 10) = 3\log(10)$ となっていることが確認できます．

また，$\lambda_c = 2.302585\cdots$ を用いた関数 $y = \exp(\lambda_c x)$ は $(0, 1), (1, 10), (2, 100), \cdots$ を通りました．この $\exp(\lambda_c x)$ の逆関数として，関数 $\log_{10}(x)$ を考えます．逆関数の性質から，この関数は x に 10 を入れると 1 を返し，100

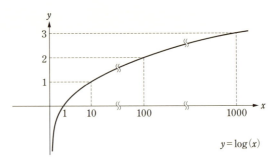

図 1.27

を入れると 2 を返すので「x に入れた値が何桁の数かを教えてくれる関数」になります（図 1.27）．10 から 99 までは 2 桁の数なので，$\log_{10}(x)$ の小数点 1 桁目を切り下げて 1 をたした整数が x の桁数に対応します[38]．

$y = \exp(x)$ と $y = \exp(\lambda_c x)$ の関係は，「$\exp(\lambda_c x)$ は $\exp(x)$ を横軸について $1/\lambda_c$ 倍したもの」でした．x と y が入れ替わった $\log(x)$ と $\log_{10}(x)$ の関係は「$\log_{10}(x)$ は $\log(x)$ を縦軸について $1/\lambda_c$ 倍したもの」になります．これはつまり，$y = \log(x)$ の関数の y 座標を $\lambda_c = 2.302585\cdots$ でわると $\log_{10}(x)$ が求まり，そこから x の桁数が得られることを意味しています．

x が 1294 などの具体的な数の場合はみただけで（この場合は 4 桁と）わかりますので，わざわざ $\log_{10}(x)$ を使う必要はないのですが，世の中の数には「3 の 100 乗」など桁数がすぐにわからない場合もあります．そのような数がだいたいどれくらいの大きさなのかのイメージをつかむのに $\log_{10}(x)$ はとても役に立ちます．ここで，表 1.2 の値を用いて計算すると，

$$\log_{10}(3^{100}) = 100\log_{10}(3) = 100\log(3)/2.302585 \simeq 47.8 \text{ (48 桁)}$$

です．また，

$$\log_{10}(6^{70}) = 70\log_{10}(3 \cdot 2) = 70(\log(3) + \log(2))/2.302585$$
$$\simeq 54.5 \text{ (55 桁)}$$

ですので $3^{100} < 6^{70}$ から $1/3^{100} > 1/6^{70}$ がわかります．この不等式の左辺

---

38) $\log_{10}(x)$ は常用対数と呼ばれる関数で，括弧を外して $\log_{10} x$ とも表されます．

1.4 解析に役立つ「発散」と「波」の関数 45

は「じゃんけんで 100 回連続で勝つ確率」，右辺は「サイコロの目を 70 回連続で当てる確率」ですので，本講義の冒頭の問い「じゃんけんで 100 回連続して勝つ確率と，サイコロの目を 70 回連続して当てる確率はどちらが高いでしょうか？」に対しては，「じゃんけんで 100 回連続して勝つ確率のほうが高い（配当が同じでどちらかに賭ける場合，こちらに賭けるべきだ）」という答えが得られました．なお，サイコロの目を 60 回連続で当てる場合との比較では，サイコロの目を 60 回連続して当てる確率のほうが高くなります．同様の手法で確認できますので興味のある方は計算してみてください．

1.4.3 項のポイント

- $\log(x)$ は $\exp(x)$ の逆関数で $x > 0$ の範囲で定義される
- 逆関数の性質より $\log(\exp(x)) = x, \exp(\log(x)) = x$
- $\log'(x) = \dfrac{1}{x}$
- $\log x$ は単調増加関数
- $\log(AB) = \log(A) + \log(B)$
- $\dfrac{\log(x)}{2.302585}$ の小数点 1 桁目を切り下げて 1 をたした整数は x の桁数を表す

発展 3　$\log(1+x)$ のマクローリン展開

　$\log(x)$ の応用例として，$f(x) = \log(1+x)$ のマクローリン展開を計算してみましょう．合成関数の微分法則より，$f'(x) = 1/(1+x)$ となります．右辺の形は以前に 1.2.3 項の例題で出てきた $h(x)$ です．この関数は n 回微分について $h^{(n)}(0) = (-1)^n n!$ というシンプルな法則がありました．このことから，$f(x) = \log(1+x)$ の $n+1$ 回微分について $f^{(n+1)}(0) = h^{(n)}(0) = (-1)^n n!$ が求まります．よって，$f(x)$ をマクローリン展開すると，

$$\log(1+x) = 0 + x + \frac{-1}{2!}x^2 + \frac{2!}{3!}x^3 + \frac{-3!}{4!}x^4$$

$$= x - \frac{1}{2}x^2 + \frac{1}{3}x^3 - \frac{1}{4}x^4 + \cdots$$

が容易に得られます（グラフは図1.28）．1.2.3項の$1/(1+x)$と同様に，このマクローリン展開の収束半径は1ですので，$|x|<1$ではマクローリン展開の結果が元の関数の近似として適切であることがわかります[39]．なお，このマクローリン展開の結果は第3講の発展9および3.6.1項にて用います．

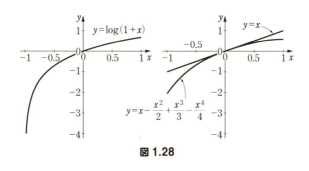

図 1.28

1.5 「$N!$」ってどれくらい大きいの？ ——スターリングの公式

突然「100の階乗（100!）は何桁でしょうか」という問題を出された場合，多くの方は答えに困るのではないでしょうか．ここでは大きな値の自然数Nについて，「Nの階乗は何桁か」という問題にチャレンジしてみましょう．

これまでにみてきた$\log(x)$の法則から，$\log(N!)$を求めることができれば，それを$\lambda_c \simeq 2.302585\cdots$でわり，桁数がわかります．そこで，以下で$\log(N!)$を近似する手法を考えます．

はじめに$\log(x)$を$1 \leq x \leq N$の範囲で考え，$x=N$，x軸および$\log x$で囲まれた部分の面積S_1を考えます．その図形と比較するために，図1.29(a)

---

39) 1.2.3項で述べた通り，ダランベールの収束判定法では$|x|$が収束半径に等しい場合の収束性はわからないため，個別に確かめる必要があります．この場合について結果だけ述べますと，$x=-1$では発散し，$x=1$では収束することになります．

1.5 「N!」ってどれくらい大きいの？　47

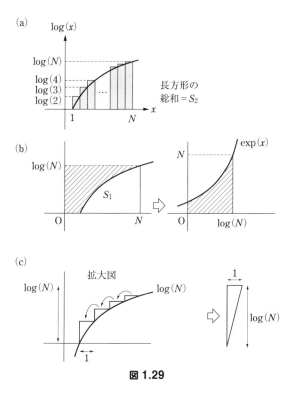

図 1.29

のように S_1 を覆うような幅 1 の長方形の面積の総和 S_2 を考えるのがポイントです．S_2 のすべての長方形の幅は 1 ですので，一番左の長方形の面積は $\log(2)$，次の長方形の面積は $\log(3)$，… 最後の長方形は $\log(N)$ となります．すべての和から $S_2 = \sum_{k=1}^{N} \log(k)$ となります．ここで，$\log(x) + \log(y) = \log(xy)$ という公式を思い出し，1 から N までのすべての k についての $\log(k)$ の和は，$S_2 = \log(1 \cdot 2 \cdot 3 \cdots N) = \log(N!)$ となります（図 1.29(a)）．一方で，面積 S_1 は縦が $\log(N)$，横が N の長方形（当然面積は $N \cdot \log(N)$ です）から斜線の部分の面積を引くことで求められます．斜線の面積は x 軸と y 軸を逆にすると，$\log(x)$ の逆関数 $y = \exp(x)$ について 0 から $\log(N)$ まで積分したものですから，$\int_0^{\log(N)} \exp(x) dx = \exp(\log(N)) - 1$ となります．逆関数の性質から $\exp(\log(N)) = N$ および，N は 1 よりもずっと大きいという前提から，$S_1 \simeq N \log(N) - N$ と近似されます（図 1.29(b)）．

48   第 1 講 極限をあやつる

　次に，S_1 と S_2 の違いについて補正を試みます．長方形集合のそれぞれの y 軸は，つねに $\log(x)$ より大きな値なので $S_2 > S_1$ が成り立ちます．いま，両者の面積の差を補正したいのですが，もっとも筋の良い補正は，それぞれの部分を三角形に近似することです．すると，横幅が 1 の三角形がたくさんできるのですが，これは等積変形によって，縦 $\log(N)$，横 1 の 1 つの大きな三角形になり，その面積は $\log(N)/2$ になります（図 1.29(c)）．

　以上から，スターリングの公式,

$$\log(N!) \simeq N \log(N) - N + \frac{\log(N)}{2}$$

が得られます[40]．

　そのため，これを λ_c でわった数（を小数点以下 1 桁で繰り下げて 1 をたしたもの）が $N!$ の桁数の推定値となります．$\log(N)$ の正確な値はコンピュータなどを用いて計算しなければなりませんが，概算には表 1.2 を用いることができます．$N = 100$ のときは表 1.2 から $\log(100) \simeq 4.605170$ でしたから，

$$(100 \cdot 4.605170 - 100 + 4.605170/2)/2.302585 \simeq 157.57$$

で 158 桁の数と推定できます．そして，実際に 100! をコンピュータで正確に計算すると $9.3 \cdot 10^{157}$ が得られ，推定が正しいことが確認できます[41]．一般には大きな数のイメージをつかむことは難しいのですが，この手法を用いれば，おおまかな桁数のイメージをつかむことができるようになります．

　なお，復習 2 では順列と組み合わせの場合の数が，それぞれ $_n\mathrm{P}_k = \dfrac{n!}{(n-k)!}$, $_n\mathrm{C}_k = \dfrac{n!}{k!(n-k)!}$ と階乗を用いて表されることを確認しました．順列や組み合わせの計算において，選ぶべき対象がたくさんある場合，n や k が大きくなるためにこれらの値を直接計算するのは困難です．そのような状況において，場合の数のおおまかな大きさ（桁数）を見積もる際にもスターリングの法則は役立ちます．

---

[40]　スターリングの公式には $\log(N!) = N \log(N) - N$ とするより粗い近似や，逆に，より正確な近似などいくつかのバージョンがあります．

[41]　正確な計算結果は 158 桁ぎりぎりなので，近似による推定誤差は桁数には現れない程度には含まれています．

1.5 「$N!$」ってどれくらい大きいの？　49

──── **1.5 節のポイント** ────

・スターリングの公式：

$$\log(N!) \simeq N \log(N) - N + \frac{\log(N)}{2}$$

・$\log(N!)$ を 2.302585 でわった数を評価することで $N!$ の桁数が推定できる

50　第 1 講　極限をあやつる

コラム 1　演算を表す記号の工夫について

　数学では新しい計算・演算が生み出されるたびに，その演算を表す記号を演算の
ルールとともに確定し，皆で同じ記号を使います．記号とルールを対応づける場合
には，「分かりやすく」しかも「間違えにくい」記号を設定する必要があり，この
ことは，分野を超えて重要視されます（たとえば道路の交通標識やボードゲームの
アイテムも「分かりやすく」しかも「間違いにくい」ことが重要です）．
　数学においてその能力に長けていたのは 17 世紀の数学者ライプニッツでした．
下記のルールのうち，微分の「$\frac{d}{dx}$」と積分の「$\int$」は彼による発明です．「$\int$」がア
ルファベットの s と関係することを，みなさんはご存じでしたか？

・総和の演算シグマ Σ：与えられた条件でのすべての和をとることを総和といい，
1.2 節で説明した通り $\sum_{i=1}^{k} a_i$ は $a_1 + a_2 + \cdots + a_k$ を表します．ここで使われる
ギリシア文字の大文字の Σ（シグマ）は，アルファベットの大文字の S の元になっ
た記号です．「総和」を英語にすると "summation" ということが，Σ を用いてい
る理由です．なお，Σ の下と上には数え上げるときの記号，初めの数，終わりの数
が記されますが，数え上げる範囲が前後の内容から自明である場合には，範囲を略
して $\sum_i$ とのみ書くこともあります．

・微分：微分にはたくさんの記号があります．$f(x)$ を x で微分する場合，$\frac{df(x)}{dx}$，
$\frac{d}{dx}f(x), f'(x)$ のいずれかの書き方が用いられます．また，物理学では時間変化す
る物体の座標 $x(t)$ の微分について $\dot{x}$ や $\dot{x}(t)$ と書くことも多くあります．微分を表
すのに $\frac{d}{dx}$ を用いたのはライプニッツです．一方で，「$'$」および「$\cdot$」は記述が簡単
な表現ですが，それぞれラグランジュ，およびニュートンが考案した記述方法で
す．
　$y = f(x)$ の点 $x = a$ での接線の傾きを求める場合には，関数 $f'(x)$ を求めてか
ら $x = a$ を代入する操作を行います．このような微分後の関数に，ある値 a を
代入する場合，$\frac{df(x)}{dx}\Big|_{x=a}$ や $f'(x)|_{x=a}$ と書きます．簡単に，$\frac{df(a)}{dx}$ や $f'(a)$ と
書く場合もあります．
　2 回微分は $\frac{d^2 f(x)}{dx^2}, \frac{d^2}{dx^2}f(x), \frac{d}{dx}\left(\frac{df(x)}{dx}\right), f''(x)$ のどれでもよいのですが，4

コラム 1 演算を表す記号の工夫について 51

回微分，5 回微分，… と増えるにしたがって，ラグランジュ流「$'$」は書くほう
も，読むほうも大変になるため，n 回微分については $f^{(n)}(x)$ と書きます．

・積分：関数 $f(x)$ を x について a から b まで積分することを $\int_a^b f(x)dx$ と表しま
す．ここで用いる積分記号 $\int$ もライプニッツの考案ですが，このにょろっとした
不思議な記号は実はアルファベットの s の変形です．そもそも積分は細かく分け
たものをたし合わせるため，その操作は「総和をとる」＝ summation が元にな
っています．アルファベットの小文字 s をラテン文字で書くと「ſ」となるため，
summation はラテン文字で「ſumma」となります．ライプニッツは頭文字である
「ſ」をさらに長くして，積分の記号としたのでした．

第2講　世の中の現象を読み解く
——微分方程式

　この講義では大学の講義で微分方程式と呼ばれる単元の話をします．運動の法則を知ること，さらに予測することはとても重要です．たとえばサッカーにおいては，味方が蹴ったボールがどのような軌跡をたどり，自分はどこに動けばよいのか，どのようにボールを扱えばよいのかを判断します．また，株価がどのように変化するかを他の人よりうまく予測できれば利益をあげることができるかもしれません．これらの現象に共通するのが，「時間とともに変化する」という要素です．

　第1講で扱った極限や微積分は，微分方程式と結びつくことで，現実世界の実用的な問題を扱うことができます．現に，微積分の体系化に多大なる貢献をしたニュートンは，惑星の運動を研究していく過程で時間に関する極限を扱う必要に直面し，微積分を構築するとともに「万有引力の法則」や「運動方程式」を微分方程式で記述することに成功しました．リンゴや惑星の運動のほかにも，電気回路や水の流れなど，さまざまな自然の法則には時間に関する極限が重要な役割を果たしています．

　一方で，自然現象を微分方程式で記述した場合に，解を時間の関数として厳密に書き下せない場合もあることが知られています．第1講で極限の考え方に基づいてテイラー展開を用いた近似法が示されたように，微分方程式においても変換や近似によって解の特徴を保持したまま簡略化された式の振る舞いを知る手法（時間 $t \to \infty$ の極限における平衡点や安定性解析の理論など）が発展しました．

54 第2講 世の中の現象を読み解く

　そのため，この本では他の教科書で重要視されている特定の微分方程式を解くための解法やテクニック（同次形やベルヌーイ形など，特定の形の式の場合に使える変換のテクニックがあります）にはほとんど触れずに微分方程式を説明していきます．そして本講義では時間とともに変化する現象の解析から，第1講で扱った $\exp(x)$, $\cos(x)$, $\sin(x)$ が微分方程式を解くのにも重要な関数であること，少数の重要な式を解析することが，さまざまな現象の理解につながること，図の描画を用いた解析法が現象の理解に役立つこと，を示します．

　具体的には，まずは惑星の運動を題材に，手計算では解が求まらない式をコンピュータに解かせる手法を紹介します．次に，線形力学系の解析から，1変数微分方程式では解の振る舞いが2パターンに，2変数では5つのパターンに分類できることを説明します．さらに，1変数非線形微分方程式について，図を使って解の安定性を判断する手法を身につけます．その後これらの応用として，まず2変数非線形微分方程式で表される神経細胞の活動の数理モデルを解析し，2変数であっても図を使うことの有用性を確認したのちに非線形微分方程式の安定性解析のレシピを習得します．2つ目の応用として，流体の方程式を題材に，3変数非線形微分方程式の解析を行います．それによって，流体の方程式がカオスという予測不可能な特徴をもつこと，さらにその特徴を1変数の離散時間力学系で捉えられることをみます．

　以上のことを身につけると，自分が知りたい何らかの現象について，実際に式を立てて動きの法則を解析することができるようになります．これらの知識はスポーツに，生活に，経済活動に大いに生かされることでしょう．また，例題で扱う脳と気象のトピックからは，私たちの脳の神経細胞がどのように複雑かつ精緻な電気活動を実現しているのか，なぜ大気の流れを解析し天気を予測することが難しいのか，についても理解していただけるものと思います．では，講義に入りましょう．

2.1 力学系の基礎

2.1.1 「力学系」とは？

はじめに，「力学系」という用語について説明します．力学系とは，ある
ルールにしたがって状態が時間変化するシステムのことです．力学系につい
て知識を得ることは現象の理解や予測に非常に役に立ちますので，まずは連続
時間力学系と離散時間力学系という分類について説明します．連続時間力学系
は時間が連続なシステム（t が連続量）を，離散時間力学系は時間が不連続な
システム（$t = 1, 2, 3, \cdots$）を扱います．それぞれの場合の具体例について考え
てみましょう．

まず，連続時間力学系について考えてみましょう．連続時間力学系のもっと
も簡単な例の 1 つは，

$$\frac{dY}{dt} = aY \tag{2.1}$$

です．ここで a は時間変化しない数で，定数あるいはパラメータと呼ばれま
す．この式は微分を用いた方程式（$Y(t)$ の変化速度が $Y(t)$ の a 倍の値に等し
い）であるため，微分方程式と呼ばれます．この式にしたがう現象の例とし
て，放射性同位体の原子の個数の変化が挙げられます．炭素の同位体である炭
素 14（原子核が 6 個の陽子と 8 個の中性子からなる）は，電子を放出して中
性子が陽子になり，窒素 14（7 個の陽子と 7 個の中性子からなる）となりま
す．この現象を放射性崩壊と呼びます．放射性崩壊が起こる割合は，どれだけ
短い時間幅に対しても 0 ではなく，決まった値をもちます．この値が式 (2.1)
の a です．炭素 14 の場合は $a = -1.2 \cdot 10^{-4}$（単位は年$^{-1}$）として表される
ため，非常にゆっくり減少することがわかります．事実，炭素 14 の残量は，
動物が死んでからどれだけの時間が経過していたかを調べる指標となっていま
す[1]．このような式は，さまざまな変数（ここでは Y）について，その微分値

---

1) 一方で炭素 11（6 個の陽子と 5 個の中性子からなる）は放射性崩壊が起こるまでの時間が短い
ため，腫瘍組織に取り込まれやすい形で人体に投与したあとで放射線量を計測し，腫瘍組織の有無
を診断する方法（PET：陽電子断層撮影法）に用いられています．

56   第2講 世の中の現象を読み解く

（ここでは $\frac{dY}{dt}$）をベクトル（矢印）で表すことができます．このような力学系の表し方を「ベクトル場」ともいいます．

ニュートンの運動方程式は，力 F，質量 m，加速度 a を用いて $F = ma$ と表されます．ここで加速度 a は速度を時間で微分したものです．ニュートンは惑星の運動の法則を考える際に，時間についての極限（$\Delta t \to 0$）を扱う方法として微分を定式化し，運動の法則を微分方程式で記述しました．今日では，極限 $\Delta t \to 0$ および微分方程式は電気回路の法則を含め，さまざまな世の中の運動の法則を記述し解析するために用いられています．

次に，離散時間力学系について考えます．離散時間力学系の最も簡単な例の1つは，

$$Y(t + 1) = bY(t) \quad (t = 1, 2, \cdots)$$

です．ここで b はパラメータ（定数）です．この式にしたがう現象の例としては，銀行での預金と利息の関係が挙げられます．預金に対する利息は，一定時間ごとに（不連続に）増えるものです．具体的には，$t + 1$ 年での預金高 $Y(t + 1)$ は，t 年目のお金 $Y(t)$ に利息 $b = 1.00001$[2] をかけたものとなります．このように，この式は時間が1ステップ（ここでは1年）過ぎるごとにある法則（ここでは 1.00001 倍する）にしたがって変数の増減が起きる現象を表現しています．このような力学系の表し方を「写像」といいます[3]．ちなみに，この式は初期値を与えれば解くことができます．ここで Y の初期値（$t = 0$ の値）を $Y(0)$ としましょう．するとこの式は $Y(t) = 1.00001Y(t - 1) = (1.00001)^2 Y(t-2) = \cdots$ というように，時間が1進むごとに 1.00001 倍されます．最終的には t 年度には $Y(t) = Y(0) \cdot (1.00001)^t$ が成り立ちます．

2.1.2 大事な考え方，解けなくて当たり前——三体問題

私たちの住む地球を含めた天体がどのように振る舞うのかを解き明かすことは，古くから農作物を増やしたり，安全な航海を行う上でとても重要でした．太陽の周りを地球が回っているという地動説は主に 15-16 世紀の天文学者コ

---

2) 2017 年現在の普通預金の利息 0.001% より．
3) 高校数学では「漸化式」として習います．

ペルニクスによる天体の観測によって提唱されました．その後ケプラーは太陽と火星の関係（二体問題）を考え，火星は楕円軌道を描き，太陽はその軌道の焦点の1つであることを導きました．私たちの住む太陽系には複数の惑星がありますが，一般的に星が3つある場合の動きを読み解く問題は三体問題といわれます．三体問題は多くの研究者が頭を悩ませたのですが，最終的に三体問題の解軌道は簡単な関数では表せないことが知られています[4]．

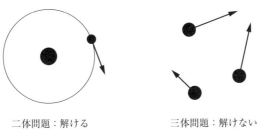

二体問題：解ける　　　三体問題：解けない

図 2.1

動くものが3つあっただけで解を求めることができないわけですから，私たちの身の回りの現象の中で答えの関数が求められる場合は非常にラッキーというべきでしょう．幸運にも解ける式については，解き方を身につければよいのですが，一方で解けない式は知恵を絞ってなんとかしなければいけません．そして，この「なんとかする」ということが数学の面白いところでもあります．

多くの場合が相当する「解けない式」についてですが，大別すると2通りの方針があります．1つに，「数値解法」と呼ばれる手法があります．複雑な微分方程式であっても，コンピュータを用いて繰り返し計算をすることで，解がどのように振る舞うかを知るための手法です（解を関数で表すことを解析解と呼ぶのに対して，こちらは数値解と呼びます）．この手法は式の形にかかわらず用いることができるため，お手軽です．しかし，計算量が多いのでコンピュータ，時にはスパコンなども駆使する必要があることと，その結果が得られた原因やメカニズムを直接知ることはできないという欠点があるため，一長一

---

[4] 多項式関数，exp, cos, sin, log を用いた微分・積分・逆関数と四則演算の有限回の計算では表せないことが知られています．

短といえます．本講義では，簡単な数値解法のやり方についても述べたいと思います．

2つめに，解がどのあたりに落ち着きそうかを明らかにし，その上で解が落ち着く値の近くでの解の振る舞いを知るという手続きが「ヌルクラインの解析」と「安定性解析」です．これらは，解を関数として表す場合に比べると，複雑な数理操作もなく，式の形にかかわらず微分方程式の解の振る舞いがわかるということで，たいへん便利な方法です．さらに進んだ考え方としてはパラメータ（力学系のもつ定数）によって解の振る舞いがどのように変わるのかを調べる手法（分岐解析）や，同じ振る舞いを示す力学系をひとまとまりにした上で，共通の特徴をもつ最も簡単な式を導出する手法（標準形の導出）があります．これらはかなり重要な解析法なのですが，本格的かつ難解であるため，本書では関連する概念を簡略化し，図をうまく用いながら考える方法を説明します．

では，以下それぞれについてくわしくみていきましょう．はじめは，適用範囲は最も広いが結果の扱いが難しい「数値解法」についてです．

2.2 コンピュータに式を解かせる──数値解法

前節の分類で述べた解けない式の中で，数値解法は初期値（時間変化するシステムにおける $t = 0$ での状態（たとえば座標や速度など））と式が与えられればどのような微分方程式にでも適用できる便利な方法です．一方で，コンピュータを用いなければならないという点と，初期値を少しでも変えると解の振る舞いが大きく変わってしまう場合がある（その場合，得られた数値解に信頼性や汎用性がないということになります）という点に注意する必要があります．

そのような点はともかくとして，まずは数値解法についてみていきましょう．ここでは簡単のために，時間変化する変数が1つだけの場合，

$$\frac{dX}{dt} = f(X, t) \tag{2.2}$$

について考えます．先にみた放射性崩壊の式 (2.1) もこの式の 1 つです．ここでやりたいことは，ある時刻 t_0 で X_0 が与えられていた場合に，微小区間 Δt 後の $t_0 + \Delta t$ での X の値 $\tilde{X}(t_0 + \Delta t)$ を得るということです．式 (2.2) から時刻 t_0 での X の接線の傾きが得られるので，その直線を $t_0 + \Delta t$ まで伸ばすと，$t_0 + \Delta t$ での X の値は $\tilde{X}(t_0 + \Delta t) = X(t_0) + f(X_0, t_0) \cdot \Delta t$ となります．さらに，この $\tilde{X}(t_0 + \Delta t)$ を初期値として $\tilde{X}(t_0 + 2\Delta t)$ が得られ，以下 $\tilde{X}(t_0 + 3\Delta t), \tilde{X}(t_0 + 4\Delta t), \cdots$ と値を得ることで最終的に $\tilde{X}(t)$ のグラフを描くことができます．この手法で X を求める方法がオイラー法と呼ばれるものです．この手法は簡単で直感的にも理解しやすいかと思います．しかしながら，用いた傾きは t_0 では正しいのですが，$t_0 + \Delta t$ に近づくにしたがって信頼性が低くなるため，式によってはより精度の高い数値解法を必要とします[5]．ただ，このような簡単な手法で微分方程式の挙動がある程度わかることは便利です．

なお，オイラー法は変数が複数ある場合にも容易に拡張できます．たとえば x, y が時間 t とともに変化する場合，

$$
\begin{cases}
\dfrac{dx}{dt} = f(x, y, t), \\
\dfrac{dy}{dt} = g(x, y, t)
\end{cases}
\tag{2.3}
$$

と書けますので，同じように $t = t_0$ において $x = x_0, y = y_0$ を初期値として，$t_0 + \Delta t$ では $\tilde{x}(t_0 + \Delta t) = x_0 + f(x_0, y_0, t_0) \cdot \Delta t, \tilde{y}(t_0 + \Delta t) = y_0 + g(x_0, y_0, t_0) \cdot \Delta t$ が得られ，以下繰り返すことになります．

一方で，この数値解法では得られた結果についての原因やメカニズムを理解することは困難です．そのため一般的には数値解法は次節以後の解析的な手法と組み合わせることが重要で，両方の手法を駆使することで初めて複雑な現象を理解することが可能となります．

数値解法を用いた例として，3 つの星 A, B, C の運動をコンピュータを用いて計算してみましょう．先に述べたように，この問題は三体問題と呼ばれ，一

---

5) 精度がより高い数値解法として，後進オイラー法，修正オイラー法，2 次のルンゲ-クッタ法，4 次のルンゲ-クッタ法などがあります．本書では第 4 講にて修正オイラー法および 4 次のルンゲ-クッタ法について説明します．

60　第 2 講　世の中の現象を読み解く

般的に解の関数を求めることができない問題なのですが，特別な条件を設定した場合の振る舞いはいくつか知られています．

　まず必要な前提知識として，質量 m_1 の星 A と質量 m_2 の星 B が距離 r 離れていた際に，両者を引き寄せる方向に働く力の大きさ F は，万有引力の法則から $F = G\dfrac{m_1 m_2}{r^2}$ であることが知られています．ここで G は重力定数で $G = 6.674 \cdot 10^{-11} \mathrm{m^3 kg^{-1} s^{-2}}$ です．また，3 つの星が同一平面にあるとすると，それぞれの座標を A:(x_1, y_1), B: (x_2, y_2), C: (x_3, y_3) として，

$$r_{21} = \sqrt{(x_2 - x_1)^2 + (y_2 - y_1)^2},$$
$$r_{31} = \sqrt{(x_3 - x_1)^2 + (y_3 - y_1)^2},$$
$$r_{32} = \sqrt{(x_3 - x_2)^2 + (y_3 - y_2)^2}$$

がそれぞれ A と B，A と C，B と C の距離になります．このとき星と星の間に働く力を x 軸方向 (F_x) と y 軸方向 (F_y) に分けると（図 2.2），たとえば星 A が星 B から受ける x 軸，y 軸方向の力はそれぞれ，

$$F_x = F\frac{x_2 - x_1}{r_{21}} = Gm_1 m_2 \frac{x_2 - x_1}{(r_{21})^3},$$
$$F_y = F\frac{y_2 - y_1}{r_{21}} = Gm_1 m_2 \frac{y_2 - y_1}{(r_{21})^3}$$

と表されます（図 2.2．ピタゴラスの定理から $(F_x)^2 + (F_y)^2 = F^2$ が満たされています）．そこで，それぞれの星の x 座標と y 座標についてニュートンの運動方程式[6]を立てると，

6）　質量 m および加速度 a と力 F の間の関係は $ma = F$ です．加速度は位置の 2 回微分（速度の微分）で与えられます．たとえば星 A の x 軸方向の運動に関する運動方程式では，左辺は $m_1 \dfrac{d^2 x_1}{dt^2}$，右辺は星 B から受ける力と星 C から受ける力の x 軸方向の大きさをたして，$Gm_1 m_2 \dfrac{x_2 - x_1}{(r_{21})^3} + Gm_1 m_3 \dfrac{x_3 - x_1}{(r_{31})^3}$ となります．

$$m_1\frac{d^2x_1}{dt^2} = Gm_1m_2\frac{x_2-x_1}{(r_{21})^3} + Gm_1m_3\frac{x_3-x_1}{(r_{31})^3},$$

$$m_2\frac{d^2x_2}{dt^2} = Gm_2m_3\frac{x_3-x_2}{(r_{32})^3} + Gm_1m_2\frac{x_1-x_2}{(r_{21})^3},$$

$$m_3\frac{d^2x_3}{dt^2} = Gm_1m_3\frac{x_1-x_3}{(r_{31})^3} + Gm_2m_3\frac{x_2-x_3}{(r_{32})^3},$$

$$m_1\frac{d^2y_1}{dt^2} = Gm_1m_2\frac{y_2-y_1}{(r_{21})^3} + Gm_1m_3\frac{y_3-y_1}{(r_{31})^3},$$

$$m_2\frac{d^2y_2}{dt^2} = Gm_2m_3\frac{y_3-y_2}{(r_{32})^3} + Gm_1m_2\frac{y_1-y_2}{(r_{21})^3},$$

$$m_3\frac{d^2y_3}{dt^2} = Gm_1m_3\frac{y_1-y_3}{(r_{31})^3} + Gm_2m_3\frac{y_2-y_3}{(r_{32})^3}$$

となり，これが星 A, B, C の運動を示す微分方程式となります．

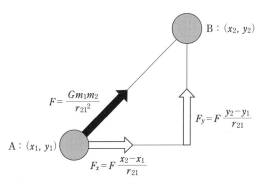

図 2.2 A から B に働く力を x 軸, y 軸方向に分解

　この微分方程式は先の話の通り，一般的に解の関数を得ることができないのですが，特定の条件設定の下では解が得られることが知られています．ここでは，簡略化のために $G=1$ とした上で太陽系を模した三体問題と，8 の字の軌道が得られる場合についてみていきます[7]．

　はじめに太陽系のように 1 つの星の質量が大きい場合について，3 つの星の運動をシミュレーションしてみましょう．星 A が B,C に比べて大きいとし，質量を $m_1=10, m_2=m_3=0.1$ とし，さらに星 A は恒星として原点で動か

---
7) オイラー法よりも高い精度の数値計算を行うため，第 4 講に示す修正オイラー法を用いてステップ幅を $\Delta t = 0.001$ として計算します．

ないこととします（上式で，$\frac{d^2 x_1}{dt^2} = \frac{d^2 y_1}{dt^2} = 0$ と置きなおす）[8]．初期値として，位置および速度をそれぞれ $x_2 = 0$, $y_2 = 1$, $\frac{dx_2}{dt} = 1$, $\frac{dy_2}{dt} = 0$, $x_3 = 0$, $y_3 = -2$, $\frac{dx_3}{dt} = -0.7$, $\frac{dy_3}{dt} = 0$ と設定すると（星 A, B, C の x 軸方向の速度を $\frac{dx_1}{dt}$, $\frac{dx_2}{dt}$, $\frac{dx_3}{dt}$, y 軸方向の速度を v_{y1}, v_{y2}, v_{y3} と設定しています）．太陽系のような恒星 A の周りで惑星 B と C が楕円軌道で動いている様子が再現されます．ここで軌道が細かくぶれているのは星 B と C の相互作用が無視できない程度に働いているためです．

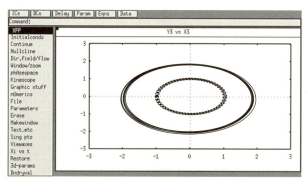

図 2.3 星 B の軌道：実線，星 C の軌道：点線．星 A は原点に固定[9]

次に，3 体問題の特殊な答えである 8 の字軌道をみていきます．$m_1 = m_2 = m_3 = 1$ とします．さらに特殊な初期値として，

$$x_1 = 0.97000436, \quad y_1 = -0.24308753,$$

$$x_2 = -0.97000436, \quad y_2 = 0.24308753,$$

$$x_3 = 0, \quad y_3 = 0,$$

$$\frac{dx_1}{dt} = 0.466203685, \frac{dy_1}{dt} = 0.43236573,$$

$$\frac{dx_2}{dt} = 0.466203685, \frac{dy_2}{dt} = 0.43236573,$$

---

8) ここでは，さらに m_1 が m_2, m_3 に対して大きいので新しい座標系において，B, C にはたらく見かけの力を無視しています．
9) この数値計算は XPPAUT を用いて行いました．

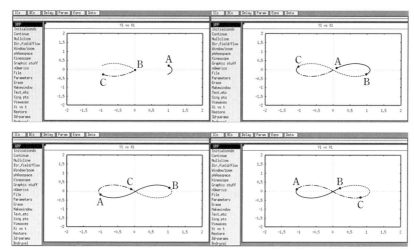

図 2.4 左上，右上，左下，右下の順に $t = 1, 2, 3, 4$．星 A の軌道：実線，星 B の軌道：点線，星 C の軌道：一点鎖線

$$\frac{dx_3}{dt} = -0.93240737, \frac{dy_3}{dt} = -0.86473146$$

を用いた場合，図 2.4 のような 8 の字に沿って 3 体が追いかけっこするような振る舞いを示します．

一方で，x_1 の初期座標をすこし移動させた位置 $x_1 = 1.2$ から走らせた軌道は図 2.5 の通りとなり，とたんに星がどこに行くかわからなくなることがみてとれます．この 8 の字軌道の初期条件は 2000 年に発見されたもので[10]，太陽，月，地球という身近な運動から始まった三体問題が近年においても難しい問題であることがわかります．余談ですが，もし太陽，月，地球がこのようなバランスと位置関係にあれば，四季や昼夜，潮の満ち引きすべてのリズムが崩れますので，現在の太陽系のバランスであることに感謝すべきかもしれません．

---

10) Chenciner, A. and Montgomery, R., A remarkable periodic solution of the three-body problem in the case of equal masses, *Annals of Mathematics*, **152**: 881-901 (2000) において，Carles Simó による導出として紹介されています．また，この 8 の字運動に関する解説としては，柴山允瑠「古典力学における線形と非線形」，『数理科学』2011 年 11 月号: 15-21 などがあります．

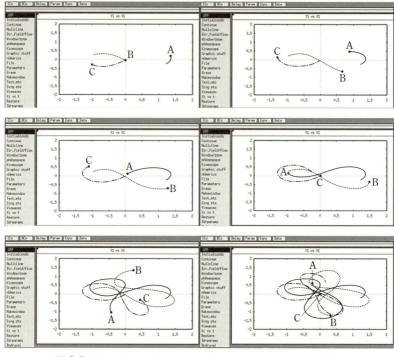

図 2.5 左上，右上，左中，右中，左下，右下の順に $t = 1, 2, 3, 4, 8, 12$. 星 A の軌道：実線，星 B の軌道：点線，星 C の軌道：一点鎖線

2.2 節のポイント

オイラー法：
$\dfrac{dX}{dt} = f(X, t)$ について，時刻 t_0 で X_0 が与えられていた場合，Δt 後の X は $\tilde{X}(t_0 + \Delta t) = X(t_0) + f(X_0, t_0) \cdot \Delta t$. 得られた値をを初期値として計算を繰り返すことで，$X(t)$ の数値解を得る

発展 4　線形と非線形について

関数や力学系を分類する要素の 1 つとして，線形，非線形という分類があります．何を対象としているかによって少し意味合いが異なりますの

で，ここで説明します（数学の分野によって若干言葉の使い方にぶれがありますので，本書での用語の使い方として説明いたします）．

はじめに，関数の線形，非線形について説明をします．ある関数 $f(x)$ が線形であるとは，任意の x, y について $f(x + y) = f(x) + f(y)$ が成り立ち，かつ任意の定数 k に対して $f(kx) = kf(x)$ が成り立つことです．

次に，微分方程式の線形，非線形について説明をします．n 個の力学変数 $x_i (i = 1, 2, \cdots, n)$ があるとき，その時間微分は変数および時間 t の関数として記述されるため，一般の微分方程式は，

$$\frac{dx_i}{dt} = f_i(x_1, x_2, \cdots, x_n, t)$$

と表されます．線形微分方程式とは，f_i がそれぞれの変数の 1 次式で表され，x_i^2 や $x_i \cdot x_j$ などの積の項がない微分方程式を指します．具体的には $a_j(t)(j = 0, 1, \cdots, n)$ をそれぞれ時間 t の関数として，$\frac{dx_i}{dt} = a_0(t) + a_1(t)x_1 + a_2(t)x_2 + \cdots + a_n(t)x_n$ の形で表される方程式です．線形微分方程式ではない場合を（力学変数間で積の項がある場合），非線形微分方程式と呼びます．

力学系を線形力学系，非線形力学系と分類する場合もあります．この場合は連続時間力学系あるいは離散時間力学系の右辺が力学変数についての線形な関数で表されていることを意味します．2.4 節では連続時間力学系について，1 変数線形力学系および 2 変数線形力学系の例を解析しますが，それぞれ具体的には $\frac{dx}{dt} = \lambda x$，および $\frac{dx}{dt} = ax + by$ と $\frac{dy}{dt} = cx + dy$ の連立方程式を扱います．

2.3　力学系を図を使って理解するための基礎知識

力学系の解析は，厄介な変数変換や解の公式などを使わなくとも，その解の特性を図を使って理解することができます．2.1 節でみた通り，力学系には連続時間力学系と離散時間力学系があります．そこでそれぞれについて，図を使

って解の性質を理解する手法を紹介します．まずはわかりやすい離散時間力学系からです．

2.3.1 離散時間力学系——定規があれば答えをたどれる

離散時間力学系は時間 n での変数の値から $n+1$ での値を求めるシステムです．たとえば1変数の場合では，

$$x(n+1) = f(x(n))$$

において $x(0)$ を代入して $x(1)$ を取り出し，$x(1)$ を代入して $x(2)$ を取り出し，$\cdots$ を繰り返します．1変数についてこの手続きを効率的に行うために，縦線と横線を交互に書きながら解を求める手法を以下に示します．

0. 準備として，$f(x)$ と直線 $y=x$ を描きます．
1. 図 2.6(a) のように $x=x(0)$ から縦に線を引き，$f(x)$ との交点を点 A とします（このとき，点 A の y 座標が $x(1)=f(x(0))$ となります）．
2. 点 A から水平に線を引きます．$y=x$ と交わった点 B の x 座標が $x(1)$ です．
3. 1. に戻り，$x=x(1)$ から縦横に線を引き，点 A, B から $x(2)$ を求めます（図 2.6(b)）．

以下同じ操作の繰り返しから $x(2)$, $x(3)$, $\cdots$ が求まります．

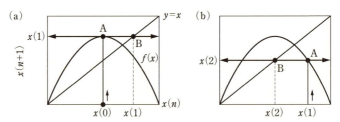

図 2.6 (a) $x(0)$ から $x(1)$ を求めるプロセス．(b) $x(1)$ から $x(2)$ を求めるプロセス

具体例として $f(x)=ax(1-x)$ のとき，つまり $x(n+1)=ax(n)(1-x(n))$ について考えます．$a=2.5$ および $a=3.1$ の場合の図を，図 2.7 に示しました（図の初期値は $x(0)=0.25$ としています）．みなさんも実際に図を描いて

みてください.

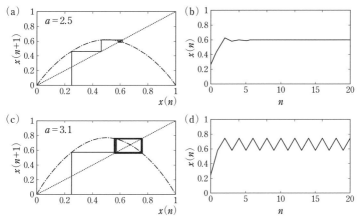

図 2.7 (a) $a = 2.5$ での $x(n)$ を図を使って求める手続き, (b) $a = 2.5$ での $x(n)$. (c) $a = 3.1$ での $x(n)$ を図を使って求める手続き, (d) $a = 3.1$ での $x(n)$

次に, $x(n)$ の特徴を知るために, 不動点の解析を行います. 不動点とは $y = x$ と $y = f(x)$ の交点の x 座標 $\bar{x}$ のことで, $x(n) = \bar{x}$ のときに $x(n+1) = \bar{x}$ が成り立つため, $k > n$ で $x(k) = \bar{x}$ にとどまりつづける値といえます. このとき, $\bar{x}$ から小さい値 $\Delta x(n)$ だけ離れた点 $x(n) = \bar{x} + \Delta x(n)$ から出発した場合に次の点 $x(n+1)$ を $x(n+1) = \bar{x} + \Delta x(n+1)$ によって表します. このとき, $f'(\bar{x}) = \left.\dfrac{df}{dx}\right|_{x=\bar{x}}$ として, 1次のテイラー展開を用いると,

$$\bar{x} + \Delta x(n+1) = x(n+1) = f(\bar{x} + \Delta x(n))$$
$$\simeq f(\bar{x}) + f'(\bar{x})\Delta x(n)$$
$$= \bar{x} + f'(\bar{x})\Delta x(n)$$

から $f'(\bar{x}) = \Delta x(n+1)/\Delta x(n)$ が得られます.

$-1 < f'(\bar{x}) < 1$ の場合を考えると, $\dfrac{|\Delta x(n+1)|}{|\Delta x(n)|} < 1$ なので, n が増えるにしたがって $\bar{x}$ に近づき, 最終的に $\bar{x}$ にたどり着きます. このような周りの点を呼び込む不動点のことを「安定な不動点」といいます. 反対に, $f'(\bar{x}) < -1$ もしくは $f'(\bar{x}) > 1$ の場合は, $\dfrac{|\Delta x(n+1)|}{|\Delta x(n)|} > 1$ です. この場合は $\bar{x}$ から少し離れた点を初期値にとると, だんだんと離れていくタイプの不動点なの

で,「不安定な不動点」といいます.

具体例として,$f(x) = ax(1-x)$ の場合の不動点の特徴を解析してみましょう.いま,$1 < a$ とすると,不動点は $\bar{x} = a\bar{x}(1-\bar{x})$ を解くことで $\bar{x} = 0$,$(a-1)/a$ の2点が求まります.また,$f'(x) = a - 2ax$ ですので,不動点 $\bar{x} = 0$ での接線の傾き $f'(0) = a$ は1より大きくなり,この不動点は不安定であることがわかります.一方で $\bar{x} = (a-1)/a$ では $f'((a-1)/a) = a - 2(a-1) = 2 - a$ です.この不動点が安定である条件は $-1 < 2 - a < 1$ なので,$a < 3$ で安定,$a \geq 3$ で不安定になることがわかり,図2.7の結果と一致しました.

2.3.2 連続時間力学系——ヌルクラインと方向場

次に,連続時間力学系の振る舞いを読み解くのに重要な「ヌルクライン」と「方向場」について説明します.以下では2変数の場合について考えます.

ヌルクライン:2変数の微分方程式系 $\frac{dx}{dt} = f(x,y), \frac{dy}{dt} = g(x,y)$ において,$f(x,y) = 0$ および $g(x,y) = 0$ は2次元空間における曲線(または直線)になり,特別な意味をもちます.$f(x,y) = 0$ は $\frac{dx}{dt} = 0$ より「この線上の点では x は増減しない」ことを意味し,この線を x ヌルクラインと呼びます.同じく $g(x,y) = 0$ は「この線上の点では y は増減しない」ことを意味し,y ヌルクラインと呼びます.どちらの線上にもない点は,微小時間の間に斜めに動くことになります.そして,2本の線の交点は「x も y も増減しない」わけですから,その点にたどりついたら留まり続けることになります.離散時間力学系では留まり続ける点を不動点と呼びましたが,連続時間力学系の場合はこの点を平衡点と呼びます.2変数ではない微分方程式系についても,一般に (変数の時間微分) $= 0$ はヌルクラインと呼ばれ,運動の軌跡を知る重要な手掛かりとなります.

方向場:xy 平面上に一定間隔で点をうち,その点での $\left(\frac{dx}{dt}, \frac{dy}{dt}\right)$ を矢印表示でプロットしたものになります.この方向場を細かく書いておけば,平面上の初期値の点から矢印をたどっていくだけで,どのような解の振る舞いをするのかイメージすることができます.ただし,細かい変化を見落とす恐れがありますので,あくまで「イメージする」に留め,解析は別に行う必要がありま

2.3 力学系を図を使って理解するための基礎知識　69

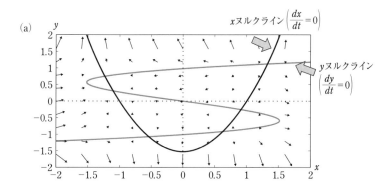

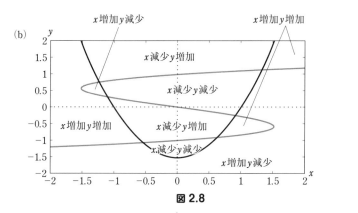

図 2.8

す．また，3 変数以上の微分方程式系の場合は方向場を図示しにくいという欠点もありますので，主に 2 変数のケースで力を発揮する手法です．

実例として，

$$\begin{cases} \dfrac{dx}{dt} = 1.5(x+1)(x-1) - y, \\ \dfrac{dy}{dt} = 4y(y+1)(y-1) - x \end{cases}$$

におけるヌルクラインと方向場を描いたものが図 2.8(a) になります．x ヌルクラインは $\dfrac{dx}{dt} = 0$ から放物線となり，y ヌルクラインは $\dfrac{dy}{dt} = 0$ から横向きの 3 次関数となります．これらの線の描画から，平衡点は 6 つある（交点が 6 つあるため）ことがわかり，また xy 平面上の点がどのような動きをするかが視覚的に理解できます．さらに，それぞれのヌルクラインで囲まれた領域での

70   第 2 講　世の中の現象を読み解く

x, y の増減を描画すると図 2.8(b) のようになります[11].

─────────── **2.3 節のポイント** ───────────

・1 変数離散時間力学系 $x(n+1) = f(x(n))$ の解を図を描いて求める手法

　　0. $f(x)$ と直線 $y = x$ を描く.

　　1. $x = x(0)$ から縦に線を引き，$f(x)$ との交点を点 A とする.

　　2. 点 A から水平に線を引き $y = x$ と交わった点 B の x 座標が $x(1)$.

　　3. 1. および 2. を繰り返す.

・$y = x$ と $y = f(x)$ の交点 $\bar{x}$ は不動点

・$-1 < f'(\bar{x}) < 1$ の場合，$\bar{x}$ は安定な不動点

・$f'(\bar{x}) < -1, f'(\bar{x}) > 1$ の場合，$\bar{x}$ は不安定な不動点

・2 変数連続時間力学系の特徴を図を描いて把握する方法

　　(1) x ヌルクライン（x 軸方向の変化がない線）: $\dfrac{dx}{dt} = 0$

　　(2) y ヌルクライン（y 軸方向の変化がない線）: $\dfrac{dy}{dt} = 0$

　　(3) 方向場: xy 平面上に一定間隔で点をうち，その点での $\left(\dfrac{dx}{dt}, \dfrac{dy}{dt} \right)$ を矢印表示でプロット

　

2.4　世の中の現象の根底には発散と波の関数──連続時間線形力学系は $\exp{(t)}, \cos{(t)}, \sin{(t)}$ で答えが書ける

　本節では，連続時間力学系について，別な現象であってもその振る舞いが同じ式で記述される例について紹介した上で，1 変数および 2 変数の線形力学系の代表例を用いて，答えの関数が第 1 講でみた $\exp(t), \cos(t), \sin(t)$ で表されることを確認します. 次に一般的な線形力学系の振る舞いを 1 変数と 2 変数の場合についてそれぞれ読み解きます. 次節以降では，この節の基本を元に非線形力学系の振る舞いを読み解いていきます.

───────────────────

11)　ある領域において，x, y がそれぞれ増加する領域なのか減少する領域なのかを知るための簡単な方法については，本講義後半の神経細胞数理モデルの解析で紹介します.

まったくスケールや支配法則の異なるいくつかの現象が同じような振る舞いをすることが知られています．線形系における簡単な例として，空気抵抗を受けて落下する物体と電気回路の振る舞いが同じ式で表されることをみてみましょう．落下する物体に関する一般的なモデルとして，速度に比例した空気抵抗が物体にかかるモデルが扱われます[12]．図 2.9(a) の落下する物体にかかる下向きの力は質量 m，重力加速度 g，空気抵抗の係数 k，落下速度 v を用いて $mg - kv$ と表されます．そのため，加速度が速度の微分であることに注意して運動方程式をたてると，$\frac{dv}{dt} = g - \frac{k}{m}v$ が成り立ちます．一方で，図 2.9(b) のようなコンデンサ，抵抗，電池からなる電気回路では，電圧 V について $\frac{dV}{dt} = \frac{E_0}{RC} - \frac{1}{RC}V$ が成り立ちます（詳細な導出は 2.4.2 項にて行います）．そのためまったく異なる物理現象である物体の速度と回路の電圧が $g = \frac{E_0}{RC}, \frac{k}{m} = \frac{1}{RC}$ のときには同じ式にしたがい，同じ振る舞いを示すことがわかります．

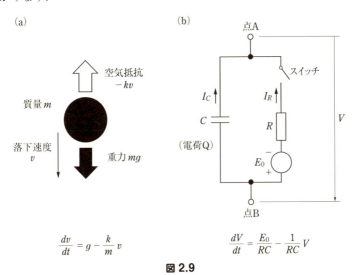

図 2.9

---

12) これは空気抵抗のうちの粘性抵抗をモデル化したものです．より正確には，物体の大きさや形によって，さまざまな力が働くことが知られています．武居昌宏『単位が取れる流体力学ノート』（講談社，2011）参照．

72 第2講 世の中の現象を読み解く

　次に，具体的な微分方程式を解くための導入として，いくつかの例について
みていきます．まず，線形力学系の最も簡単な例として $\dfrac{dx}{dt} = \lambda x$ について
考えてみましょう．これは放射性崩壊の例として紹介された式 (2.1) と同じで
す．また，この式は，「$x(t)$ の接線の傾きは x 座標の λ 倍に等しい」（関数の
ルール (1)′）を意味していますので，1.4 節でみた通り，λ が正のときは時間
とともに指数的に増加して発散し，λ が負のときは指数的に減衰して 0 に向か
います．

　次に，$\dfrac{d^2 y}{dt^2} = -k^2 y$ について考えてみましょう [13]．これは振り子，あるい
はバネにつながったおもりの運動の式と考えることができます．「$y(t)$ の 2 回
微分が y 座標の $-k^2$ 倍に等しい」（関数のルール (3)″）を意味しているので，
1.4 節でみた通り，波の関数が解になります．

　これらをふまえ，発散/減衰と波が合わさった例として，定数 γ, δ を用いた
2 変数の微分方程式，

$$\begin{cases} \dfrac{dx}{dt} = \gamma x - \delta y, \\[2mm] \dfrac{dy}{dt} = \delta x + \gamma y \end{cases} \tag{2.4}$$

について考えてみましょう．この式は δ が 0 のときは $\dfrac{dx}{dt} = \gamma x$ と発散の式
が出てきて，γ が 0 のときは式 (2.4) 上式を時間微分すると $\dfrac{d^2 x}{dt^2} = -\delta \dfrac{dy}{dt} = -\delta^2 x$ と波の式が出てきますので，発散と波の両方の性質をもった式である
ことが確認できます．そのため，この式は「振動しながら発散（あるいは減
衰）」する式になります．定数 k を用いて $x(t) = k\exp(\gamma t)\cos(\delta t)$, $y(t) = k\exp(\gamma t)\sin(\delta t)$ を式 (2.4) 上式に代入すると，次のように，この関数が解で
あることが確認できます．

---

[13]　この式は 2 本の微分方程式に分けて記述することもできます．その場合，たとえば変数 v を
用いて $\dfrac{dy}{dt} = v, \dfrac{dv}{dt} = -k^2 y$ と表されます．

$$
\begin{aligned}
(\text{式 (2.4) 上式左辺}) = \frac{dx}{dt} &= k\frac{d\exp(\gamma t)}{dt}\cos(\delta t) + k\exp(\gamma t)\frac{d\cos(\delta t)}{dt} \\
&= \gamma(k\exp(\gamma t)\cos(\delta t)) - \delta(k\exp(\gamma t)\sin(\delta t)) \\
&= \gamma x - \delta y \\
&= (\text{式 (2.4) 上式右辺}).
\end{aligned}
$$

結果は $x(t) = k\exp(\gamma t)\cos(\delta t)$ の形が示している通り，γ が正なら振動しながら発散，負なら振動しながら減衰することになります（図 2.10）．なお，xy 平面で解軌道をプロットすると，回転の向きは $\delta > 0$ で反時計周り，$\delta < 0$ で時計周りに回転することが知られています．たとえば，$\gamma > 0, \delta > 0$ での解軌道を x-y 平面でプロットすると，反時計周りに回転しながら発散します．

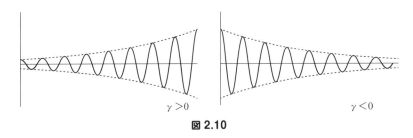

図 2.10

これらの代表例が示す通り，線形力学系の場合，変数が 1 つの場合はすべてが発散か減衰の方程式に，2 変数の場合についてはほとんどの場合が波か発散・減衰の方程式で表すことができます（ごくまれな例外については付録で説明します）．以下ではこれらの 1 変数および 2 変数の場合について，よりくわしくみていきましょう．

2.4.1　1 変数線形力学系の解は発散か減衰

まずは 1 変数線形力学系の実例です．第 1 講でみた発散・減衰の式の発展形として，先ほど図 2.9(b) で例に挙げた電気回路を考えます．図 2.9(b) のように，点 B の電位から点 A の電位を引いた電圧を V とし，電流 I_C, I_R は図の向きを正にとります．はじめはスイッチが開いた状態で $V = 0$ であるとして $t = 0$ でスイッチを入れると，$V(t)$ はどのように変化するでしょうか．

74   第2講　世の中の現象を読み解く

　はじめに，必要となる電気回路の法則をまとめます．まずは小中学校の理科
で習ったオームの法則から，（電流）＝（電圧）÷（抵抗）が成り立ちます．さ
らに，高校の物理で習うように，コンデンサは両端に電荷 Q が貯まることで
電池のように振る舞うことが知られています．高校の物理では扱われていま
せんが，コンデンサ両端の電荷 Q と電流 I_C の間には $I_C = \dfrac{dQ}{dt}$ という関係
が知られており，またコンデンサの電気容量を C とすると，$CV = Q$ が成り
立ちます．さらに，キルヒホッフの電流の法則と呼ばれる法則によって，閉
じた回路の任意の点で流入電流と流出電流の差を（向きを考慮して）とると
0 になることが知られていますので，$I_C = -I_R$ が得られます．ここで左辺
は $I_C = \dfrac{dQ}{dt} = \dfrac{d(CV)}{dt} = C\dfrac{dV}{dt}$ で，また右辺はオームの法則に抵抗 R とそ
の両端での電位 $V - E_0$ を代入して $-I_R = -\dfrac{V - E_0}{R}$ です．よって最終的に
$C\dfrac{dV}{dt} = -\dfrac{V - E_0}{R}$ から，

$$\frac{dV}{dt} = \frac{E_0 - V}{RC}$$

と書くことができます．$\dfrac{dV}{dt} = \dfrac{E_0 - V}{RC} = 0$ を解くと $V = E_0$ が平衡点であ
ることがわかります．

　いま，V と電圧の平衡点 E_0 からの差を v とした場合には，$V = E_0 + v$ を
微分方程式の両辺に代入すると，定数 E_0 は時間変化しないために，

$$\frac{dV}{dt} = \frac{dv}{dt} = -\frac{v}{RC}$$

が得られます．これは1変数線形力学系の減衰の式なので任意定数 k を用い
ると $v = k\exp\left(-\dfrac{t}{RC}\right)$ が解となり，いま初期値は $V = 0$ なので $v(0) =$
$-E_0$ となるため，$v = -E_0\exp\left(-\dfrac{t}{RC}\right)$ が初期値を満たす v の時間変化に
なります．元の電圧 V に戻すと $V = E_0 - E_0\exp\left(-\dfrac{t}{RC}\right)$ が解となります．
これをグラフに描くと図 2.11 のように，時間とともに初めは急激に，その後
穏やかに増加して $V = E_0$ に向かうことがわかります．

　なお，私たちの脳にある神経細胞も電気的な活動によって情報処理をしてい
ることが知られています．上でみた電気回路は，神経細胞の細胞膜（細胞の中
と外を隔てる膜）の内と外の電位差を表す等価回路モデルとして知られていま

す．神経細胞を電気回路として表した微分方程式の研究については付録で紹介し，また2.6節では簡略化した神経細胞の数理モデルを扱います．興味に応じて，それらも参照してください．

この例の式変形を微分方程式の問題として一般化しておくと，以下の通りです．$\frac{dX}{dt} = \alpha X + \beta$ の解は $X = -\frac{\beta}{\alpha} + x$ として導入した x に対して $\frac{dx}{dt} = \alpha x$ が得られるため，$x = k\exp(\alpha t)$ から $X = -\frac{\beta}{\alpha} + k\exp(\alpha t)$（$k$ は初期値によって決まる定数）と求まります．また，この形は求積可能な微分方程式 $\frac{dX}{dt} = P(t)X + Q(t)$ の特殊な場合（$P(t) = \alpha, Q(t) = \beta$）ともみなせます．この形についての解の公式および導出方法を知っておくと有用ですので，付録に説明をつけました．本文を読み終わったら興味に応じて参照してください．

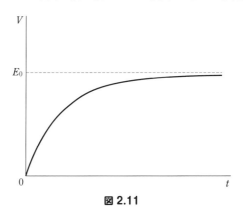

図 2.11

2.4.2 2変数線形力学系のパターン分け

次に，2変数の場合を考えます．x と y が時間とともに変化しながら相互作用する一般的な場合，微分方程式は，

$$\begin{cases} \dfrac{dx}{dt} = ax + by, \\ \dfrac{dy}{dt} = cx + dy \end{cases} \tag{2.5}$$

と表されます．たとえばバネにつながれた物体の運動では，物体の位置と速度が変数になり，このタイプの式で表されます．このような2変数線形力学系について，この項で押さえておくべきポイントは2つあります．1つは「$\alpha =$

76   第2講　世の中の現象を読み解く

$a + d, \beta = ad - bc$ の値がこの式の振る舞いを教えてくれること」，もう1つは「原点に収束する解を持つのは β が正で α が負のときであること」です．2変数線形力学系はいろいろな現象の理解に役立つ基本的な式なので，以下では場合分けの仕方とともに詳細にみていきます．

式 (2.5) の2変数線形力学系の解は，1変数線形力学系の解である指数関数の重ね合わせ（たし合わせ）で表せる場合があります．そのため，表せない場合については後に考えるとして，まずは $x = v\exp(\lambda t)$, $y = w\exp(\lambda t)$ を式 (2.5) に代入します（ここで $v, w \neq 0$ とします）．$\exp(\lambda t)$ は λ の正負で発散か収束かが変わり（復習 4），また変化の速さは λ の絶対値によって変わりますので，動きの法則を読み解くのに一番重要な値は λ です．λ がわかった後に興味があるのは，解がどの向きに発散あるいは収束するのかという方向を示す (v, w) です．式 (2.5) に $x = v\exp(\lambda t), y = w\exp(\lambda t)$ を代入すると，

$$\lambda v \exp(\lambda t) = av \exp(\lambda t) + bw \exp(\lambda t), \tag{2.6}$$

$$\lambda w \exp(\lambda t) = cv \exp(\lambda t) + dw \exp(\lambda t) \tag{2.7}$$

左辺を移項して，

$$0 = (a - \lambda)v \exp(\lambda t) + bw \exp(\lambda t),$$

$$0 = cv \exp(\lambda t) + (d - \lambda)w \exp(\lambda t)$$

下式から $v = (-d + \lambda)w/c$ となり，上式に代入して，

$$0 = (a - \lambda)(-d + \lambda) + bc, \tag{2.8}$$

$$\lambda^2 - (a + d)\lambda + ad - bc = 0 \tag{2.9}$$

が得られます．

$\alpha = a + d, \beta = ad - bc$ とおいた2次方程式 $\lambda^2 - \alpha\lambda + \beta = 0$ に対して，私たちは中学・高校において，$\alpha^2 - 4\beta > 0$ で解が2つ，$\alpha^2 - 4\beta = 0$ で解が1つ，$\alpha^2 - 4\beta < 0$ で解なしと習いました（復習 5 参照）．$\alpha^2 - 4\beta > 0$ のときは解の公式より2つの解 $\dfrac{\alpha \pm \sqrt{\alpha^2 - 4\beta}}{2} = \dfrac{(a + d) \pm \sqrt{(a + d)^2 - 4(ad - bc)}}{2}$ が得られるため，この場合の微分方程式の解は指数関数の重ね合わせで表せること

が知られています．具体的には，定数 k_1, k_2 を用いて，

$$x = k_1 v_1 \exp(\lambda_1 t) + k_2 v_2 \exp(\lambda_2 t),$$
$$y = k_1 w_1 \exp(\lambda_1 t) + k_2 w_2 \exp(\lambda_2 t) \tag{2.10}$$

と 2 つの指数関数のたし合わせで表されます[14]．

一方で $\alpha^2 - 4\beta < 0$ では（少なくとも実数を用いては）2 つの指数関数では表せないということを意味しています．これでは，2 つの微分方程式を 1 変数の微分方程式の重ね合わせに分解できないので，式 (2.4) のような「回転」の要素を考えることになります．なお，$\alpha^2 - 4\beta$ が 0 になる場合は，他の 2 例に比べて起こる可能性が低い上に数学的に複雑な扱いとなるため，ここでは省略し付録で説明します．

このような解析をさまざまな (α, β) について行うと，解の軌道の種類は図 2.12 の領域 A から領域 E に分けられます．$\alpha^2 - 4\beta > 0$ の場合は A–C の 3 つ，$\alpha^2 - 4\beta < 0$ の場合は D, E の 2 つあります．そして同じ (α, β) の値をとる微分方程式は同じ特徴の振る舞いをすることになります．領域の境界である

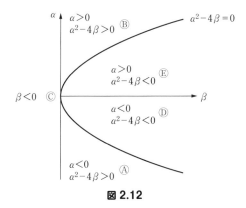

図 2.12

---

[14] さらに解析を進める場合は，λ_1, λ_2 を式 (2.6), (2.7) に代入し，v_1 と w_1, v_2 と w_2 が満たす関係を求めます．加えて，$t = 0$ における初期値 x_0, y_0 が与えられている場合には，$t = 0$ で式 (2.10) を満たすように k_1, k_2 の値を求めます．大学数学の試験であればそこまでやらなければなりませんが，本書では具体的な解答を表すことよりも解がもつ性質に注目しているため，割愛しました．

$\alpha=0$ かつ $\beta>0$ の場合と $\beta=0$ の場合についても付録で説明します．以下では領域 A-E の特徴について具体的にみていきましょう．

領域 A ($\alpha<0, \alpha^2-4\beta>0$)：この領域では，解の公式の第 1 項 $\dfrac{\alpha}{2}=\dfrac{a+d}{2}$ が負で，第 2 項の絶対値 $\dfrac{\sqrt{\alpha^2-4\beta}}{2}=\dfrac{\sqrt{(a+d)^2-4(ad-bc)}}{2}$ は第 1 項よりも小さいため，2 次方程式の解はどちらも負であることがわかります．最初の領域なので，実例とともにみていきましょう．

A-1) $a=-1, b=0, c=0, d=-4$ の場合を考えます．このとき，$\alpha=-5, \beta=4$ なので確かに領域 A に分類されます．この場合，x と y はお互いに関与しない式ですのでそれぞれについて解くと，$x=k_1\exp(-t), y=k_2\exp(-4t)$ (k_1, k_2 は x, y の初期値によって決まる定数) となり，時間とともに原点に向かう関数であることが確認できます．図 2.13 に方向場といくつかの初期値からの解軌道をプロットしました．時間とともに原点に向かう様子が確認できます．

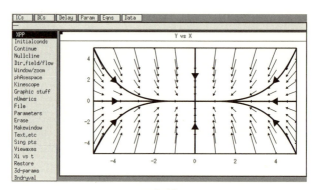

図 2.13

A-2) 次に $a=-2, b=1, c=2, d=-3$ の場合を考えてみましょう．これも計算してみると A-1 と同じく $\alpha=-5, \beta=4$ になります．解の公式に a から d の値を代入することで $\lambda=(-5\pm\sqrt{9})/2=-1,-4$ が得られます．$\lambda=-1$ のとき，$(x,y)=(v\exp(-t), w\exp(-t))$ を式 (2.5) に代入して v, w を求めると，

$$-v \exp(-t) = -2v \exp(-t) + w \exp(-t),$$

$$-w \exp(-t) = 2v \exp(-t) - 3w \exp(-t)$$

が得られます．ともに $\exp(-t)$ で割って

$$-v = -2v + w,$$

$$-w = 2v - 3w$$

から，（上下どちらの式を用いても）$v = w$ が得られます．(v, w) は方向を示すベクトルでしたので，たとえば $(v, w) = (1, 1)$ などが該当します．同様に $\lambda = -4$ について計算すると，$w = -2v$ より，たとえば $(1, -2)$ がその方向ベクトルとなります．

2 つの λ について v, w が得られましたので，式 (2.10) に代入して

$$(x, y) = (k_1 \exp(-t) + k_2 \exp(-4t), k_1 \exp(-t) + k_2(-2) \exp(-4t))$$

が解の軌道となり，原点に向かって減衰する 2 つの関数の和であることがわかります．x-y 平面に方向場と解軌道をプロットすると図 2.14 のようになり，A-1 のときに得られた解軌道を斜めにした形になっていることがわかります．つまり，A-2 は適当な座標変換によって A-1 と等価となり，また解軌道は A-1 の解であった 2 つの指数関数のたし合わせとなることがわかります（この場合は $X = x - y, Y = 2x + y$ の変換によって X と Y がお互いに影響しないという A-1 の形に変換できます．図 2.14 の通り，$x - y = 0$ および $2x + y = 0$ 上の点は x-y 平面でみてまっすぐに原点に向かうことが確認できます）．

このように，A-1 は，同じ $\alpha = -5, \beta = 4$ をもつたくさんの微分方程式の中の一例なのですが，この場合は x と y がお互いに影響しないために分離して振る舞いを評価でき，他の微分方程式も座標変換によってこの形に変換することで，解析が容易になります．このことは，少数の重要な式をくわしく解析することで微分方程式全体を把握できることを意味しています．

領域 B $(\alpha > 0, \alpha^2 - 4\beta > 0)$：この領域では第 1 項 $\alpha/2$ が正で第 2 項の絶対値 $\sqrt{\alpha^2 - 4\beta}/2$ が第 1 項よりも小さいので 2 つの正の λ をもち，指数的に

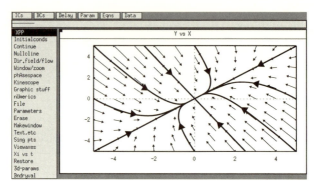

図 2.14

発散することがわかります．

　領域 C ($\beta < 0$)：この領域では解の公式の第 1 項の絶対値 $|\alpha|/2$ よりも第 2 項の絶対値 $\sqrt{\alpha^2 - 4\beta}/2$ のほうが大きいため，第 1 項の正負にかかわらず解は 1 つが正，1 つが負になります．この場合は指数的に増加する成分と，減少して 0 に収束する成分のたし合わせになります．

　領域 D ($\alpha < 0, \alpha^2 - 4\beta < 0$), E ($\alpha > 0, \alpha^2 - 4\beta < 0$)：D と E をまとめて考えますと，この領域にはともに先ほどみた $a = \gamma, b = -\delta, c = \delta, d = \gamma$ が該当します．$\alpha = 2\gamma, \beta = \gamma^2 + \delta^2$ という関係から $\alpha^2 - 4\beta = -4\delta^2 < 0$ となり，$\gamma < 0$ で領域 D，$\gamma > 0$ で領域 E に属します．この場合，先にみた $x = k\exp(\gamma t)\cos(\delta t)$ (k は任意の定数) が解ですので，γ が負の領域 D のとき回転しながら原点に向かい（図 2.15），γ が正の領域 E のとき回転しながら発散する（図 2.16）ことがわかります．

　領域 A-E の結果すべてをまとめると，原点が安定な平衡点（初期値が原点のそばにあれば $t \to \infty$ で原点に収束する）となる条件は，α が負で β が正のとき（領域 A と D）であることがわかります（図 2.17）[15]．この条件はシンプルな結論なので，とても有用です．実際に，神経細胞の振る舞いを解析する 2.6 節でもう一度用いることになります．

---

15) ここまでみた手続きは線形代数における「行列の対角化」という概念を使えばもっと深く理解できます．また，微分方程式の変数が 3 以上のときにも，線形代数の知識を用いることで 2 変数の微分方程式の線形和に分解することが可能となります．

2.4 世の中の現象の根底には発散と波の関数　81

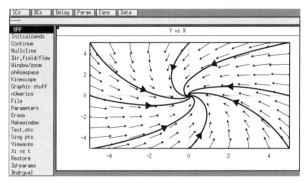

図 2.15 $a=-2, b=-1, c=1, d=-2$ の例

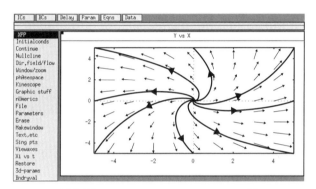

図 2.16 $a=2, b=-1, c=1, d=2$ の例

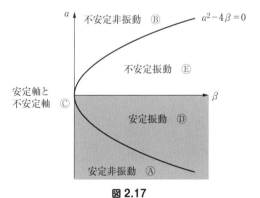

図 2.17

82   第2講　世の中の現象を読み解く

2.4 節のポイント

・1 変数線形力学系の解は指数的な発散か減衰

・2 変数線形力学系の解のパターンはたった 5 個（＋ 例外）

$$\begin{cases} \dfrac{dx}{dt} = ax + by, \\[2mm] \dfrac{dy}{dt} = cx + dy \end{cases}$$

は $\alpha = a + d, \beta = ad - bc$ の値によってパターン分けされる．原点が安定であるのは $\alpha < 0, \beta > 0$ のとき

復習 5　2 次方程式の解の公式

2 次方程式の解の公式は主に中学数学で習いますが，中学数学のカリキュラムに含まれなかった時期もありますので，ここで復習します．

$$ax^2 + bx + c = 0$$

について，$b^2 - 4ac > 0$ のときの解の公式 $x = \dfrac{-b \pm \sqrt{b^2 - 4ac}}{2a}$ を導きます．方針は平方完成によって $(x \text{ の式})^2 = (x \text{ を含まない式})$ と変形し，$f(x)^2 = k$ は $k > 0$ のとき $f(x) = \pm\sqrt{k}$ となる関係を用います．

$$x^2 + \frac{b}{a}x + \frac{c}{a} = 0 \quad (a \text{ でわる})$$

$$\left(x + \frac{b}{2a}\right)^2 - \left(\frac{b}{2a}\right)^2 + \frac{c}{a} = 0 \quad (\text{平方完成})$$

$$\left(x + \frac{b}{2a}\right)^2 = \frac{b^2 - 4ac}{4a^2} \quad (\text{移項})$$

$$x + \frac{b}{2a} = \pm\sqrt{\frac{b^2 - 4ac}{4a^2}} \quad (b^2 - 4ac > 0 \text{ のとき}),$$

$$x = \frac{-b \pm \sqrt{b^2 - 4ac}}{2a} \quad (\text{移項と通分})$$

$b^2 - 4ac = 0$ では（$\sqrt{}$ の中身が 0 なので）$x = \dfrac{-b}{2a}$ が得られ，$b^2 - 4ac < 0$ では（$\sqrt{}$ の中身が負なので）実数の範囲では解がないことになります．

2.5 1変数非線形力学系——非線形力学系の分岐理論

2.5.1 分岐パラメータと分岐図

　本節では連続時間力学系における非線形力学系をみていきます．非線形力学系の特徴としては，多くの場合で解の関数を具体的に求めることができない点と，パラメータや境界条件が変わると解の振る舞いが大きく変化する可能性がある点にあります．たとえば液体は温めるとある温度を境に対流が起こりますし，神経細胞は一定以上の入力があるとパルス状の活動電位を生み出します．このような現象を扱うには，システムの重要なパラメータを動かしながら解の振る舞いの変化を評価することが必要になります．そのような重要なパラメータを分岐パラメータ，得られた図を分岐図と呼びます．ここでは簡単な1変数非線形力学系の解析を例に，図を描くことで理解を深めていきましょう．

　はじめに，

$$\frac{dx}{dt} = \mu - x^2$$

について考えます．1変数の場合，横軸に x，縦軸に $\frac{dx}{dt}$ をとった図を描くとわかりやすいです．この場合は縦軸 $y = \frac{dx}{dt} = \mu - x^2$ ですので放物線になります．放物線が $\frac{dx}{dt} = 0$ と交点をもつのは $\mu \geq 0$ のときのみです．ここでは μ をシステムの特徴を決める重要なパラメータ（＝分岐パラメータ）として考え，μ の符号によって3つの場合分けをして解の振る舞いを調べます．

A) $\mu < 0$ の場合

　図 2.18 に $\left(x, \frac{dx}{dt}\right)$ (a) および $x(t)$ の時系列 (b) を示します．x の値にかかわらずつねに $\frac{dx}{dt} < 0$ です．そのため，x は時間とともに単調に $x = -\infty$ に向かって減少する関数となります．

B) $\mu = 0$ の場合

　$x = 0$ のとき $\frac{dx}{dt} = 0$ となるので，この点が平衡点です．x の初期値が正ならば時間とともに減少し，平衡点 $x = 0$ に収束します．初期値が負のときは

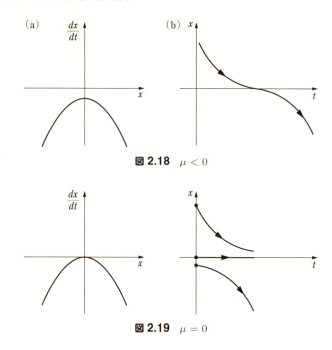

図 2.18 $\mu < 0$

図 2.19 $\mu = 0$

$\mu < 0$ の場合と同様に，$x = -\infty$ へ向かって時間とともに減少していきます（図 2.19）．

C) $\mu > 0$ の場合

$x = \sqrt{\mu}$ もしくは $x = -\sqrt{\mu}$ のとき，$\dfrac{dx}{dt} = 0$ となるので，この 2 点が平衡点です．しかし，平衡点が安定かどうかはこの 2 点では異なります．平衡点 $x = \sqrt{\mu}$ の近くでは，x が $\sqrt{\mu}$ より大きいと $\dfrac{dx}{dt} < 0$ より x は時間とともに減少し，$\sqrt{\mu}$ に近づきます．また x が $\sqrt{\mu}$ より小さいときは逆に $\dfrac{dx}{dt} > 0$ なので，x は時間とともに増加し，やはり $\sqrt{\mu}$ に近づきます．

一方で，平衡点 $x = -\sqrt{\mu}$ の近くでは，x が $-\sqrt{\mu}$ より大きいと $\dfrac{dx}{dt} > 0$ より x は時間とともに増加し，$x = -\sqrt{\mu}$ から離れていきます．x が $-\sqrt{\mu}$ より小さいと $\dfrac{dx}{dt} < 0$ となるので，やはり $x = -\sqrt{\mu}$ から離れていきます．つまり $x = -\sqrt{\mu}$ の近くでは初期値 x_0 が $x_0 = -\sqrt{\mu}$ であるとき以外はこの点にたどり着くことはできません（初期値がピッタリ $x_0 = -\sqrt{\mu}$ であれば，$\dfrac{dx}{dt} = 0$

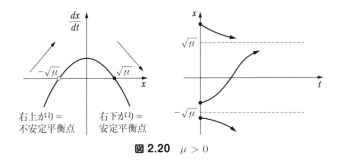

図 2.20 $\mu > 0$

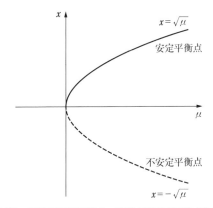

図 2.21 実線が安定平衡点，破線が不安定平衡点を表す．

なのでその点に留まり続けます）．そのため，$x = \sqrt{\mu}$ は周囲の点を呼び込む「安定平衡点」，$x = -\sqrt{\mu}$ は周囲の点を呼び込まない「不安定平衡点」であることがわかります．

これらの解析を一般化すると，1 変数非線形系のときは，$\left(x, \dfrac{dx}{dt}\right)$ をプロットし，$\dfrac{dx}{dt} = 0$（x 軸）を右上がりに横切るときは不安定平衡点，右下がりに横切るときは，安定平衡点となります（図 2.20）．こちらもシンプルかつ幅広い式に使える特徴ですので，役に立ちます．また，非線形な力学系では分岐パラメータ（ここでは μ）を少し変えると系の振る舞いや安定性が大きく変わるため，μ を横軸にとって μ での変化にしたがって振る舞いがどう変わるかを分岐図によって評価することが重要になります．この例で分岐図を描画しますと，図 2.21 のようになります．μ が負では平衡点はなく，μ が大きくなると

安定平衡点と不安定平衡点が生まれ，だんだんと両者が離れていく様子がみてとれます．このような安定性の変化をサドル・ノード分岐と呼びます．

2.5.2 標準形と呼ばれる大事な式がある

次に，非線形力学系においても重要な式とそうではない式があることを説明します．先ほどの式 $\frac{dx}{dt} = \mu - x^2$ はサドル・ノード分岐の標準形と呼ばれる式で，さまざまな式が $\frac{dx}{dt} = \mu - x^2$ と同じ安定性の変化を示すことが知られています．例として，先ほどの式を少し変形し，

$$\frac{dx}{dt} = \mu - x - x^2$$

について考えてみます．一見この式は x の1次項があるために先の式とは異なる振る舞いをしそうですが，$\left(x, \frac{dx}{dt}\right)$ の図を描いてみると，μ の値によって $\frac{dx}{dt} = 0$ (x 軸) との交点の個数が先ほど同様 0 個から 2 個の間で変わりますので（図 2.22），何らかの関係がありそうにみえています．そこで，$X = x + 1/2$ を導入すると，$\frac{dX}{dt} = \frac{dx}{dt}$ および $X^2 = x^2 + x + 1/4$ から，

$$\frac{dX}{dt} = \mu + \frac{1}{4} - X^2$$

が得られ，μ の値を調整することで先と同じ式が得られることがわかります．

逆にどのような条件を満たせば $\frac{dx}{dt} = \mu - x^2$ に変換されるのでしょうか．その答えはシンプルで，$\frac{dx}{dt} = \mu + f(x)$ とした場合に，

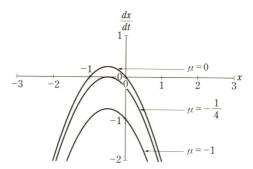

図 2.22 $\mu = -\frac{1}{4}$ のとき $\frac{dx}{dt} = 0$（グラフの x 軸）に接している

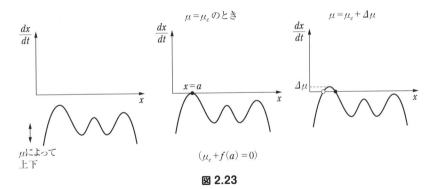

図 2.23

$f(x)$ が 1 つ以上の極大値をもつこと，極大値での 2 回微分が 0 ではないこと，その周りで $f(x)$ はなめらかであること

です．そのため，さまざまな形状の $f(x)$ に対して μ を変えると，$f(x)$ の極大値と x 軸が接する μ の値 μ_c で平衡点（ここでは $x = a$ とします）が生まれ，さらに μ を増やすと安定平衡点，不安定平衡点が 1 つずつ得られます（図 2.23）．そのようなシステムの特徴が大きく変わる μ_c に近い μ においては，複雑なシステムも変数変換によって $\frac{dx}{dt} = \mu - x^2$ と同じ式で表される（= 同じ振る舞いをする）ことがわかります．テイラー展開と $x = a$ の近くでの $(x-a)^3 \simeq 0$ という近似条件を用いると，$\frac{dx}{dt} \simeq \mu + \frac{f''(a)}{2}(x-a)^2$ から，$\mu = \mu_c + \Delta \mu$ のときの安定平衡点は $x \simeq \sqrt{\frac{-2\Delta\mu}{f''(a)}} + a$ と近似されます．そのため，$\mu \simeq \mu_c$ での分岐図は図 2.24 のようになります．また，関数の形が複雑であればたくさん平衡点がでますが，その安定性は先ほどの右上がりか右下がりかで決まりますので，図 2.25 のように関数の形状を描くことで，簡単に安定平衡点がどこにあるかがわかります．

　線形力学系の場合は，x と y が互いに独立になる場合が（変数変換によって，多くの x と y が独立ではないシステムと関連付けられるため），重要な式であることを学びました．非線形力学系においても，ここまでみてきた通り多くの微分方程式は $\frac{dy}{dx} = \mu - x^2$ と共通する振る舞いをします．サドル・ノード分岐のほかにも分岐の種類は存在しますが，その種類はそれほど多様ではな

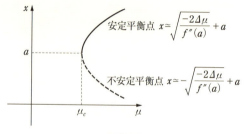

図 2.24

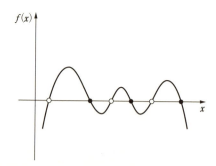

図 2.25 黒丸が安定平衡点，白丸が不安定平衡点

いことが知られています．それぞれの分岐の種類について，$\frac{dx}{dt} = \mu - x^2$ のような最も簡単な式は分岐の標準形[16]と呼ばれています．いくつかの標準形の性質を明らかにすることで，多くの非線形系の振る舞いを知るのに役立つことが知られています．

――――――― **2.5 節のポイント** ―――――――
- 非線形力学系には解の振る舞いを大きく変えるパラメータ（分岐パラメータ）がある
- 1 変数非線形力学系の振る舞いを知るには $\left(x, \frac{dx}{dt}\right)$ を描いてみればよい．x 軸を右上がりに横切る x の値が不安定平衡点，右下がりに横切る x の値が安定平衡点
- 非線形力学系では多くの異なった式が類似の振る舞いをするが，その中

―――――――
16) このタイプの平衡点の変化はサドル・ノード分岐と呼ばれていますので，この式はサドル・ノード分岐の標準形です．

で最も簡単なタイプの式を標準形と呼ぶ．標準形の解析によって，多くの非線形力学系の性質が理解できる

2.6　2変数非線形力学系——神経細胞のしくみ

2.6.1　神経細胞と活動電位

次に微分方程式の応用として，神経細胞の電気活動を表す微分方程式についてくわしくみていくことにします．脳の構成要素である神経細胞について理解することは科学的に重要な課題です．しかもこれまでの研究から，図を使った解析や安定性解析などが活躍する格好の題材であることが知られています．

私たちの脳には約1000億個ともいわれる膨大な数の神経細胞があり，細胞間の複雑な相互作用によって記憶や学習などさまざまな機能を果たしていることが知られています（図2.26）．神経細胞は短い時間に起きる電気のパルス（活動電位）によって信号を伝達しています．具体的には，神経細胞内部の外部に対する電位差を膜電位といいますが，通常は図2.27(a-1)のように安定し

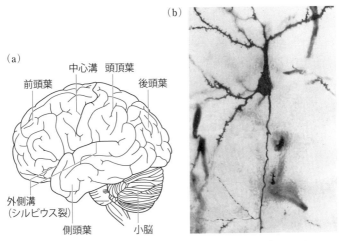

図 2.26　(a) 脳の全体像，(b) 神経細胞 ⓒAFP/BSIP/SERCOMI

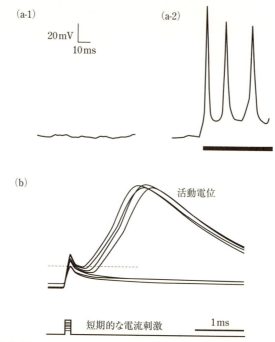

図 2.27 膜電位の変化の様子. (a-1) 平衡状態での安定した膜電位. (a-2) 定常な電気刺激に対する活動電位の繰り返し. スケールバーは (a-1) と共通. 下部の黒線の区間に電気刺激が印加されている. (b) 短期的な電気刺激に対する応答. 弱い電気刺激に対しては膜電位はほとんど変化しないが, 一定以上の強い電気刺激に対しては活動電位が生じる. 横軸のスケールは (a-1),(a-2) よりも拡大されている. ((a-1),(a-2) は神保泰彦先生からの提供資料による. (b) は Izhikevich, E.M., *Dynamical Systems in Neuroscience: The Geometry of Excitability and Bursting*, The MIT Press (2007) より)

ています. 神経細胞に弱い電気刺激を外部から印加しても膜電位はほとんど変化しませんが, 一定以上の強い電気刺激を印加すると, 図 2.27(b) のように 1 ms 程度の急激な電位の上昇と低下が起こります. この電気パルスを活動電位と呼び, また活動電位が生じることを「発火する」ともいいます. さらに, 外部からの連続的な電気刺激に対しては活動を繰り返す様子がみられます (図 2.27(a-2)).

2.6 2変数非線形力学系 91

　神経細胞の電気活動の研究はホジキンとハックスリーによって 1952 年に数
理モデル（Hodgkin-Huxley モデル，HH モデル）が提案されたことで大きく
発展しました[17]．この数理モデルでは，神経細胞の電気的な振る舞いを電気
回路の微分方程式として立式しています．HH モデルの説明はとても複雑なの
で付録で説明していますが，どんなに複雑であってもモデルの式が与えられれ
ば数値解法によってその振る舞いを探ることができます．

　ここでは HH モデルに対して図 2.27 のような定常状態，短期刺激，連続刺
激の応答を簡単にみていきます（具体的な条件は付録を参照ください）．はじ
めに，HH モデルに対して外部からの電流がない場合（$I = 0$）を数値計算する
と，$-65\,\mathrm{mV}$ 近くの定常状態に落ち着きます（図 2.28(a)）．さらに，短期刺
激として 40 ms から 0.5 ms の間 $10, 20\,\mu\mathrm{A/cm^2}$ の電流をそれぞれ入れた応答
をみます．結果は図 2.28(b) の通り，$10\,\mu\mathrm{A/cm^2}$ の弱い刺激には応答しない
のですが，$20\,\mu\mathrm{A/cm^2}$ の刺激に対しては活動電位を出すことがみてとれます．

　続いて連続刺激の例として，つねに $I = 10\,\mu\mathrm{A/cm^2}$ の外部電流入力を入れ
た状態で数値計算を行うと，図 2.29 の通り繰り返し発火する様子がみてとれ
ます．

　このように，HH モデルは図 2.27 でみた実験結果を再現できる優れた数理
モデルであることがわかります．一方で，その数式は複雑で，式をみただけで
はどのような仕組みで活動電位が発生しているのかを理解することが困難で
す．そこで以下では，簡略化された数理モデルを用いることで，神経細胞のも
つ特徴について解析していきます．

2.6.2　活動電位の仕組みを数理的に理解する

　ここからは，複雑な HH モデルを簡略化したフィッツヒュー-南雲モデル
（FitzHugh-Nagumo モデル，FHN モデル）の解析を通して，神経細胞のもつ
活動電位の仕組みをみていきます．HH モデルは膜電位 V に加えて 3 種類の
特定のイオンを通すタンパク質分子（イオンチャネル）の働きを記述した 4

---

17)　オリジナル論文は Hodgkin, A. L. and Huxley, A. F., A quantitative description
　　of membrane current and its application to conduction and excitation in nerve. *The
　　Journal of Physiology*, **117**(4): 500-544 (1952) になります．この業績により，彼らは 1963
　　年にノーベル生理学・医学賞を受賞しています．

(a)
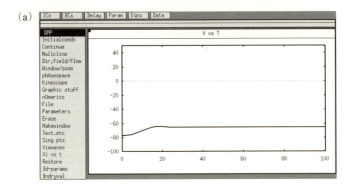

(b)
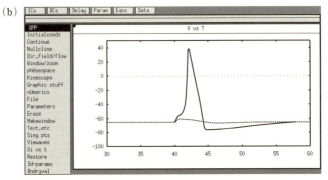

図 2.28 (a) $I = 0$, (b) 点線：$I = 10$, 実線：$I = 20$. $\Delta t = 0.01$ の修正オイラー法による．横軸は時間 (ms)，縦軸は膜電位 (mV)

変数の微分方程式でした．フィッツヒューと南雲仁一先生は 1960 年代に同時に（かつ別々に）4 つの変数から膜電位 V と，イオンチャネルの働きを表す変数 W を導入し，V と W による 2 変数の非線形微分方程式を導出しました．それが FHN モデルです．HH モデルから FHN モデルを導出する過程については付録も参考にしてください．

FHN モデルでは変数 V と W のダイナミクスは以下の式で表されます．

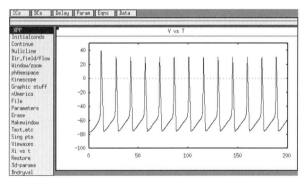

図 2.29 横軸は時間 (ms), 縦軸は膜電位 (mV)

$$\frac{dV}{dt} = V - \frac{V^3}{3} - W + I, \quad (2.11)$$

$$\frac{dW}{dt} = \phi(V + a - bW). \quad (2.12)$$

ここで a, b, ϕ はパラメータ（定数）ですが，ここでは $a = 1, b = 0.75, \phi = 0.08$ とします[18]．$\dfrac{dW}{dt}$ の右辺全体にかけられる定数 ϕ が小さい値であるため，V に比べて W の変化の絶対値は小さく，そのため W は V よりも遅く変化する変数と考えられます．I は外部からの刺激による電流を表すパラメータですが，V や I は元の電流値や電圧値を変換したものであり，単位はなく相対的な変化を記述したものになります．

このモデルは元の HH モデルからみればずいぶんと簡単ですが，それでも解の関数を得ることはできません．そうなると，やるべきことは A. 図を使った解析，B. 分岐解析，C. 数値解法，の3つになります．

ここではまず，最も基本である平衡点の解析から平衡点が1つしかないことを示した上でさらに図を使った解析から FHN モデルの安定性を評価できることを確認します．次に，分岐解析のやり方を紹介し，一般的な非線形系に用いることができる安定性解析のレシピを手に入れます．最後に，両者で得られ

---

18) フィッツヒューのオリジナル論文 FitzHugh, R., Impulses and physiological states in theoretical models of nerve membrane, *Biophysical J.*, **1**: 445-466 (1961) でのパラメータをこの式の形に変換すると，$a = 0.7, b = 0.8, \phi = 1/9$ が用いられていることになるのですが，解析を容易にするため本書では上記の値を用います．

94   第2講 世の中の現象を読み解く

た結果が正しいことを数値計算によって確認します. この数式は神経細胞の理解において, 私たちに何をもたらしてくれるのでしょうか.

A. ヌルクラインによる平衡点の解析

はじめに, ヌルクラインによる平衡点の解析を行います. 2変数なので, V を横軸, W を縦軸にとると, その平面上に V と W の2つのヌルクラインがあります. V ヌルクラインは,

$$0 = V - \frac{V^3}{3} - W + I,$$
$$W = V - \frac{V^3}{3} + I \tag{2.13}$$

と V についての3次関数で, I の値が変わると V ヌルクラインは平行に上下します.

W ヌルクラインは,

$$0 = V + 1 - \frac{3}{4}W,$$
$$W = \frac{4(V+1)}{3} \tag{2.14}$$

と直線です. 両者の交点である平衡点は式 (2.13), (2.14) をともに満たすため, W を消去して $V^3 + V - 3I + 4 = 0$ が成り立ちます. この平衡点の個数をこれから求めます. $f(V) = V^3 + V - 3I + 4$ として, $f(V) = 0$ の解となる V の数を考えます. すると, $f'(V) = 3V^2 + 1$ はつねに正なので, $f(V)$ は右上がりの関数です. また, いま $f(V)$ の3次項の係数は正なので, $f(-\infty) = -\infty, f(\infty) = \infty$ となる関数となります. つまり, $f(V)$ は V の増加にともなってつねに右上がりで, $-\infty$ から ∞ までの範囲をカバーするため, $f(V) = 0$ を満たす V (=平衡点の V) は I の値にかかわらずただ1つということがわかります (図 2.30).

平衡点の座標を $(\bar{V}, \bar{W})$ としたときに, すべての I で $(\bar{V}, \bar{W})$ を簡単に求めることができればいいのですが, 3次関数の解なのでそう簡単にはいきません. しかしながら特殊な I の場合は平衡点が簡単に求まる場合があり, たとえば $I = 4/3$ の場合は,

$$\bar{V}^3 + \bar{V} = 0$$

より $\bar{V} = 0$, さらに式 (2.14) より $\bar{W} = 4(0+1)/3 = 4/3$ と具体的に求まり, 図を描いてみても正しいことがわかります (図 2.31(a)). $I = 2/3$ の場合も比較的簡単に $\bar{V} = -1, \bar{W} = 0$ が平衡点であることが計算できますので確認してみてください (図 2.31(b)).

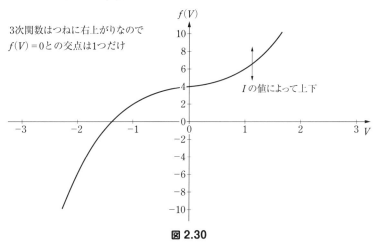

図 2.30

B. 図を使った電気活動の解析

ここでは,さらに図を使ってなぜ神経細胞が電気活動を発生するのかをみていきます. ポイントは3つありますが, 1つ目のポイントは, 3次関数 (V ヌルクライン) 上の点は縦方向にのみ動く, 直線 (W ヌルクライン) 上の点は横方向にのみ動くというヌルクラインの法則です. これはそれぞれの関数が $\frac{dV}{dt} = 0, \frac{dW}{dt} = 0$ を満たしていることから明らかです.

2つ目のポイントは, ヌルクラインから離れた点での $\frac{dV}{dt}, \frac{dW}{dt}$ の符号から, 解軌道が V-W 空間においてどの方向に動くのかを考えます. それには密に方向場を描けばわかるのですが, ここではより簡単で実用的な方法を紹介します. V-W 平面は V ヌルクライン, W ヌルクラインによっていくつかの領域 (この場合は4つ) に分かれますが, それぞれの領域でどこか1点について $\frac{dV}{dt}, \frac{dW}{dt}$ の符号を調べれば, その領域全体で同じ符号をもつことになりま

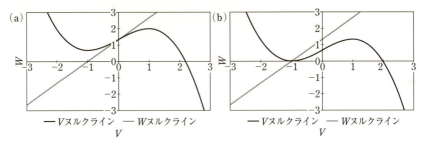

図 2.31 (a) $I = 4/3$, (b) $I = 2/3$

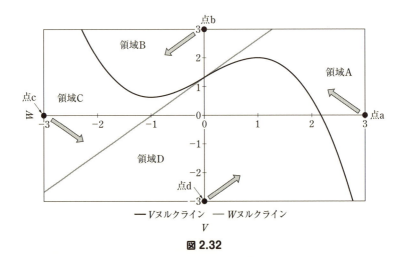

図 2.32

す[19]．一例として $I = 4/3$ の場合を考えます．この場合，図 2.32 の A-D のように 4 つの領域にわかれます．そしてそれぞれの領域の代表的な点として点 a-d をそれぞれ $(3,0), (0,3), (-3,0), (0,-3)$ ととり，これらを代入した値をみればよいのです．点 a では $\frac{dV}{dt} = 3 - \frac{3^3}{3} + \frac{4}{3} = -\frac{14}{3}$，$\frac{dW}{dt} = 0.08(3+1) = 0.32$ なので，V-W 平面で左上方向（V 軸方向に減少，W 軸方向に増加）に移動することがわかります．同様に点 b,c,d について $\frac{dV}{dt}, \frac{dW}{dt}$ の符号から移動方向を求めると，点 b ではともに負なので左下に，点 c では $\frac{dV}{dt}$ のみ正なので右下に，点 d ではともに正なので右上に移動することがわかります．I が

---

19) $\frac{dV}{dt}, \frac{dW}{dt}$ は V, W に対して連続なので，符号が変わるにはヌルクラインを横切らなければなりません．

4/3 以外の場合についても，3 次関数と直線の交点の座標が変わるだけなので，（領域 A-D を今回の例と同様に右から反時計周りにとれば）同じ方向に移動することが確認できます．

3 つ目のポイントとしては，ϕ が小さい ($\phi \ll 1$) という条件から，$\dfrac{dV}{dt}$ の大きさ（絶対値）に比べて $\dfrac{dW}{dt}$ は小さくなります．先ほどの点 a についても $\dfrac{dV}{dt}$ の絶対値は $\dfrac{dW}{dt}$ の絶対値より 10 倍以上大きくなってしまいました．そのため，斜めに動く際はつねに横方向の移動距離は縦方向よりも大きいと近似でき，そのことは解の軌道を図に描く際に，3 次関数との交点まで横方向に先に動き（3 次関数は V ヌルクラインですので，横への移動の暫定的な終着点となります），その後で縦方向に動くと考えることができます．このことから解軌道を図で描くためのルールは，

1. 初期値（$t = 0$ での V, W の値）を決める．
2. 領域の移動方向（図 2.33）を参照しつつ，3 次関数にぶつかるまで横に動く．
3. 縦に少し動く（3 次関数から離れる）．
4. 2 と 3 を繰り返す．もし 3 次関数と直線の交点にたどり着けば（縦にも横にも動けない点なので）終了となる．

となります．

一般的に，2 変数の非線形系において図から解軌道を追跡するには，方向場の矢印を密に描いた上で初期値の点から矢印をたどっていくことになります．そのため，人の手で行うには手間がかかる上に精度も低い手法です．しかしながら，今回のモデルのように 1 つの変数が速い変化を，もう 1 つの変数が遅い変化を表す場合には，縦方向と横方向の移動に優先順位が現れるため，2 変数の非線形系であっても 1 変数の場合と同様に図が非常に有効に活用できます．このようなシステムはスロー – ファスト系と呼ばれ，比較的解析しやすいシステムであることが知られています[20]．

---

20) （HH モデルを含めた）一般的な微分方程式では，速い変化と遅い変化は混在しているため，上手な変数変換などで両者を分離する必要があります．数理モデルが与えられた際に，よりシステマティックに速い変化と遅い変化を分離し簡略化する理論として，中心多様体理論が知られています（たとえば Wiggins, S.（著），丹羽敏夫（監訳）『非線形の力学系とカオス』（シュプリンガー・フェアラーク東京，1992）．

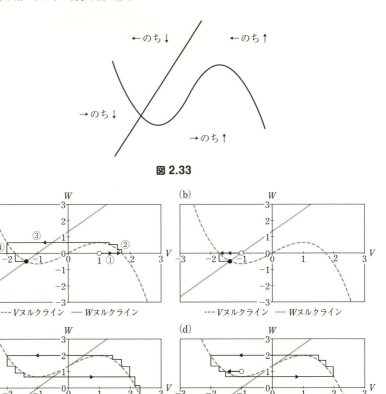

図 2.33

図 2.34

上記のルールにしたがって，$I=0$ および $I=4/3$ の場合について，複数の初期値 (V_0, W_0) からグラフを描いていきます．$I=0$ について，$(V_0, W_0) = (1, 0)$ からはじめた結果が図 2.34(a)，$(V_0, W_0) = (-1, 0)$ からはじめた結果が図 2.34(b) になります．それぞれ，初期位置を白丸，平衡点を黒丸とし，矢印が軌道になります．図 2.34(a) につけた番号にしたがって図の軌道を確認すると，以下の通りです．①：初期値 $(1, 0)$ は「右のち上」の領域なので，3 次関数と交わるまで右に移動する．②：交点では横方向には移動しないため縦のルールを確認すると，交点に接している領域はどちらも「上」方向領域なの

で，上に移動する．上に少し移動すると，「左のち上」の領域に入るため，3次関数に沿うように細かく上に移動と左に移動を繰り返し，3次関数の頂点にたどり着く．③：3次関数の頂点から上のち左へ移動し，V が大きく減少し3次関数に交わる．④：交点では横には動かないため，縦のルールをみると隣接している領域はどちらも「下」方向の領域なので，下に移動する．下に移動すると，「右のち下」の領域に入るため，3次関数に沿うように細かく下および右に移動し，平衡点にたどりつく．

$(-1, 0)$ からはじめた結果は図 2.34(b) ですが，(a) と同様に3次関数と直線の交点（平衡点）に落ち着きます．図 2.34(a)(b) からは，平衡点に近い初期値 $(V_0, W_0) = (-1, 0)$ を選んだ場合は速やかに平衡点に到達し，平衡点から離れた初期値 $(V_0, W_0) = (1, 0)$ では，一度 V が増加してから平衡点にたどり着くことがわかります．この結果は，$I = 0$ においては，平衡点のそばの弱い電流刺激に対しては速やかに平衡点の膜電位に収束するものの，強い電流刺激に対しては，一度電位の上昇（活動電位，あるいは発火ともいいます）を経てから安定な膜電位に収束することに対応しています．一方で，$I = 4/3$ のときは平衡点が3次関数の右上がりの領域にあるために，初期値（図 2.34(c) では $(1, -1)$，(d) では $(-1, 1)$ です）にかかわらず平衡点にたどりつけず，周囲を回転し続けます（図 2.34(c) および (d)）．

(a)-(d) の条件について微分方程式を数値計算しますと，それぞれ図 2.35 (a)-(d) の結果が得られ，図による予測が正しいことが確認できます．FHNモデルは簡略化された神経細胞のモデルですので，これまでの解析から神経細胞のもつ，

1. 弱い電流が一時的に加わっても反応せず，平衡点の電位に収束する．
2. 強い電流が一時的に加わると，一度発火したのちに平衡点の電位に収束する．
3. 持続的に十分強い電流が加わると持続的に発火する．

という特徴が確認できました．

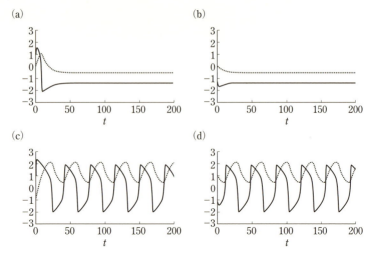

図 2.35 実線：V，点線：W．$\Delta t = 0.1$ のオイラー法による．(a)-(d) は図 2.34 の (a)-(d) の条件に相当

C. 分岐解析——より定量的な理解のために

次に，「分岐解析」を用いることで図を使った解析で得られた結果を再現でき，さらに詳細な情報が得られることをみていきます．そして最終的に，非線形微分方程式を解析する際のレシピを習得します[21]．

はじめに，A の解析で確かめた通り，平衡点 $\bar{V}$ を注入電流 I の関数として表すのは複雑なので，具体的な値は求めず $\bar{V}$ のままで進めていきます．次に，この平衡点 $(\bar{V}, \bar{W})$ のまわりで小さな変化があった場合の微分方程式を導出します．$V = \bar{V} + v, W = \bar{W} + w$ を式 (2.11), (2.12) に代入して，

$$\frac{dV}{dt} = \frac{dv}{dt} = (\bar{V}+v) - \frac{(\bar{V}+v)^3}{3} - (\bar{W}+w) + I,$$
$$\frac{dW}{dt} = \frac{dw}{dt} = \phi((\bar{V}+v) + a - b(\bar{W}+w))$$

が求まり，さらに v が小さいために $v^2, v^3 \to 0$ という近似を用いると，

---

[21] なお，この内容は汎用性が高いのですが本書の中で最も難しい部分でもありますので，はじめて学ぶ読者は一度 2.7 節まで読み飛ばし，必要に応じて読み返してもよいかと思います．

$$\frac{dv}{dt} = \bar{V} - \frac{(\bar{V})^3}{3} - \bar{W} + I + v - v\bar{V}^2 - w,$$

$$\frac{dw}{dt} = \phi(\bar{V} + a - b\bar{W}) + \phi(v - bw)$$

となります．平衡点が満たす条件から上式の下波線部はともに 0 ですので，きれいにいくつかの項が整理されて，v, w に対する線形項が残ります．その結果，

$$\frac{dv}{dt} = (1 - \bar{V}^2)v - w,$$

$$\frac{dw}{dt} = 0.08v - 0.06w$$

が得られます．2.4 節の 2 変数線形力学系の解析でみた通り，この平衡点が安定である条件は，

$$\beta = (1 - \bar{V}^2) \cdot (-0.06) - (-1) \cdot 0.08 > 0$$

および，

$$\alpha = (1 - \bar{V}^2) - 0.06 < 0$$

と導くことができます．ここでは $\bar{V}$ の値にかかわらず $\beta > 0$ ですので，平衡点が安定である条件は $(1 - \bar{V}^2) - 0.06 < 0$（$\alpha < 0$ の条件）であり，$\bar{V} < -\sqrt{0.94}$ または $\bar{V} > \sqrt{0.94}$ でなければなりません．よって，A の解析で平衡点を求めた例 $I = 2/3$ のときは $(\bar{V}, \bar{W}) = (-1, 0)$ は安定であることがわかります．I を $2/3$ から増加させると $\bar{V}$ が $-\sqrt{0.94}$ をまたいだところで平衡点が不安定になります．$I = 2/3$ の近くで平衡点が不安定となる電流 I を求めると，たとえば $\bar{V} = -0.9$ のときについては，$f(\bar{V}) = (-0.9)^3 - 0.9 - 3I + 4 = 0$ となる I は概算して 0.8 程度であることがわかります．不安定平衡点の周りで振動が発生する条件は 2.4.2 項から $\alpha^2 - 4\beta < 0$ でした．このケースでは $((1 - \bar{V}^2) - 0.06)^2 - 4((1 - \bar{V}^2) \cdot (-0.06) + 0.08)$ に $\bar{V}^2 = 0.94$ を代入すると $-4(-0.06^2 + 0.08) < 0$ ですので，この不安定化は振動をともなうことがわかります．

　不安定化した結果どのような軌道を描くかは，元の微分方程式の非線形項の

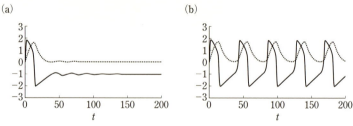

図 2.36 (a) $I = 2/3$. (b) $I = 0.8$. 初期値はともに $(V_0, W_0) = (0, 0)$. 実線：V, 点線：w

特徴によって決まります．このモデルの非線形項は $\dfrac{dV}{dt}$ の式における $-V^3/3$ ですので，V が正のときは負の値をとり $\dfrac{dV}{dt} < 0$，V が負のときは $\dfrac{dV}{dt} > 0$ と V の符号と逆向きをとり，しかも V の絶対値が大きいほど3次項の大きさは大きくなるために，適切なバランスをもった振幅で安定した振動をすることが予想されます．数値計算の結果を図 2.36 に示しますが，$I = 2/3$（図 2.36(a)）では（先の計算の通り）平衡点に落ち着きますが，少し I を増やした $I = 0.8$（図 2.36(b)）では振動することが確認でき，振動が起こる電流の強さについて，より狭い範囲で適切に予測できていることが確認できます[22]．ここでみた2変数の微分方程式の分岐解析は式の形によらず適用できる汎用的な手法ですので，以下にまとめとして解析のレシピを掲載しておきます．

解析のレシピ[23]

解の安定性を知る一般的な手法（2変数の微分方程式について）

1. $\dfrac{dX}{dt} = f(X, Y)$, $\dfrac{dY}{dt} = g(X, Y)$ に対して，$f(X_0, Y_0) = g(X_0, Y_0) = 0$ となる点を（ヌルクラインの連立方程式の解から）調べる．この点を平衡点と呼ぶ．平衡点は1つとは限らない．
2. それぞれの平衡点について，$X = X_0 + x$, $Y = Y_0 + y$ とおいて x, y

---

[22] この予想はポアンカレ・ベンディクソンの定理によって数学的に厳密に扱うこともできます．
[23] なお，このレシピは N 変数の微分方程式系について一般的に成り立つものです．ただし3変数以上の場合は 4. の解のルールを導くのが少し複雑になります．その概要については次節の3変数の場合について確認してください．また一般的に N 変数の場合，この部分は線形代数の「固有値を求める」という操作を行います．N 変数の力学系であれば N 個の固有値が（実数もしくは複素数で）出てきますが，すべての固有値の実部が負なら平衡点は安定です．もし1つでも正なら平衡点が不安定ということになります．

のしたがう微分方程式を書き下す.

3. x, y は十分に小さいとして 2 次以上の高次項を 0 とし，平衡点の近くでの線形の微分方程式，

$$\frac{dx}{dt} = ax + by,$$

$$\frac{dy}{dt} = cx + dy$$

を得る.

4. 2 変数線形系の解のルールにしたがってタイプ分けする．$a + d < 0$ および $ad - bc > 0$ のときに平衡点は安定である.

2.7 3 変数非線形系——「流れ」の複雑さ

2.7.1 ローレンツ方程式の概要

本節では，より複雑な現象として「流れ」の振る舞いを扱います．水の流れや空気の流れなどを流体現象といいますが，線香の煙の流れやコーヒーに入れたミルクが混ざっていく様子が複雑な模様を生む通り，その振る舞いは非常に複雑なことが知られています．天体の運動のように質量をもつ点（質点）が有限個ある場合とは異なり，連続的な空間それぞれにおける物質の運動や相互作用を考えなければならないため，偏微分方程式と呼ばれるより複雑な式を扱うことになります[24].

一方で，流れの複雑さをより簡単な式から理解する試みがなされています．ここでは 20 世紀の気象学者ローレンツによる解析をみていきます．図 2.37 のように，板状の熱源が平行に位置し，その中に流体があるとします．実際には鍋などの容器の中に水を張った場合を想像してください．その鍋を下から熱すると，ある温度差以上になると，ロール状の対流が生じます．対流の空間パ

---

24) 偏微分については第 4 講で簡単に扱います.

図 2.37

ターンは幾何学上に規則的に並び，隣り合うパターンは反対方向に流れます．この対流現象はレイリー-ベナール対流と呼ばれるもので，熱と流体に関する方程式を連立させて解析することができます．

ここでは，ロール状の対流パターンが生成されたときに，各ロールは対流の向きが異なるのみで同じ振る舞いをするとみなし，1つのロールに着目します．このロールの対流の速さを X（ロールがどれだけ速く回転するか），対流による温度変化を Y（ロールの中心と外側では温度がどれだけ異なるか），温度の不均一性を Z（ロール全体で，高さによってどれだけ温度が不均一になるか）としてその変化を記述したものが以下のローレンツ方程式と呼ばれる3変数非線形微分方程式です[25]．

$$\frac{dX}{dt} = \sigma(-X + Y), \tag{2.15}$$

$$\frac{dY}{dt} = rX - Y - XZ, \tag{2.16}$$

$$\frac{dZ}{dt} = -bZ + XY, \tag{2.17}$$

σ, r, b はパラメータ（定数）です．σ は流体の粘性と熱拡散の強さを反映したパラメータ，b はロールの大きさと上下の距離を反映したパラメータ，r はレイリー数と呼ばれるパラメータで粘性や熱膨張係数，上下の温度差などが反映

---

[25] 重力場の中での流体の運動に関する方程式（ナヴィエ-ストークス方程式）と内部エネルギーの発展方程式から，いくつかの前提条件の下で導かれます．導出過程についてはたとえば，北原和夫『非平衡系の統計力学』（岩波基礎物理シリーズ (8)，岩波書店，1997）にくわしく解説されています．

されたパラメータです.下から徐々に熱した場合を想定すると,σ, b を固定して上下の温度差が反映されたパラメータ r を増やしていくことになります.ローレンツは 1960 年代にこの数理モデルを解析することで,流れの複雑さの根底に「カオス」と呼ばれる仕組みがあることを発表しました[26].

まずは,数値計算を行って,解の振る舞いを観察してみましょう.ここでは 4 次のルンゲ-クッタ法と呼ばれる,オイラー法や修正オイラー法よりも精度の高い数値計算を行います(具体的な計算の手法は付録で説明しています).ここでは $\sigma = 10$, $b = 8/3$ と固定した上で,$r = 15$ と $r = 30$ について,初期値 $(X(0), Y(0), Z(0)) = (-7, -3, 30)$ から時間幅 0.01 で数値計算を行い,X, Y, Z の軌道を 3 次元プロットしたものが図 2.38 になります.$r = 15$ ではある一定の (X, Y, Z) の値に収束する様子がわかります.これは先の対流のロールの速さや大きさが安定で時間とともに変化しないことを意味しています.一方で,$r = 30$ では安定な解(ロールの状態)が不安定になり複雑な軌道がみえています.

2.7.2 平衡点と安定性の数理解析

3 変数非線形系の場合でも,前節の考え方を拡張することで,平衡点を求め,その安定性解析ができます.ただし,複雑な式変形が含まれることと,3 変数の安定性解析は個別に行うよりも(本書の範囲外である)線形代数の知識を用いたほうが容易であるという理由により,ここでは平衡点の解析のみを行い,安定性解析についてはその指針を簡単に述べるにとどめます.初学者の方はこの項を読み飛ばしていただいてかまいません.

平衡点の解析では,3 変数であってもこれまでと同様に元の方程式 (2.15)-(2.17) の右辺=0 をすべて満たす点 $\bar{X}, \bar{Y}, \bar{Z}$ を求めます.この方程式は計算が比較的容易で,$\frac{dX}{dt} = 0$ より $X = Y$ が得られます.これを $\frac{dZ}{dt} = 0$ に代入することで $Z = \frac{X^2}{b}$ が得られ,$\frac{dY}{dt} = 0$ に代入して $X^3 + b(r-1)X = 0$ から,$r > 1$ の範囲では $\bar{X} = 0, \pm\sqrt{b(r-1)}$ の 3 点が平衡点になります.そのため,

---

26) Lorenz, E. N., Deterministic Nonperiodic Flow, *Journal of Atmospheric Sciences*,
20: 130-141 (1963).

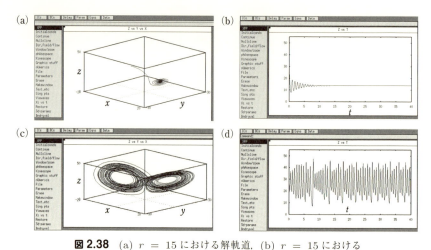

図 2.38 (a) $r = 15$ における解軌道, (b) $r = 15$ における $Z(t)$, (c) $r = 30$ における解軌道, (d) $r = 30$ における $Z(t)$

先ほどの $r = 15$ での収束先（図 2.38(a)）の座標は $(4\sqrt{7/3}, 4\sqrt{7/3}, 14)$ であったことがわかりました．

ここではさらに，$r > 1$ のときの $\bar{X} = \bar{Y} = \bar{Z} = 0$ の安定性をみていきます．この値の周りで線形化すると，（小さな値の）力学変数 x, y, z の満たす微分方程式は，

$$\frac{dx}{dt} = -\sigma x + \sigma y,$$
$$\frac{dy}{dt} = rx - y,$$
$$\frac{dz}{dt} = -bz$$

となります．この場合，きれいに x, y の微分方程式と z の微分方程式が分離されました．z の式は $b > 0$ でつねに安定ですが，x, y については $\alpha = -\sigma - 1 < 0, \beta = \sigma(1-r) < 0$ により前節のレシピから不安定であることがわかります．そのため，$r > 1$ ではつねに原点は不安定（流体にロール状の動きが発生している）ということになります．

$\bar{X} = \bar{Y} = \sqrt{b(r-1)}$, $\bar{Z} = r - 1$ における安定性の詳細な解析は本書の範囲を超えた難しいものとなりますので省略しますが，解析の概要は以下の通りです．この値の周りで線形化した力学変数 x, y, z の微分方程式を導出し，$x = C_x \exp(\lambda t), y = C_y \exp(\lambda t), z = C_z \exp(\lambda t)$（ただし C_x, C_y, C_z は定数）を代入して連立方程式を整理します．すると，λ の満たす式

$$\lambda^3 + (1 + b + \sigma)\lambda^2 + 2b\sigma(r-1) = 0$$

が得られるので，この式の解を解析することで，安定性がわかります[27]．

2.7.3 流れの「カオス」が生まれるわけ

ローレンツ方程式の $r = 30$ における複雑な変動について，Z の初期値 $Z(0)$ を 0.001 増やして $Z(0) = 30.001$ で数値計算し，元の $Z(0) = 30.000$ と比較したものを図 2.39 に示します．すると，初期段階では両者は同じ振る舞いをしているのですが，時間とともに両者の違いは目にみえるほどに大きくなります．Z の初期値における 0.001 という微小な差が未来にはとても大きな影響を与え[28]，現象の予測を不可能にしています．このような初期値の微小差が全体のダイナミクスを変えてしまうようなシステムを「カオス」といいます．以下では，このような複雑さをもつカオスの源について，グラフを用いることで理解を深めていきましょう．

ローレンツ方程式は3変数で表される複雑なシステムです．図 2.39 のように $Z(t)$ の軌道のみを取り出しても，そのまま眺めていては法則を見出すのは困難です．そこでローレンツは，$Z(t)$ の極大値ごとに離散化し，n 回目の極大値 Z_n と $n+1$ 回目の極大値の Z_{n+1} の関係を写像としてプロットしました．ローレンツと同様に横軸を Z_n，縦軸を Z_{n+1} とすると，図 2.40 のようになります[29]．

---

[27]　数値計算の結果からは，$15 < r < 30$ のどこかでこの平衡点が不安定になることが予想されますが，この式を解析すると，分岐点は $r_c = \sigma \dfrac{\sigma + b + 3}{\sigma - b - 1} \simeq 24.7\cdots$ であることが明らかになります．

[28]　正確には，数値計算による細かな誤差の影響も含まれています．

[29]　このように，複雑な微分方程式系の時系列から，とある特徴を満たす時刻と点（ある平面を横切る点など）のみ取り出し，点から点への写像とみなすことで，変数の少ないシステムに変換（こ

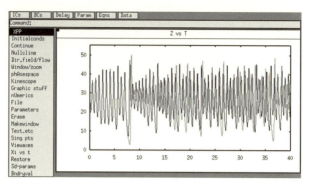

図 2.39 $Z(t)$ のグラフ.実線:$Z(0) = 30.000$,灰色線:$Z(0) = 30.001$

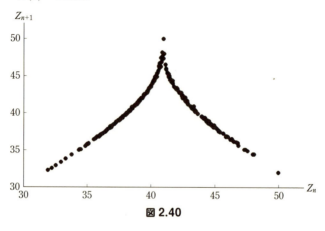

図 2.40

この図をみると,Z_n が決まると三角形のような写像の関数にしたがって Z_{n+1} が決まっているようにみえます.この写像の特徴を把握するためさらに簡略化して,三角形の写像であるテント写像のもつ特徴をみていきましょう.ここで,テント写像として,

$$T(n+1) = \begin{cases} 2T(n) & (0 \leq T(n) < 0.5) \\ 2 - 2T(n) & (0.5 \leq T(n) \leq 1) \end{cases}$$

の場合は 3 変数の運動を 1 変数の離散時間力学系に変換した) する手法はポアンカレ写像と呼ばれ,微分方程式の高度な解析で用いられるテクニックです.

2.7 3変数非線形系   109

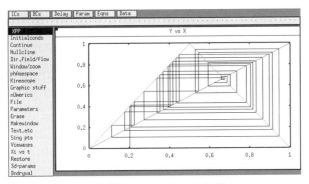

図 2.41 0.201 から 30 回反復

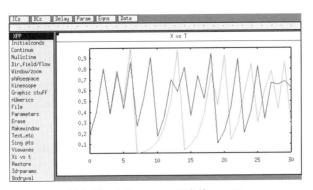

図 2.42 実線：0.201，灰色線：0.203

のルールにしたがって $T(n)$ が更新されるシステムを考えます．写像の反復の仕方は前に示した通り，縦と横の線を繰り返し描くだけです．図 2.41 は $T(0) = 0.201$ から 30 回反復した様子を示しています[30]．$T(n)$ の推移を描画すると図 2.42 の実線のようになりますが，比較のために $T(0) = 0.203$ から始めた時系列（灰色線）を並べますと，初期値の差が写像とともに拡大するカオス性をみることができます．その仕組みをみるために少し初期値の差を拡大して $T(0) = 0.2$ と $T(0) = 0.21$ を 2 回写像させたものを図 2.43 に描画しました．テント写像の関数は傾きが 2 もしくは -2 の直線ですので，1

---

[30] 初期値がぴったり $T(0) = 0.2$ の場合は 0.2, 0.4, 0.8, 0.4, 0.8, … と同じ値を繰り返すことが知られていますので，少しずらしました．

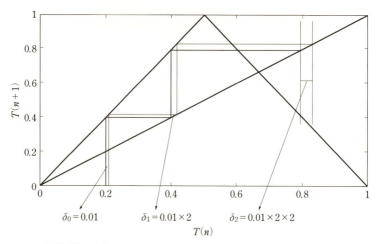

図 2.43 実線：0.2，灰色線：0.21．1 回の写像で差が 2 倍され，次の写像でさらに 2 倍される

回の写像につき誤差は 2 倍されることがわかります．また，この関数は $0 \leq T(n) < 0.5$ と $0.5 \leq T(n) \leq 1$ で折りたたまれているため，$T(n+1)$ のとる値は $0 \leq T(n+1) \leq 1$ に収まっています．先にみたローレンツ方程式のカオスはこのような引き延ばしと折りたたみの効果によって得られています[31]．

2.7 節のポイント

- ローレンツ方程式：

$$\frac{dX}{dt} = \sigma(-X+Y),$$
$$\frac{dY}{dt} = rX - Y - XZ,$$
$$\frac{dZ}{dt} = -bZ + XY$$

- $r > 1$ では $\bar{X} = 0, \pm\sqrt{b(r-1)}$ に対応する 3 点が平衡点
- 平衡点 $(\bar{X}, \bar{Y}, \bar{Z}) = (0, 0, 0)$ は $r > 1$ では不安定
- r を増やすとカオスが生じる（初期値の微小差が時間とともに全体のダ

---
[31] 引き延ばしと折りたたみによって微小な誤差が拡大する様子はパイ生地をこねるときの操作に似ているため，「パイこね変換」と呼ばれることもあります．一般的に，3 変数以上の非線形微分方程式では，システムの中にこのようなパイこね変換の仕組みが入ることでカオスが生じる可能性があります．

イナミクスを変える）

- $Z(t)$ の極大値ごとに離散化すると，引き伸ばしと折りたたみの効果がみられる

コラム2　ニューロン新生

　近年の研究で明らかになった，生命科学と微分方程式の意外な結びつきを紹介します．これまで，ヒトの成長がひと段落し成人になると，神経細胞は増殖しないと考えられてきました．しかしながら，2013年のスポルディングらによる研究から，脳の中で記憶を司る海馬という部分では，大人になっても神経細胞が増殖（ニューロン新生）し続けるという知見が得られ，老化や記憶の低下を捉え直すきっかけとなりました．言わずもがなですが，生きているヒトの脳から直接海馬を観察することはできないため，神経細胞の増殖の有無を評価することは非常に困難です．スポルディングらはヒトの脳組織（検死に用いられたもの）の放射性物質を測定したのですが，彼らは，大気中の放射性炭素：炭素14が冷戦時の核実験によって増加し，その後減少しているという知見を利用した斬新なアイデアによって研究を行いました．もしも海馬の神経細胞が成人になった後は増殖しないのであれば，神経細胞の遺伝子内炭素原子に含まれる炭素14の量は幼少期の大気中の炭素14の割合と同程度であるはずです．逆に，成人後も神経細胞が新たに生まれていれば，冷戦前に成人した人の脳も冷戦による炭素14増加の影響を受けることになります．

　彼らは実験結果を説明するために数理モデルによる解析をしました．炭素14のベータ崩壊は，第2講の最初でみた現象で簡単な式（式 (2.1)）で表されるのですが，この現象では大気中の炭素14の量が時間とともに大きく変わるので，もっと複雑な数理モデルが立てられています．解析の結果，この研究では成人後のヒトでも海馬の神経細胞は新生し続け，年とともに緩やかに新生する割合が低下することが結論づけられました．また，海馬におけるニューロン新生は毎日700個程度生まれていると推測されています．

　その後，このニューロン新生と記憶力の関係や，ニューロン新生によってネガティブな感情にともなう記憶を再配置する機能があるのではないかなどの関係が指摘されつつあります．

参考文献：Spalding, K. L., *et al.*, *Dynamics of hippocampal neurogenesis in adult humans. Cell*, **153**(6): 1219-1227 (2013).

補講　次のステップに進むために
——いくつかの積分公式

　第1講では微積分の基本を学び，その内容が第2講の微分方程式の理解に役立つことを学びました．第3講で学ぶ確率統計も微積分の知識が役立つ単元ですので，ここでは第1講でふれなかった内容で，第3講の理解に必要な内容を補講として扱います．

補講1　部分積分・置換積分

　1.2節の微分法については，その計算法をみたのちに積の微分と合成関数の微分の公式を確認しました．積分は微分と表裏一体の関係にあり，積の微分と合成関数の微分と対になる積分の概念は，部分積分と置換積分になります．これらを紹介したのちに，便利な積分の知識として奇関数，偶関数の積分公式を紹介します．

補講1.1　部分積分
　部分積分は，$\int_a^b f'(x)g(x)dx$ のように積分したい関数の一部が何らかの関数の微分になっている場合に用います．積の微分公式は $\dfrac{d}{dx}(f(x)g(x)) = f'(x)g(x) + f(x)g'(x)$ というものでした．この式を両辺 $a \leq x \leq b$ の区間で積分すると，

114 補講　次のステップに進むために

$$\int_a^b \frac{d}{dx}(f(x)g(x))dx = \int_a^b f'(x)g(x)dx + \int_a^b f(x)g'(x)dx \qquad (補.1)$$

となります．左辺は $[f(x)g(x)]_a^b$ なので[1]，これを式 (補.1) に代入後移項すると，

$$\int_a^b f'(x)g(x)dx = [f(x)g(x)]_a^b - \int_a^b f(x)g'(x)dx \qquad (補.2)$$

となり，これが部分積分の公式になります．

　具体例として，$\int_a^b \exp(x)x dx$ について考えます．この場合は $f'(x) = \exp(x), g(x) = x$ とおくと，「指数関数 $\exp(x)$ は積分しても $\exp(x)$ のまま」という性質から，$f(x) = \exp(x)$ が成り立ちますので，部分積分の公式を用いて，

$$\int_a^b \exp(x)x dx = [\exp(x)x]_a^b - \int_a^b \exp(x)dx = [\exp(x)x - \exp(x)]_a^b$$

となります．

　$g(x)$ が n 次多項式の場合には，$\int_a^b \exp(x)g(x)dx$ について部分積分を用いると $g(x)$ の微分項と $\exp(x)$ の積が残りますので，部分積分を 1 回計算するごとに次数が落ち，n 回部分積分を繰り返すことで積分値を求めることが可能です（実際には部分積分を繰り返すのは大変ですが）．これは $\exp(x)$ は積分しても $\exp(x)$ のままという性質を用いたテクニックになります．

補講 1.2　置換積分

　置換積分とは関数 $f(x)$ の定積分を求めるのに，$x = g(t)$ により積分変数 x を t で置き換えて，t の積分として計算する公式です．この公式は第 3 講の確率統計での複雑な関数の積分に役立ちます．この置換積分は微分の項で先にみた「合成関数の微分公式」に対応する概念となっています．原始関数 $F(x)$ に対して $\frac{dF(x)}{dx} = f(x)$ が成り立ちますので，この原始関数を t で微分すると，合成関数の微分公式より，

---

1)　積分は微分と逆の操作なので，ある関数を微分してから積分すると元の関数に戻ります．

$$\frac{dF(x)}{dt} = \frac{dF(x)}{dx} \cdot \frac{dx}{dt} = f(x) \cdot \frac{dx}{dt} = f(g(t)) \cdot \frac{dx}{dt}$$

が成り立ちます. この関数を不定積分すると,

$$F(x) = \int \left(f(g(t)) \cdot \frac{dx}{dt} \right) dt$$

が得られます. そのため, x について区間 a から b まで定積分する場合は, $g(\alpha) = a, g(\beta) = b$ とすると,

$$\int_a^b f(x)dx = F(b) - F(a) = F(g(\beta)) - F(g(\alpha)) = \int_\alpha^\beta f(g(t))\frac{dx}{dt}dt \quad (補.3)$$

となります. この変形には,「区間を決める：$a = g(\alpha), b = g(\beta)$」と「$\frac{dx}{dt}$ をかける」の2つの操作が必要となります.

　置換積分については重要な注意事項がもう1つあります. $g(t)$ は積分区間 α から β で単調増加あるいは単調減少であることが必要です. これは微分は「細かく分ける」操作であるのに対して積分は「細かく分けたものをたし合わせる」操作のため, たし合わせる際に一方向にたし合わせていかなければならないためです（もしも単調増加/減少でない範囲を積分したい場合は, 積分区間を分けてそれぞれの範囲で単調増加/減少が成り立つようにして, 後でそれぞれをたし合わせることになります）.

　例題として, $y = f(x) = 4x^2, x = g(t) = t^2/4$ とします. $f(x)$ を x について0から1まで積分する場合を考え, 置換積分の答えが通常の積分結果と一致することを確かめましょう. まずは $f(x)$ に $x = g(t)$ を代入すると $y = f(g(t)) = t^4/4$ が得られます. $x = t^2/4$ より, $0 \le x \le 1$ に対応する t の範囲は $0 \le t \le 2$ で, またこの範囲で x は t の単調増加関数であることがわかります. $\frac{dx}{dt} = \frac{t}{2}$ であることを置換積分の公式に代入すると,

$$\int_0^1 4x^2 dx = \int_0^2 \frac{t^4}{4}\frac{t}{2}dt = \int_0^2 \frac{t^5}{8}dt = \left[\frac{t^6}{6\cdot 8}\right]_0^2 = \frac{4}{3}$$

と求まります. 一方で, 通常の積分では $\int_0^1 f(x) = \left[\frac{4x^3}{3}\right]_0^1 = \frac{4}{3}$ ですので両者が一致することが確かめられます.

116   補講　次のステップに進むために

補講 1.3　奇関数・偶関数の積分

　奇関数・偶関数における積分公式は $\int_{-a}^{a} f(x)dx$ のように積分区間が $x = 0$ について対称でなければ適用できません．しかしながら，この条件を満たせば積分の計算を大幅に簡略化できる手法です．

　はじめに奇関数・偶関数について説明します．$f(x)$ が奇関数とは，$f(x)$ が x によらず $f(x) = -f(-x)$ である関数を指します．$y = f(x)$ が原点 $(x, y) = (0, 0)$ に対して点対称である場合ともいえます．一方で，$f(x)$ が偶関数とは，$f(x)$ が x によらず $f(x) = f(-x)$ である関数を指します．$y = f(x)$ が直線 $x = 0$ に対して線対称（左右対称）である場合ともいえます．

　$f(x)$ が奇関数の場合，$[-a, 0]$ の積分区間において，$x = -y$ による置換積分と，点対称の特性を用いると，

$$
\begin{aligned}
\int_{-a}^{0} f(x)dx &= \int_{a}^{0} -f(-y)dy \\
&= \int_{a}^{0} f(y)dy \\
&= \int_{0}^{a} -f(y)dy
\end{aligned}
$$

が成り立ちます．そのため，

$$
\begin{aligned}
\int_{-a}^{a} f(x)dx &= \int_{-a}^{0} f(x)dx + \int_{0}^{a} f(x)dx \\
&= \int_{0}^{a} -f(y)dy + \int_{0}^{a} f(x)dx \\
&= 0
\end{aligned}
$$

と関数 $f(x)$ はつねに積分結果が 0 になります．

　$f(x)$ が偶関数の場合も同様に，置換積分と関数の線対称の特性を用いることで，

$$
\begin{aligned}
\int_{-a}^{0} f(x)dx &= \int_{a}^{0} -f(-y)dy \\
&= \int_{0}^{a} f(y)dy
\end{aligned}
$$

より，$\int_{-a}^a f(x)dx = 2\int_0^a f(x)dx$ が成り立ちます.

補講 1 のポイント

・部分積分：$\displaystyle\int_a^b f'(x)g(x)dx = [f(x)g(x)]_a^b - \int_a^b f(x)g'(x)dx$

・置換積分：$\displaystyle\int_a^b f(x)dx = \int_\alpha^\beta f(g(t))\frac{dx}{dt}dt$

・$f(x)$ が奇関数のとき，$\displaystyle\int_{-a}^a f(x)dx = 0$

・$f(x)$ が偶関数のとき，$\displaystyle\int_{-a}^a f(x)dx = 2\int_0^a f(x)dx$

補講2　ガンマ関数とベータ関数

補講 2.1　ガンマ関数

　ここでは，$\exp(x)$ を用いた特殊な関数であるガンマ関数についてみていきます.　この関数は第3講の確率統計のところで使用する重要な関数なのですが，複雑な計算の裏に隠れた法則があり，容易に値を求めることができます.

　いま，正の実数 x に対して，

$$\Gamma(x) = \int_0^\infty t^{x-1}\exp(-t)dt \tag{補.4}$$

としてガンマ関数 $\Gamma(x)$ を定めます.　$\Gamma(x)$ は関数の概形はあまり重要ではなく，x がある特定の値をもつときに，$\Gamma(x)$ の値が簡単に求められるという特徴が重要です.　一見したところ，この関数は複雑な関数の積分なので，計算が難しそうですが，以下の3つのシンプルな関係式が成り立ち，x が自然数の場合は簡単にその値を求めることができます.

(1) $\Gamma(x+1) = x\Gamma(x)$

(2) $\Gamma(1) = 1$

(3) n が自然数のとき，$\Gamma(n+1) = n!$

118   補講　次のステップに進むために

以下，それぞれの証明をみていきます.

(1) は $f(t) = -\exp(-t)$, $g(t) = t^x$ とおくと $\Gamma(x+1) = \int_0^\infty t^x \exp(-t)dt = \int_0^\infty f'(t)g(t)dt$ となり補講 1.1 における部分積分を用いることができます．その結果，

$$\Gamma(x+1) = [-\exp(-t)t^x]_0^\infty - \int_0^\infty -\exp(-t)xt^{x-1}dt$$
$$= 0 - 0 + x\int_0^\infty t^{x-1}\exp(-t)dt$$
$$= x\Gamma(x)$$

が得られます．ここで 1 行目から 2 行目へは $-\exp(-t)t^x = -t^x/\exp(t)^{2)}$ と変形し，$\lim\limits_{t \to 0} \dfrac{-t^x}{\exp(t)} = 0$ および $\exp(x)$ はどんな多項式関数よりも急激に増加するという条件から $\lim\limits_{t \to \infty} \dfrac{-t^x}{\exp(t)} = 0$ が成り立ちます.

(2) はそのまま代入して，

$$\Gamma(1) = \int_0^\infty \exp(-t)dt = [-\exp(-t)]_0^\infty = 1$$

です.

(3) は (1) と (2) を用いることで，$n = 1, 2, 3, \cdots$ に対して，

$$\Gamma(n+1) = n\Gamma(n) = n(n-1)\Gamma(n-1)$$
$$= n(n-1)\cdots\Gamma(1)$$
$$= n!$$

となるため，ガンマ関数は n が自然数のときに階乗の関数となっています．また，(3) の式に $n = 0$ を代入すると，$\Gamma(1) = 0!$ が得られますが，(2) からは $\Gamma(1) = 1$ でしたので，$0! = 1$ という関係が得られます．1.2.3 項では計算の便宜上，$0! = 1$ と考えましたが，ガンマ関数を用いることで，$0! = 1$

―――――――――――――――――――
2) $\dfrac{\exp(t)}{\exp(t)}$ をかけて，分子について $\exp(-t)\exp(t) = \exp(-t+t) = \exp(0) = 1$ を用いています.

は階乗の自然な拡張になっていることが確認できます．また，ガンマ関数は $\Gamma(1/2) = \sqrt{\pi}$ という興味深い性質がありますが，その導出はここで説明するには複雑ですので第4講に記載することとします．

ガンマ関数は，「オイラーの公式」（本書では4.2.3項で扱います）で有名な18世紀の数学者オイラーによって考えられました[3]．この関数は正の実数を入力する関数ですが，自然数の入力に対しては階乗の結果を出力します．そのため，階乗を自然数以外の数へ拡張する関数とみなすことができます．この関数のもつ上記のような性質はさまざまな場所で利用されており，このあとの確率統計の講義でもこの関数の重要性を体験していただけると思います．

補講 2.2　ベータ関数

ガンマ関数と関連の深い関数に，ベータ関数と呼ばれるものがあります．式は以下の通りです．正の実数 x, y に対して，

$$B(x, y) = \int_0^1 t^{x-1}(1-t)^{y-1}dt \tag{補.5}$$

と表されます．ベータ関数も3つのシンプルな関係式が成り立ちます．

(1) $B(x, y) = B(y, x)$

(2) $B(x, y) = \dfrac{y-1}{x}B(x+1, y-1)$

(3) $B(x, y) = \dfrac{\Gamma(x)\Gamma(y)}{\Gamma(x+y)}$

以下，それぞれの証明をみていきます．

(1) については，$1 - t = \hat{t}$ として $\hat{t}$ を導入し，$dt/d\hat{t} = -1$ から $\hat{t}$ の積分について置換積分すると，

---

3)　C. B. Boyer, *A History of Mathematics*, 2nd Edition (Wiley, 1989).

120   補講　次のステップに進むために

$$B(x, y) = \int_0^1 t^{x-1}(1-t)^{y-1}dt$$
$$= \int_1^0 (1-\hat{t})^{x-1}\hat{t}^{y-1}(-1)d\hat{t}$$
$$= \int_0^1 \hat{t}^{y-1}(1-\hat{t})^{x-1}d\hat{t}$$
$$= B(y, x)$$

となります.

(2) については，部分積分を用いることで，

$$B(x, y) = \int_0^1 \left(\frac{t^x}{x}\right)' \cdot (1-t)^{y-1}dt$$
$$= \left[\frac{t^x}{x} \cdot (1-t)^{y-1}\right]_0^1 - \int_0^1 \frac{t^x}{x} \cdot (y-1)(1-t)^{y-2}dt$$
$$= 0 - 0 + \frac{y-1}{x}\int_0^1 t^x(1-t)^{y-2}dt$$
$$= \frac{y-1}{x}B(x+1, y-1)$$

となります.

(3) については，x, y が自然数のときは (2) を使って簡潔に，

$$B(x, y) = \frac{y-1}{x}B(x+1, y-1)$$
$$= \frac{(y-1)!}{x(x+1)\cdots(x+y-2)}B(x+y-1, 1)$$
$$= \frac{(y-1)!(x-1)!}{(x+y-2)!}\int_0^1 t^{x+y-2}dt$$
$$= \frac{(y-1)!(x-1)!}{(x+y-1)!}[t^{x+y-1}]_0^1$$
$$= \frac{(y-1)!(x-1)!}{(x+y-1)!}$$
$$= \frac{\Gamma(x)\Gamma(y)}{\Gamma(x+y)}$$

と示されます. (3) の関係を正の実数 x, y について示すには，重積分の知識が

補講 2 ガンマ関数とベータ関数 　121

必要です．第 4 講で扱いますので，そちらをご確認ください．

補講 2 のポイント

・ガンマ関数：正の実数 x に対して，

$$\Gamma(x) = \int_0^\infty t^{x-1} \exp(-t) dt$$

・$\Gamma(x+1) = x\Gamma(x)$

・$\Gamma(1) = 1$

・n が自然数のとき $\Gamma(n+1) = n!$

・ベータ関数：正の実数 x, y に対して，

$$B(x, y) = \int_0^1 t^{x-1}(1-t)^{y-1} dt$$

・$B(x, y) = B(y, x)$

・$B(x, y) = \dfrac{y-1}{x} B(x+1, y-1)$

・x, y が自然数のとき，$B(x, y) = \dfrac{(y-1)!(x-1)!}{(x+y-1)!} = \dfrac{\Gamma(x)\Gamma(y)}{\Gamma(x+y)}$

発展 5 　広義積分における収束判定

　積分区間が無限大，あるいは無限大に発散する関数の積分は広義積分と呼ばれますが，正確にはガンマ関数や（一部のパラメータ x, y における）ベータ関数は広義積分を行わなければ値が求まりません．広義積分の手続きは，はじめに積分値が収束するかどうかを調べ，収束する場合には通常の積分（リーマン積分）において積分区間についての極限をとり積分値を求めます．

　ここでは例として，ガンマ関数における x が自然数の場合について，収束判定と関係式 $\Gamma(x+1) = x\Gamma(x)$ の確認を行い，厳密な議論においても先にみた結論が導かれることを確認します．複雑な変形も含まれますが，興味のある方は式を追ってみてください．

　ガンマ関数 $\Gamma(x) = \int_0^\infty t^{x-1} \exp(-t) dt$ において積分される関数を $f(t)$ $= t^{x-1} \exp(-t)$ とします．はじめに積分区間を $\int_0^\infty f(t) dt = \int_0^1 f(t) dt +$

$\int_1^\infty f(t)dt$ と分割すると，1 項目は部分積分ができるため，2 項目が収束するかどうかを調べます．

指数関数のテイラー展開より $\exp(t) > t^m/m!$（テイラー展開から 1 項だけ取り出したものよりも大きい）によって，$f(t) = t^{x-1}\exp(-t) < m! \cdot t^{x-1-m}$ が成り立ちます．$m > x$ のとき，

$$\int_1^s f(t)dt < m! \int_1^s t^{x-1-m}dt = \frac{m!}{x-m}[t^{x-m}]_1^s < \frac{m!}{m-x}$$

によりこの積分は s の増加にしたがって単調に増加しますが，上限が定められているために広義積分 $\int_1^\infty f(t)dt$ は収束します[4]．

このとき，部分積分を行った後に極限をとって，

$$\begin{aligned}
\Gamma(x+1) &= \lim_{s\to\infty}\int_0^s t^x\exp(-t)dt \\
&= \lim_{s\to\infty} -\exp(-s)s^x - \lim_{s\to\infty}\int_0^s -\exp(-t)xt^{x-1}dt \\
&= x\Gamma(x)
\end{aligned}$$

が成り立ちます．

なお，類似の手続きによって，x が正の実数の場合のガンマ関数，および $0 < x < 1$ や $0 < y < 1$ のベータ関数においても広義積分を厳密に扱った結果が本文の結論と変わらないことが示されます[5]．

---

4) このように，$\int_a^b f(x)dx$ が収束するかどうかを $|f(x)| \leq g(x)$ となる $g(x)$ についての $\int_a^b g(x)dx$ を用いて判定する手法は優関数の手法と呼ばれます．

5) 堀川頴二『新しい解析入門コース [新装版]』（日本評論社，2014）にくわしく解説されています．

第3講 ランダムさと秩序との間に ——確率統計

　本講義においては確率統計と呼ばれる単元について説明していきます．今日の情報社会において，確率統計のもつ重要性はますます高まっています．私たちの身の回りにはさまざまな不確定な現象および不確実な情報があります．その中で自分のとるべき選択を判断するためには，正しい確率の知識をもっていたほうが有利です．

　期待値や確率分布の計算には，第1講で習得した微積分が活用されます．さらに，より複雑な確率密度関数の計算やパラメータの推定に第1講で導入した $\exp(x), \log(x)$ が役立つことをみていきます．

　本講義では，はじめに（順問題としての）確率の知識を身につけます．具体的には，ある確率分布が得られた際にその特徴の捉え方を学び，また独立な確率変数が複数ある場合の扱い方，正規分布と呼ばれる基本となる確率分布のもつ特徴を扱います．さらに，サンプルサイズが大きい場合の重要な極限定理として，中心極限定理と大数の法則について，その概要と有用性を示します．

　その後，（逆問題としての）統計の考え方を身につけます．データ（標本）とその元となる集団（母集団）の関係を明らかにした上で，推定の手法によって不確実な現象からその裏に潜む法則を抽出する考え方を説明します．また，仮説検定によって，得られたデータの差が統計的に無視できない（有意な）差かどうかを評価する手法を説明します．さらに，現在の情報社会は単に「情報が豊富な社会」というだけではなく，「日々情報が生産されている」社会ともいえます．そのような情報の処理には，ベイズ統計と呼ばれる手法が相性がよ

124　第3講　ランダムさと秩序との間に

いことを具体例とともに説明します.

　期待値の計算や検定には手計算では困難なものも含まれますが，現在では
Excel などのツールによって手軽に行うことができます．本講義の内容を習得
することで，自らが対象とする現象に対して適切な解析手法を選択し，実際に
統計解析を行えるようになります．そのことは，スポーツの戦略立案など生活
の現場において，望ましい結果が得られる確率が高くなる行動につながるでし
ょう．では，講義に入りましょう.

3.1　確率的な現象とその評価手法

　この節では，確率の考え方の基礎である確率分布や期待値といった概念につ
いて説明し，また確率密度関数をモーメントやモーメント母関数を用いて評価
する手法を説明します.

3.1.1　離散分布と連続分布

　第2講でみた力学系において，離散時間力学系と連続時間力学系があった
ように，確率変数にも離散と連続があり，前者の例としてはサイコロの目 (1,
2, 3, 4, 5, 6) がありますし，後者の例としては重さや長さなどの連続量が挙げ
られます（確率変数については発展6も参照してください）.

　サイコロの目のように，確率変数 X が離散値をとる場合の確率分布を離散
分布（離散確率分布）といいます．離散分布では，すべての k について $P(X = k) \geq 0$，また $\sum_k P(X = k) = 1$ を満たします．サイコロの例では $P(X = 1) = 1/6$，$\sum_k P(X = k) = \sum_{k=1}^{6}(1/6) = 1$ となります.

　一方で，確率変数 X が連続値をとる場合の確率分布は連続分布（連続確率
分布）と呼ばれますが，その場合は注意深くその分布を考えなければなりま
せん．というのも，X が連続値をとるときには，確率変数の値の範囲を指定
し，その範囲に見いだすことが事象に対応するからです．たとえば X が $a \leq X \leq b$ の範囲に見いだされる確率は $P(a \leq X \leq b)$ と表されます．この値
を求めるには，第1講でみた面積の考え方が必要になります．$P(X \leq x)$ は

確率変数 X が $-\infty$ から x までの区間に収まる確率を指しますが，その確率を表す関数を $F_X(x)$ と定義し，累積分布関数と呼びます．たとえば X が b を超えない確率は $F_X(b)$ になります．さらに，$F_X(x)$ を x で微分したものが確率密度関数 $f_X(x)$ と呼ばれる関数です（確率変数が X であることが明らかな場合，あるいは単にその関数自体に興味がある場合には $f(x)$ と略すこともあります）．そのため，「確率密度関数は積分して初めて意味のある確率を返す」ということに注意してください．また，その定義から，すべての値 x について $f_X(x) \geq 0$ が成り立ちますし，$f_X(x)$ を x について $-\infty$ から ∞ まで積分すると 1 になります．

━━━━━ **発展 6　確率の用語について** ━━━━━

　確率は厳密には測度論や確率論と呼ばれる数学に裏付けられています．そこでここでは，測度論に基づく確率の用語について必要最小限のことを説明しておきます．

　サイコロを 1 つ振る例について考えます．その結果起こりうること全体の集合を「標本空間 Ω」といい，ここでは $\Omega = \{1$ が出る，2 が出る，3 が出る，4 が出る，5 が出る，6 が出る $\}$ です．Ω はいわば神様の視点でみた起こりうる現象すべてのストックのようなものです．その中で，「奇数の目が出る」などの選ばれた部分集合を「事象」といい，またサイコロの目は「確率変数」となります．この際に大事なのは，神様のストック Ω の中から（神様の視点に立って）ある ω（標本あるいは標本点）を選ぶと確率変数 X が自動的に決まる（すなわち確率変数は Ω から実数への関数である）という考え方をすることです．確率 P は事象の起こりやすさを（神様の視点で）測り，0 以上 1 以下の数を対応させる関数で，この P を「確率測度」といいます．サイコロの目の確率変数 X に対して，事象 $X = k$ が起きる確率は $P(X = k)$ と表されます．たとえば，$P(X = 1) = 1/6$ です[1]．またすべての場合についてつねに $P(\Omega) = 1$ が成り立ち

---

[1]　等号が 2 回出てくる不思議な書き方ですが，それは $P(\cdot)$ が括弧の中に（数ではなく）事象を入れると確率を返す関数だからです．括弧の中には等号や不等号が入ることになります．また，正確には標本空間 Ω に対して標本点 ω を決定すると確率変数 X は一意に決定されるため，$P(X(\omega) = k)$ あるいは $P(\omega : X(\omega) = k)$ という書き方が正しいですが，本書では記述の簡便

126 第 3 講 ランダムさと秩序との間に

ます.

3.1.2 期待値と平均・分散・n 次モーメント

$P(X = k)$ や $f_X(x)$ は離散あるいは連続な確率変数 X の振る舞いの特徴を示す関数でした. ここでは, これらの関数に対する期待値の考え方を説明してから, 基本的な特徴量である平均, 分散および n 次モーメントの求め方について述べます.

期待値：確率変数 X を用いた関数 $g(X)$ も確率変数であり, その期待値は Expectation の頭文字をとって $\mathbb{E}[g(X)]$ と書きます. 毎回の試行で, $g(X)$ はどの程度の値が得られることを期待できるかという意味合いです. $\mathbb{E}[\cdot]$ の括弧の中身は確率変数 X の関数であれば何でもよく, たとえば $\mathbb{E}[X^2]$ はそれぞれの試行ごとに X^2 を計算すると, いくつであることが期待できるかを意味します. 具体的には X が離散分布のとき $\mathbb{E}[g(X)] = \sum_k g(k)P(X = k)$, 連続分布のとき $\mathbb{E}[g(X)] = \int_{-\infty}^{\infty} g(x)f_X(x)dx$ として計算されます.

期待値は以下のように, 線形性と加法性の性質をもっています.

(1) $\mathbb{E}[X + c] = \mathbb{E}[X] + c$

(2) $\mathbb{E}[cX] = c\mathbb{E}[X]$

(3) 確率変数 X と Y について, $\mathbb{E}[X + Y] = \mathbb{E}[X] + \mathbb{E}[Y]$

（ただし c は定数.）これらは実際に計算してみると成り立つことが確認できますが, たとえば「サイコロを 2 つ振った目の和の期待値はそれぞれのサイコロの目の期待値の和に等しい（(3) について）」, など直感的にも理解できるかと思います.

平均（母平均）[2]：平均 μ は, $g(X) = X$ についての期待値として与えられ, 離散分布 $P(X = k)$ に対する母平均は $\mu = \sum_k kP(X = k)$, 確率密度関数

さを優先して $P(X = k)$ で統一します.

2) のちに標本平均という用語が出てきますが, 標本平均と対比する場合には母平均と呼ばれます.

$f_X(x)$ をもつ連続分布では $\mu = \int_{-\infty}^{\infty} x f_X(x) dx$ です．試行を繰り返したとき に X はどの程度の値であることが期待できるかを意味します．

分散（母分散）[3]：分散は，$g(X) = (X - \mu)^2$ についての期待値として与えら れ，記号 σ^2 が用いられます．毎回の結果が平均 μ の周りでどの程度ばらつい ているかを表す数で，X のばらつき (Variance) という意味で Var$[X]$ と書く こともあります．離散分布のときは $\sigma^2 = \text{Var}[X] = \sum_k (k - \mu)^2 P(X = k)$，連続分布のときは $\sigma^2 = \text{Var}[X] = \int_{-\infty}^{\infty} (k - \mu)^2 f_X(x) dx$ として求まります[4]．

分散については，以下の性質が知られています．

(4) $\text{Var}[X + c] = \text{Var}[X]$

(5) $\text{Var}[cX] = c^2 \text{Var}[X]$

（ただし c は定数．）こちらも分散の式に代入することで確かめることができま すので，みなさんで確認してみてください．

n 次モーメント：私たちは確率的な事象をみるとき，主に平均と分散に注目し てどのような特徴をもっているのかを評価します．一方で，平均と分散が等し いのに異なる確率分布を示す例もあるため，必要に応じてさらに他の指標を 用いて特徴の比較を行います．上記のように，平均は X の期待値で，分散は X^2 の期待値に関連した指標でした．そこでさらに X の n 乗に関する期待値 を考えると，それは，n 次モーメントとして $\mu_n = \mathbb{E}(X^n) = \int_{-\infty}^{\infty} x^n f_X(x) dx$ として導入され，また平均値まわりの n 次モーメントは $m_n = \mathbb{E}((X - \mu)^n) = \int_{-\infty}^{\infty} (x - \mu)^n f_X(x) dx$ と導入されます[5]．n の値を大きくすると，分布の端の 確率に対する重みが大きくなるため，平均や分散では評価できない分布の端の 情報を評価する指標となります．

---

[3] のちに標本分散という用語が出てきますが，標本分散と対比する場合には母分散と呼ばれます．

[4] $\mathbb{E}[(X - \mu)^2] = \mathbb{E}(X^2 - 2\mu X + \mu^2) = \mathbb{E}(X^2) - \mathbb{E}(X)^2$（ここでは $\mu = \mathbb{E}(X)$ および期待 値に対する加法性を用いています）から，$(X^2 \text{の期待値}) - (X \text{の期待値})^2$ も分散を表す式となり ます．

[5] ここでは連続分布に限って説明していますが，離散分布でも積分を和（$\sum$）に替えることで同 じことがいえます．また，モーメントのことを積率ともいいます．

3.1.3 モーメント母関数はモーメントを教える
——確率にも役立つ $\exp(x)$(その1)

確率変数 X に対して関数 $\exp(Xt)$ の期待値を t の関数とみなしたものを
モーメント母関数といいます[6]. X の確率密度関数が $f_X(x)$ の場合にモーメ
ント母関数 $M_X(t)$ は,$M_X(t) = \int_{-\infty}^{\infty} \exp(xt) f_X(x) dx$ となります.モーメン
ト母関数という名前の通り,n 次モーメントの元となる関数としてとても役に
立つことが知られています.積分の中にある $\exp(xt)$ をマクローリン展開して
多項式で書き直すと,

$$M_X(t) = \int_{-\infty}^{\infty} \left(1 + xt + \frac{x^2 t^2}{2!} + \cdots \right) f_X(x) dx \tag{3.1}$$

となります.X の n 次モーメントは $\mu_n = \int_{-\infty}^{\infty} x^n f_X(x) dx$ でしたので,式
(3.1) との対応から,

$$M_X(t) = 1 + \mu_1 t + \frac{\mu_2 t^2}{2!} + \cdots$$

のように,$M_X(t)$ を n 次モーメント μ_n と t で表すことができます.さらに,
$M_X(t)$ を t で1回微分すると,1次モーメント (μ_1) に関する項が定数になり,
2次モーメント (μ_2) 以降は t の多項式で表されます.$M_X(t)$ を t で2回微分
すると,μ_1 の項はなくなり,μ_2 の項が定数になり,高次モーメントの情報は
t の多項式で表されます.これらのことから,t の多項式は t に0を代入する
と消えますので,

$$\frac{dM_X(t)}{dt} = \mu_1 + (t \text{ の多項式}),$$
$$\frac{d^2 M_X(t)}{dt^2} = \mu_2 + (t \text{ の多項式})$$

より1回微分して $t = 0$ を代入すると μ_1 を,2回微分して $t = 0$ を代入する
と μ_2 を抽出することができます.一般に,

---

6) モーメント母関数と似た概念として,(虚数 i を用いた)特性関数と呼ばれる関数が知られてい
   ます.特性関数のほうが数学的に厳密な議論ができるのですが,ここではわかりやすさを重視して
   モーメント母関数を用います.

$$\frac{d^n M_X(t)}{dt^n} = \mu_n + (t \text{ の多項式}) \tag{3.2}$$

ですので，n 回微分して $t = 0$ を代入すると μ_n（n 次モーメント）が得られます．そのため，一度モーメント母関数を求めておくことで，いろんな n に対する n 次モーメントが簡単に求まることがわかります．

また，モーメント母関数に関しては，2 つの確率変数 X, Y についてモーメント母関数 $M_X(t)$ と $M_Y(t)$ が同じであれば，X, Y は同じ確率密度関数をもつことが知られています[7]．

モーメント母関数は，確率密度関数 $f(x)$ が指数関数を用いて $f(x) = \exp(g(x))$ と表すことができる場合に威力を発揮します．といいますのも，一般的にモーメント $\int x^n f(x) dx$ を計算するのは面倒なのですが，その中でもとくに $f(x)$ の中に指数関数が含まれる場合は，n 回の部分積分によって x の次元を 1 つずつ落とさなければならないためとても面倒です．一方で，モーメント母関数の場合は x^n ではなく $\exp(xt)$ との積を積分することになるため，$\exp(xt)\exp(g(x)) = \exp(xt + g(x))$ によって指数関数が 1 つにまとめられ，積分が簡単になります．このあとの節でみていく通り，重要な確率分布である正規分布には指数関数が含まれているため，この性質は後の議論で役に立ちます．

3.1 節のポイント

- 離散分布の平均：$\mu = \sum_k k P(X = k)$
  連続分布の平均：$\mu = \int_{-\infty}^{\infty} x f_X(x) dx$
- 離散分布の分散：$\sigma^2 = \mathrm{Var}[X] = \sum_k (k - \mu)^2 P(X = k)$
  連続分布の分散：$\sigma^2 = \mathrm{Var}[X] = \int_{-\infty}^{\infty} (x - \mu)^2 f_X(x) dx$
- 連続分布における確率密度関数 $f_X(x)$ は，積分して初めて意味のある確率を返す．$f_X(x) \geq 0$ かつ $\int_{-\infty}^{\infty} f_X(x) dx = 1$
- 確率変数 X を用いた関数 $g(X)$ について，試行ごとの $g(X)$ の平均を期待値 $\mathbb{E}[g(X)]$ と表す．$\mathbb{E}[X]$ について，$\mathbb{E}[X+c] = \mathbb{E}[X]+c$，$\mathbb{E}[cX] = c\mathbb{E}[X]$，確率変数 X と Y について，$\mathbb{E}[X + Y] = \mathbb{E}[X] + \mathbb{E}[Y]$ が成り立

---

7) Wadsworth, G.P. and Bryan, J.G.（著），帝人株式会社（翻訳），長谷川節（改訂）『理論科学・応用科学・社会科学のための確率 統計の理論と応用』（ブレイン図書出版，1986）.

つ

- ・$\mathrm{Var}[X]$ について，$\mathrm{Var}[X + c] = \mathrm{Var}[X]$，$\mathrm{Var}[cX] = c^2\mathrm{Var}[X]$ が成り立つ
- ・連続分布における確率密度関数 $f_X(x)$ について，n 次モーメントは $\mu_n = \int_{-\infty}^{\infty} x^n f_X(x)dx$, 平均値まわりの n 次モーメントは $m_n = \int_{-\infty}^{\infty} (x - \mu)^n f_X(x)dx$
- ・モーメント母関数：$M_X(t) = \int_{-\infty}^{\infty} \exp(xt)f(x)dx$
- ・$f(x)$ の n 次モーメント：$\mu_n = \left.\dfrac{d^n M_X(t)}{dt^n}\right|_{t=0}$ （$M_X(t)$ を t で n 回微分して $t = 0$ を代入する）
- ・モーメント母関数が同じであれば，確率変数は同じ確率密度関数にしたがう

なお，ここまで測度を用いた表し方を意識して確率変数 X の確率密度関数を $f_X(x)$ と書いていましたが，節が変わるここからは簡潔さを優先し，$f_X(x)$ ではなく $f(x)$ と書くこととします．

3.2　正規分布を使いこなそう

3.2.1　標準正規分布の式 $\exp(-x^2/2)/\sqrt{2\pi}$
——確率にも役立つ $\exp(x)$（その 2）

第 1 講では [関数のルール (1)-(3)] を設定し，それらを満たす関数が自然界のさまざまな現象を記述するのに重要であることをみてきました．確率統計において，第 1 講のどの関数にも引けをとらないほど重要な関数がありますので，それをここでは [関数のルール (4)] として以下のように設定します．

> **関数のルール (4)**　$f(x)$ は $\dfrac{df(x)}{dx} = -xf(x)$ を満たす．

これは 18-19 世紀の数学者ガウスが考えた，測定の際に偶然生じる誤差の

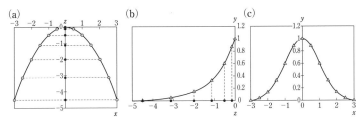

図 3.1 (a) $z = -x^2/2$. x について 0.5 きざみに z の値をピックアップ (•), (b) $y = \exp(z)$. z の値に対する y の値 (△), (c) $y = \exp(-x^2/2)$

分布を表した式です[8]. この微分方程式は解が求まり, $f(x) = \exp(-x^2/2)$ という関数になります[9]. この関数は $y = \exp(z)$ と $z = -x^2/2$ という 2 つの関数の合成関数とみることができますので, 関数の形を描いてみましょう. $z = -x^2/2$ は下方向の放物線です (図 3.1(a)). その中で, (x, z) のペアをいくつかピックアップし, その z について $y = \exp(z)$ を参照します (図 3.1(b)). 得られた (x, y) をプロットすればその関数は $y = \exp(-x^2/2)$ となります. 図 3.1(c) のように左右対称であること, $x = 0$ でピークをもつこと, 両端は 0 に収束すること, がわかります. この関数は「発散の関数」「波の関数」にもひけをとらないくらい重要な関数で「局在の関数」ともいえます.

この関数を用いて, 確率密度関数を導出します. ある関数が確率密度関数であるためには $f(x) \geq 0$ および $\int_{-\infty}^{\infty} f(x)dx = 1$ でなければなりませんでした. いま, $f(x) = \exp(-x^2/2)$ はすべての x に対してつねに正の値を返すので, 1 つ目の条件は満たします. 2 つ目の条件を満たすために, この関数と x 軸とで

---

8) ガウスの 1809 年の論文*におけるこの微分方程式の導出過程はやや難解ですが, 偶然生じる誤差について私たちが直感的に感じている特徴,
・誤差は左右対称に生じる ($df(-a)/dx = -df(a)/dx$),
・真値をとる確率が最も高い ($x = 0$ で最大値をとる),
・真値付近の起こりやすさはゆるやかにしか変化しない ($a \simeq 0$ で $df(a)/dx \simeq 0$),
・無限に大きな外れ値は起こらず, またすごく大きな外れ値もほとんど起きない ($f(\infty) = f(-\infty) = 0, df(\infty)/dx = df(-\infty)/dx = 0$)
のすべてをたった 1 行で満たした, シンプルかつ美しい数式といえます. *該当論文のタイトルは "Theoria motus corporum coelestium in sectionibus conicis solem ambientium" ですが, 日本語訳が収録されている Gauss, C.F. (著), 飛田武幸, 石川耕春 (翻訳)『誤差論』(紀伊國屋書店, 1981) を参考にしました.

9) より正確には, 定数 c を用いて $f(x) = c\exp(-x^2/2)$ となります. 答えの関数を微分すると $\dfrac{df(x)}{dx} = c\exp(-x^2/2)(-x)$ となり, ルール (4) を満たしていることが確認できます.

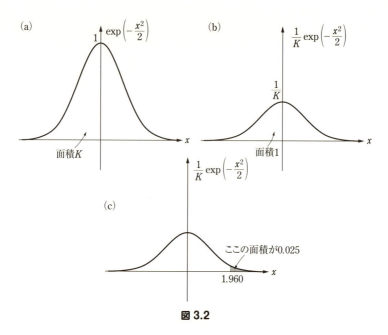

図 3.2

囲まれた部分の面積が 1 になるように y 軸方向に調整します．x 軸と囲まれた部分の面積を $\int_{-\infty}^{\infty} \exp(-x^2/2) dx = K$ とした場合，面積が 1 になるように調整すると，$y = \dfrac{1}{K} \exp\left(-\dfrac{x^2}{2}\right)$ となります（図 3.2）．この調整の操作を規格化と呼び，調整に用いられた定数 K を規格化定数と呼びます．なお K は補講でみたガンマ関数を用いることで，$K = \sqrt{2}\Gamma(1/2)$ と表すことができ，さらに $K = \sqrt{2\pi}$ であることが知られています[10]．

確率変数 X が確率密度関数 $f(x) = \exp(-x^2/2)/\sqrt{2\pi}$ にしたがうとき，その平均，分散を求めると，

---

10) $K = \sqrt{2\pi}$ の導出には重積分による計算が必要ですので，第 4 講で説明します．

$$\mu = \mathbb{E}[X] = \int_{-\infty}^{\infty} x \frac{1}{\sqrt{2\pi}} \exp\left(-\frac{1}{2}x^2\right) dx$$

$$= \int_{-\infty}^{\infty} \frac{d}{dx}\left\{\frac{-1}{\sqrt{2\pi}}\exp\left(-\frac{1}{2}x^2\right)\right\} dx$$

$$= \left[\frac{-1}{\sqrt{2\pi}}\exp\left(-\frac{1}{2}x^2\right)\right]_{-\infty}^{\infty}$$

$$= 0,$$

$$\sigma^2 = \mathbb{E}[(X-\mu)^2] = \int_{-\infty}^{\infty} x^2 \frac{1}{\sqrt{2\pi}} \exp\left(-\frac{1}{2}x^2\right) dx$$

$$= \int_{-\infty}^{\infty} x \frac{d}{dx}\left\{\frac{1}{\sqrt{2\pi}}\exp\left(-\frac{1}{2}x^2\right)\right\} dx$$

$$= \left[x \cdot \frac{-1}{\sqrt{2\pi}}\exp\left(-\frac{1}{2}x^2\right)\right]_{-\infty}^{\infty} + \int_{-\infty}^{\infty} \frac{1}{\sqrt{2\pi}}\exp\left(-\frac{1}{2}x^2\right) dx$$

$$= 1$$

と求まり，平均 0，分散 1 であることがわかります．この確率密度関数の分布を標準正規分布と呼びます．また，確率密度関数が満たすべき条件を満たしつつ標準正規分布を拡大・縮小・平行移動して，裾の広さと平均を変えた分布を正規分布といいます[11]．その特徴については次項で詳細にみていきます．

さらに，標準正規分布における重要な性質として，$\int_{x}^{\infty} \frac{1}{\sqrt{2\pi}} \exp\left(-\frac{x^2}{2}\right) dx = 0.025$ を満たす x は約 1.960 であることが知られています．これはつまり，標準正規分布にしたがう確率変数 X において 1.960 以上の値が得られる確率は 2.5% しかない（＝とても珍しい）ということを意味しています．

第 1 講で $\exp(x)$ や $\cos(x)$ を使いこなしていったプロセスと同様に，局在の方程式 $f(x) = \frac{1}{\sqrt{2\pi}} \exp\left(-\frac{x^2}{2}\right)$ を使いこなすために必要ないくつかのバージョンをみていきましょう．まずは，局在した波形の裾が広がったり狭くなったりする正規分布を考えます．定数 b を用いて $y = \frac{1}{\sqrt{2\pi}} \exp\left(-\frac{(bx)^2}{2}\right)$

---

11) 正規分布はガウスによる功績が大きいため，ガウス分布とも呼ばれています．一方でこの分布は脚注 8 のガウスの論文より前の 1733 年にド・モアブルによって 2 項分布の極限として発見されたといわれています（脚注 7 の文献参照）．

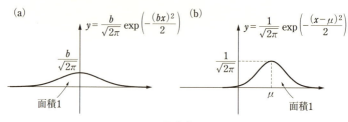

図 3.3

とすると, x 軸方向に $1/b$ に縮小されますが (1.1.2 項の関数の拡大・縮小参照), これではこの関数と x 軸とで囲まれた部分の面積が $1/b$ となってしまいます. 分布の裾を狭くしたまま確率密度関数が満たすべき「面積が1」の条件を満たすには, さらに y 軸方向に b 倍する必要があり, 得られる $y = \frac{b}{\sqrt{2\pi}} \exp\left(-\frac{(bx)^2}{2}\right)$ は図 3.3(a) のようになります. これは標準正規分布を平均0のままで分散が $1/b^2$ となるようばらつきを変えた関数です. さらに, 標準正規分布を μ だけ x 軸正方向に移動した関数を考えます. この関数は 1.1.2 項でみた関数の平行移動を行うことで, $y = \frac{1}{\sqrt{2\pi}} \exp\left(-\frac{(x-\mu)^2}{2}\right)$ であることがわかります (図 3.3(b)).

任意の平均値 μ と分散 σ^2 をもつ確率密度関数を $f_N(x;\mu,\sigma^2)$ とし[12], ここまでの結果を用いて, 局在の関数を平行移動, 拡大・縮小することで, この関数の式を導きます. ここまでの結果から, 標準正規分布は $f_N(x;0,1) = \frac{1}{\sqrt{2\pi}} \exp\left(-\frac{x^2}{2}\right)$ であり, 平均, 分散を指定した場合はそれぞれ $f_N(x;0,\sigma^2) = \frac{1}{\sqrt{2\pi\sigma^2}} \exp\left(-\frac{x^2}{2\sigma^2}\right)$, $f_N(x;\mu,1) = \frac{1}{\sqrt{2\pi}} \exp\left(-\frac{(x-\mu)^2}{2}\right)$ となります. これらの結果を組み合わせると, 平均 μ, 分散 σ^2 の正規分布の確率密度関数は,

$$f_N(x;\mu,\sigma^2) = \frac{1}{\sqrt{2\pi\sigma^2}} \exp\left(-\frac{(x-\mu)^2}{2\sigma^2}\right) \tag{3.3}$$

であることがわかります.

---

[12] この関数は, μ, σ^2 という2つのパラメータを入れると確率密度関数を x の関数として返すものです.

3.2.2 正規分布のモーメント母関数

ここでは，正規分布のモーメント母関数を求めます．この計算では復習5でもみた平方完成を使うため，この節の計算の中で最もたいへんですが，一度この計算をしておくと，この後の節で出てくる確率分布の計算がとても楽になります．

$f(x) = f_N(x; \mu, \sigma^2)$ にしたがう正規分布の確率変数 X に対するモーメント母関数は，

$$M_X(t) = \int_{-\infty}^{\infty} \exp(xt) f(x) dx$$

$$= \frac{1}{\sqrt{2\pi\sigma^2}} \int_{-\infty}^{\infty} \exp\left(xt - \frac{(x-\mu)^2}{2\sigma^2} \right) dx \qquad (3.4)$$

と表されます．ここで下波線部について平方完成をすると，

$$xt - \frac{(x-\mu)^2}{2\sigma^2} = -\frac{1}{2\sigma^2}(x - \mu - t\sigma^2)^2 + \mu t + \frac{1}{2}\sigma^2 t^2$$

が得られます．この結果を式 (3.4) に戻した上で，$u = (x - \mu - \sigma^2 t)/\sigma$ を導入し，置換積分によって x の積分を u の積分に変換すると，$\dfrac{dx}{du} = \sigma$ より

$$M_X(t) = \frac{1}{\sqrt{2\pi}} \int_{-\infty}^{\infty} \exp\left(-\frac{u^2}{2} + \mu t + \frac{1}{2}\sigma^2 t^2 \right) du$$

$$= \exp\left(\mu t + \frac{1}{2}\sigma^2 t^2 \right) \frac{1}{\sqrt{2\pi}} \int_{-\infty}^{\infty} \exp\left(-\frac{u^2}{2} \right) du$$

$$= \exp\left(\mu t + \frac{1}{2}\sigma^2 t^2 \right) \qquad (3.5)$$

が得られます（下波線が $\sqrt{2\pi}$ に等しいことを用いています）．

3.2 節のポイント

・平均 μ，分散 σ^2 である正規分布の確率密度関数：

$$f_N(x; \mu, \sigma^2) = \frac{1}{\sqrt{2\pi\sigma^2}} \exp\left(-\frac{(x-\mu)^2}{2\sigma^2} \right)$$

・平均 μ，分散 σ^2 である正規分布のモーメント母関数：

$$M_X(t) = \exp\left(\mu t + \frac{1}{2}\sigma^2 t^2 \right)$$

136 第3講 ランダムさと秩序との間に

発展7 モーメント母関数からの平均，分散の確認

ここでは 3.1.3 項でみた $f(x)$ の n 次モーメントが $\mu_n = \left.\dfrac{d^n M_X(t)}{dt^n}\right|_{t=0}$ で表される法則を用いて，正規分布の平均と分散を求めてみます．

$$\mathbb{E}[X] = \left.\frac{dM_X(t)}{dt}\right|_{t=0} = \left.(\mu + \sigma^2 t)\exp\left(\mu t + \frac{\sigma^2}{2}t^2\right)\right|_{t=0}$$

$$= \mu,$$

$$\mathbb{E}[X^2] = \left.\frac{d^2 M_X(t)}{dt^2}\right|_{t=0} = \left.(\sigma^2)\exp\left(\mu t + \frac{\sigma^2}{2}t^2\right)\right|_{t=0}$$

$$+ \left.(\mu + \sigma^2 t)^2 \exp\left(\mu t + \frac{\sigma^2}{2}t^2\right)\right|_{t=0}$$

$$= \sigma^2 + \mu^2$$

より，平均は μ，分散は $\mathbb{E}[X^2] - \mathbb{E}[X]^2 = \sigma^2$ となることがより簡単に確認できます．

3.3 「独立」な事象とその扱い

3.3.1 「独立」という概念について

前節までは，特定の確率変数における確率や確率密度関数について考えていましたが，複数の確率変数の性質に興味がある場合もあります．複数の確率変数の間の関係として重要な「独立」について，以下で説明します．

確率変数 X_1, X_2 があった場合，$a \le X_1 \le b$ かつ $c \le X_2 \le d$ が得られる確率を $\int_a^b [\int_c^d f_{X_1,X_2}(x_1, x_2)dx_2]dx_1$ で与えます（$[\cdot]$ の中身を x_2 について積分し，その後全体を x_1 について積分する）[13]．このときに，関数 $f_{X_1,X_2}(x_1, x_2)$ を X_1 および X_2 の同時確率密度関数といいます．確率変数 X_1 と X_2 が独立であるとは，同時確率密度関数が $f_{X_1,X_2}(x_1, x_2) = g_{X_1}(x_1) \cdot h_{X_2}(x_2)$ と，X_1,

---

[13] 積分記号が2つ出てきましたが，このような場合の厳密な扱いについてはフビニ＝トネリの定理によって与えられます．くわしくは高木貞治『定本 解析概論』（岩波書店，2010）などを参考にしてください．

3.3 「独立」な事象とその扱い   137

X_2 それぞれの確率密度関数 $g_{X_1}(x_1), h_{X_2}(x_2)$ の積で表されることを意味します．たとえば，サイコロを 2 回振り，1 回目の目と 2 回目の目は互いに影響を与えないと考えられる場合などでは，両者は独立な確率変数と考えられます．独立という考え方は繰り返しをともなう事象の理解に重要なので，もう少しくわしくみていきましょう．

確率変数 X_1 と X_2 が独立である場合，積の期待値はそれぞれの期待値の積 $\mathbb{E}[X_1 X_2] = \mathbb{E}[X_1]\mathbb{E}[X_2]$ で表すことができます．このことは，

$$\begin{aligned}
\mathbb{E}[X_1 X_2] &= \int_{-\infty}^{\infty} \left[\int_{-\infty}^{\infty} x_1 x_2 f_{X_1, X_2}(x_1, x_2) dx_1 \right] dx_2 \\
&= \int_{-\infty}^{\infty} x_1 g_{X_1}(x_1) dx_1 \int_{-\infty}^{\infty} x_2 h_{X_2}(x_2) dx_2 \\
&= \mathbb{E}[X_1]\mathbb{E}[X_2]
\end{aligned} \tag{3.6}$$

から示されます[14]．また，広いクラスの関数（$\mathbb{E}(|v(X_1)|)$ および $\mathbb{E}(|w(X_2)|)$ が有限の値として定まるような連続）v と w に対して $\mathbb{E}[v(X_1)w(X_2)] = \mathbb{E}[v(X_1)]\mathbb{E}[w(X_2)]$ が成り立ちます．この関係は先にみた $\mathbb{E}[X_1 X_2]$ の式展開において，$x_1 x_2$ の項を $v(x_1)w(x_2)$ に変えれば導かれます．

さらに，確率変数 X_1 と X_2 が独立の場合，確率変数 $Y = X_1 + X_2$ の分散は $\mathrm{Var}[Y] = \mathrm{Var}[X_1] + \mathrm{Var}[X_2]$ となります．以下で確認してみましょう．X_1, X_2 の期待値をそれぞれ μ_1, μ_2 とした場合に，Y の期待値は $\mu_1 + \mu_2$ なので，Y の分散は，

$$\begin{aligned}
\mathbb{E}[(Y - \mu_1 - \mu_2)^2] &= \mathbb{E}[(X_1 - \mu_1 + X_2 - \mu_2)^2] \\
&= \mathbb{E}[(X_1 - \mu_1)^2] + \mathbb{E}[(X_2 - \mu_2)^2] \\
&\quad + 2\mathbb{E}[(X_1 - \mu_1)(X_2 - \mu_2)]
\end{aligned}$$

です．ここで 3 項目は期待値の線形性，加法性および先の公式 (3.6) を用いると，

---

14) 2 つの確率変数 X_1, X_2 の関係を表す量に共分散 $\mathrm{Cov}(X_1, X_2) = \mathbb{E}[X_1 X_2] - \mathbb{E}[X_1]\mathbb{E}[X_2]$ と呼ばれるものがあります．Cov は共分散が英語で Covariance と表されることからきています．X_1 と X_2 が独立の場合は上記の関係から，$\mathrm{Cov}(X_1, X_2) = 0$ となります（逆に $\mathrm{Cov}(X_1, X_2) = 0$ だからといって，X_1 と X_2 は独立とは限りませんので，注意してください）．

138 第3講 ランダムさと秩序との間に

$$\mathbb{E}[(X_1 X_2 - X_1 \mu_2 - X_2 \mu_1 + \mu_1 \mu_2)] = \mu_1 \mu_2 - \mu_1 \mu_2 - \mu_1 \mu_2 + \mu_1 \mu_2 = 0$$

となるため，$\mathrm{Var}[Y] = \mathrm{Var}[X_1] + \mathrm{Var}[X_2]$ が示されます．

3.3.2 モーメント母関数は積分を積に変える
——確率にも役立つ $\exp(x)$（その3）

　前項では，独立な2つの確率変数について，和の分散の式を導出しました．一方で，和のしたがう確率密度関数を求めるには，発展8のように積分をして求めなければならない（＝とても大変だ）ことが知られています．そのため，独立な試行がたくさんある場合には，その和や平均値のしたがう確率密度関数を求めるには，積分の回数も増えることになります．このことは，たくさんの独立な試行を用いて原因を探ろうとする統計の立場にとって障壁になります．この計算をいかにして簡単にする（あるいは回避する）か，は本講義のこの後の重要なテーマでもあります．まずはこの障壁を乗り越える初めのステップとして，モーメント母関数を活用して積分を積に変える操作をみていきましょう．

　独立な確率変数 X_1 と X_2 に対して，確率変数 $Y = X_1 + X_2$ に対するモーメント母関数 $M_Y(t)$ は，

$$M_Y(t) = \mathbb{E}[\exp((X_1 + X_2)t)] = \mathbb{E}[\exp(X_1 t)\exp(X_2 t)]$$
$$= \mathbb{E}[\exp(X_1 t)]\mathbb{E}[\exp(X_2 t)] = M_{X_1}(t) M_{X_2}(t) \tag{3.7}$$

とそれぞれのモーメント母関数の積で表されます．ここで，1行目から2行目への変形には，3.3.1項でみた，独立な確率変数に対する期待値の法則 $\mathbb{E}[v(X_1)w(X_2)] = \mathbb{E}[v(X_1)]\mathbb{E}[w(X_2)]$ を用いました．Y にさらに X_1, X_2 と独立な確率変数をたす場合も同様の式変形となりますので，もし独立な確率変数が n 個あった場合に[15]，その和の確率変数 Y のモーメント母関数は，それぞれのモーメント母関数 n 個の積となることがわかります．実際にはモーメント母関数ではなく Y の確率密度関数そのものを知りたい場合が多いのです

---

[15]　確率変数 $X_i (i = 1, 2, \cdots, n)$ が $g_{X_i(x_i)}$ にしたがうとき，同時確率密度関数が $f_{X_1 X_2 \cdots X_n}(x_1, x_2, \cdots x_n) = g_{X_i}(x_i) g_{X_2}(x_2) \cdots g_{X_n}(x_n)$ にしたがうことを意味します．

が，その場合も 3.1.3 項でみた法則「モーメント母関数が同じであれば，同じ確率密度関数である」を用いることで，結果のモーメント母関数が既知の形であれば，元の確率密度関数を知ることができます．

3.3 節のポイント

X_1, X_2 が独立な確率変数であるとき，以下が成り立つ．

・X_1 の確率密度関数が $g_{X_1}(x_1)$，X_2 の確率密度関数が $h_{X_2}(x_2)$ であるとき，同時確率密度関数は $f(x_1, x_2) = g_{X_1}(x_1) \cdot h_{X_2}(x_2)$

・広いクラスの関数 v と w に対して $\mathbb{E}[v(X_1)w(X_2)] = \mathbb{E}[v(X_1)]\mathbb{E}[w(X_2)]$

・$\mathrm{Var}[X_1 + X_2] = \mathrm{Var}[X_1] + \mathrm{Var}[X_2]$

・$Y = X_1 + X_2$ のモーメント母関数は $M_Y(t) = M_{X_1}(t)M_{X_2}(t)$

発展 8　和の確率密度関数

確率変数 X_1 が確率分布 $g_{1X_1}(x)$ にしたがい，確率変数 X_2 が確率分布 $g_{2X_2}(x)$ にしたがうとし，両者が独立であったときに $Y = X_1 + X_2$ のしたがう確率密度関数 $h_Y(y)$ を求めます．

はじめに Y の累積確率密度関数を $H_Y(y)$ とすると，$H_Y(y) = P(Y \le y) = P(X_1 + X_2 \le y)$ となりますので，その微分によって，

$$
\begin{aligned}
h_Y(y) &= \frac{d}{dy} P(Y = X_1 + X_2 \le y) \\
&= \frac{d}{dy} \int_{-\infty}^{\infty} \left[\int_{-\infty}^{y-x_1} g_{1X_1}(x_1) g_{2X_2}(x_2) dx_2 \right] dx_1 \\
&= \int_{-\infty}^{\infty} g_{1X_1}(x_1) \left[\frac{d}{dy} \int_{-\infty}^{y-x_1} g_{2X_2}(x_2) dx_2 \right] dx_1
\end{aligned}
$$

が得られます．右辺 2 行目では，$X_1 + X_2 \le y$ を満たす X_1, X_2 の範囲を 2 段階に分けて考えています．はじめに，X_1 がある決まった数 x_1 である場合に，X_2 のとりうる範囲である $-\infty$ から $y - x_1$ までについて積分を行っています．次に x_1 がとりうる範囲である $-\infty$ から ∞ までについて積分を行っています．

また，上式の x_2 に関する積分は，$g_{2X_2}(x_2)$ の原始関数を $G_2(x_2)$ とし

た場合に, $G_2(x_2)$ が累積分布関数であるために $G_2(-\infty) = 0$ であること
と, 合成関数の微分公式から,

$$\frac{d}{dy}[G_2(y-x_1) - G_2(-\infty)] = \frac{d}{dy}[G_2(y-x_1)] = g_{2X_2}(y-x_1)$$

と変形されます. そのため, 最終的に,

$$h_Y(y) = \int_{-\infty}^{\infty} g_{1X_1}(x_1)g_{2X_2}(y-x_1)dx_1$$

であることがわかります.

このように, 一般的には独立な確率変数が増えるごとにその和の確率密
度関数は積分を計算して求めなければなりません. しかしながら, モーメ
ント母関数の性質を用いることで, たくさんの独立な確率変数の和の確率
密度関数を効率的に求めることができるようになります.

3.4 神はサイコロを丁寧に振る !?
——モーメント母関数からみた中心極限定理と大数の法則

3.4.1 確率変数の極限について

独立な確率変数が n 個あった場合の統計的な性質について, $n \to \infty$ の極限
において中心極限定理と大数の法則と呼ばれる定理があります. これらの定理
は大規模なデータを解析する上で非常に重要な定理なのですが, 厳密に理解す
るには確率変数における収束の概念を扱わなければならず, 高度な内容となっ
てしまいます. そこで, ここではこれらの定理についての直感的な説明をモー
メント母関数を用いて行います (確率変数における収束については付録6に
まとめましたので, 必要に応じてそちらも参照してください).

3.4.2 中心極限定理

独立な確率変数の和や平均に関しては, 以下の (1),(2) のような重要な特徴
があります.

(1) 正規分布にしたがう独立な確率変数の和の分布は正規分布である（再生性）.

(2) 独立で同じ分布（分散は有限）にしたがう n 個の確率変数の平均（標本平均）は n が十分に大きいとき，正規分布で近似できる（中心極限定理）.

以下では，正規分布のモーメント母関数を用いて，それぞれについて説明します.

モーメント母関数を用いた再生性の説明

確率変数 X_1, X_2 がそれぞれ確率密度関数 $f_N(x; \mu_1, (\sigma_1)^2)$ および $f_N(x; \mu_2, (\sigma_2)^2)$ にしたがうとき，$Y = X_1 + X_2$ のモーメント母関数は，

$$
M_Y(t) = M_{X_1}(t) M_{X_2}(t) = \exp\left(\mu_1 t + \frac{(\sigma_1)^2}{2} t^2\right) \exp\left(\mu_2 t + \frac{(\sigma_2)^2}{2} t^2\right)
$$
$$
= \exp\left((\mu_1 + \mu_2)t + \frac{(\sigma_1)^2 + (\sigma_2)^2}{2} t^2\right)
$$

となり，これは $f_N(x; \mu_1 + \mu_2, (\sigma_1)^2 + (\sigma_2)^2)$ のモーメント母関数です. このように，独立な正規分布にしたがう確率変数の和も正規分布にしたがうことがモーメント母関数の性質から簡単に求まります.

中心極限定理とは

中心極限定理という名前の由来については，標本平均が中心に近づくことではなく，確率論の中心に位置する定理という意味でつけられた名前のようです[16]. そしてこの定理は「独立で同じ分布（分散は有限とする）にしたがう n 個の確率変数の標本平均は n が十分に大きいとき，正規分布で近似できる（正規分布に分布収束する）」ことを示すものです.

中心極限定理は法則のシンプルさと有用性が強調されるあまり，時として何やら「魔法じみた法則」のような印象すら与えています. そのため，ここでは定理の詳細を捉えることよりも[17]，その「魔法」のからくりを理解すること

---

16) 原啓介「中心極限定理のはじめからおわりまで」,『数学セミナー』2016 年 7 月号：14-17.

17) 冒頭に述べた通り，以下の中心極限定理の説明では，直感的な理解に重きをおいています. そ

142 第3講 ランダムさと秩序との間に

に主眼をおいて説明していきたいと思います．以下では，1. 元の確率変数が
正規分布にしたがう場合に標本平均がしたがう法則，2. 一般の分布の場合の
中心極限定理，についてみていきます．さらに，一般の分布についての具体例
として，元の確率変数が指数分布（確率密度関数が $f(x) = \exp(-x)$）にした
がう場合について，「発展」でふれます．

1. 正規分布の標本平均がしたがう法則

同じ正規分布にしたがう n 個の独立な確率変数の平均のもつ分布について
考えます．その分布をモーメント母関数を用いて考えると，X_i がそれぞれ独
立な同じ確率密度関数 $f_N(x; \mu, \sigma^2)$ にしたがうとき，$Y = \dfrac{\sum_{i=1}^{n} X_i}{n}$ の分布
は，

$$M_Y(t) = M_{\frac{X_1}{n}}(t) M_{\frac{X_2}{n}}(t) \cdots$$
$$= \left[M_{\frac{X_1}{n}}(t) \right]^n$$

として与えられます．ここで確率変数 X_i/n のモーメント母関数は $\exp\left(\dfrac{x_i}{n}t\right)$
の期待値により，

$$M_{\frac{X_1}{n}}(t) = \int_{-\infty}^{\infty} \exp\left(\frac{x}{n}t\right) f_N(x; \mu, \sigma^2) dx$$
$$= \frac{1}{\sqrt{2\pi\sigma^2}} \int_{-\infty}^{\infty} \exp\left(x\frac{t}{n} - \frac{(x-\mu)^2}{2\sigma^2}\right) dx$$
$$= \exp\left(\mu\frac{t}{n} + \frac{\sigma^2}{2}\frac{t^2}{n^2}\right)$$

（最後の等式では式 (3.4) から (3.5) への変形について，t を t/n に替えたとき
の結果を代入しています）より，

のため，さらに学習されたい方はまずは『数学セミナー』2016 年 7 月号の特集「中心極限定理か
ら広がる確率論」を参照し，さらに「測度論」や「ルベーグ積分」に関する書籍（たとえば森真
『入門 確率解析とルベーグ積分』（東京図書，2012））を読まれることをお薦めします．

$$M_Y(t) = \left[\exp\left(\mu \frac{t}{n} + \frac{\sigma^2}{2} \frac{t^2}{n^2} \right) \right]^n$$
$$= \exp\left(n \cdot \left(\mu \frac{t}{n} + \frac{\sigma^2}{2} \frac{t^2}{n^2} \right) \right)$$
$$= \exp\left(\mu t + \frac{\sigma^2}{2} \frac{t^2}{n} \right)$$

となり，$M_Y(t)$ は正規分布のモーメント関数の形をしていることがわかります．Y の分散を σ_Y とすると，$M_Y(t) = \exp\left(\mu t + \frac{\sigma^2}{2} \frac{t^2}{n} \right) = \exp\left(\mu t + \frac{\sigma_Y^2 t^2}{2} \right)$ から $(\sigma_Y)^2 = \sigma^2/n$，つまり同じ正規分布にしたがう n 個の独立な確率変数の標本平均の分布は，平均は変わらず分散が元の $1/n$ である正規分布となります．

2. 一般の分布の中心極限定理

一般の分布として，確率変数 X_i の確率密度関数がすべてある $f(x)$ にしたがうときを考えます（ただし，分散は有限とします）．このとき，モーメント母関数についての指数関数の中身が t の多項式で表されている，あるいは指数関数の中身を t の多項式にマクローリン展開したとして，それぞれの項の係数を $k_1, k_2, \cdots$ とすると，X_i それぞれのモーメント母関数は，

$$M_{X_i}(t) = \int_{-\infty}^{\infty} \exp(xt) f(x) dx = \exp(k_1 t + k_2 t^2 + k_3 t^3 + \cdots + k_l t^l + \cdots)$$

となります[18]．ここで，先ほどと同様に $Y = \frac{\sum_{i=1}^n X_i}{n}$ についてのモーメント母関数を考えると，

---

18) 3.1.3 項のモーメント母関数の法則を用いると，X_i の平均が k_1，分散が $2k_2$ であることがわかります．

144 第3講 ランダムさと秩序との間に

$$M_Y(t) = \mathbb{E}\left[\exp\left(\frac{x_1}{n}t\right) \cdot \exp\left(\frac{x_2}{n}t\right) \cdots\right]$$

$$= \left[\mathbb{E}\left[\exp\left(\frac{x_1}{n}t\right)\right]\right]^n$$

$$= \left[\int_{-\infty}^{\infty} \exp\left(\frac{x}{n}t\right) f(x)dx\right]^n$$

$$= \left[\exp\left(k_1\frac{t}{n} + k_2\frac{t^2}{n^2} + \cdots + k_l\frac{t^l}{n^l} + \cdots\right)\right]^n$$

$$= \left[\exp\left(\frac{k_1}{n}t + \frac{k_2}{n^2}t^2 + \frac{k_l}{n^l}t_l + \cdots\right)\right]^n$$

$$= \exp\left(k_1 t + \frac{k_2}{n}t^2 + \cdots + \frac{k_l}{n^{l-1}}t^l + \cdots\right)$$

が成り立ちます．このように，元の確率変数 X_i のモーメント母関数の係数 k_i は，独立な n 個の確率変数を平均した Y のモーメント母関数においては，次数が高いほど大きな数で割られ，n が大きいほど 0 に近い値となります．たとえば，3 次の項 $k_3 t^3$ については，Y のモーメント母関数において対応する項は $k_3 t^3/n^2$ ですので，$n = 100$ では 1 万分の 1 と非常に小さくなります．こうして 3 次以上の項の係数 k_i が 0 とみなせるような，十分大きくかつ有限の数 n に対して，その標本平均の確率分布は正規分布に収束することが示されます．

─ **発展 9　元の確率変数が指数分布 ($f(x) = \exp(-x)$) にしたがう場合** ─

独立な確率変数 X_i の確率密度関数が，

$$f(x) = \begin{cases} \exp(-x) & (x \geq 0), \\ 0 & (x < 0) \end{cases}$$

にしたがう場合について考えてみましょう．$f(x)$ のグラフは図 3.4 の通りです．$f(x)$ は $\int_{-\infty}^{\infty} f(x)dx = 1$ かつ $f(x) \geq 0$ かつ区分的に連続なので，確率密度関数であることがいえます．$f(x)$ のモーメント母関数は，

$$M_X(t) = \mathbb{E}[\exp(Xt)]$$

$$= \int_0^\infty \exp(x(t-1))dx$$

$$= \left[\frac{\exp(x(t-1))}{t-1}\right]_0^\infty$$

$$= \frac{1}{1-t}$$

であることがわかり [19]，さらにここで $Y = \dfrac{\sum_{i=1}^n X_i}{n}$ を導入すると，Y のモーメント母関数は，

$$M_Y(t) = \mathbb{E}\left[\exp\left(\frac{X_1}{n}t\right)\right]\mathbb{E}\left[\exp\left(\frac{X_2}{n}t\right)\right]\cdots$$

$$= \left\{\mathbb{E}\left[\exp\left(\frac{X_1}{n}t\right)\right]\right\}^n$$

$$= \left[\int_0^\infty \exp\left(x\left(\frac{t}{n}-1\right)\right)dx\right]^n$$

$$= \left(\frac{1}{1-\dfrac{t}{n}}\right)^n$$

と求まります．$\exp$ と $\log$ の関係 $x = \exp(\log(x))$ を用いて $M_Y(t)$ を書き直すと，$M_Y(t) = \exp(\log(M_Y(t)))$ に対して $\exp(\cdot)$ の中身は，

$$\log\left(\frac{1}{\left(1-\dfrac{t}{n}\right)^n}\right) = -n\log\left(1-\frac{t}{n}\right)$$

$$= n\left(\frac{t}{n} + \frac{1}{2}\left(\frac{t}{n}\right)^2 + \frac{1}{3}\left(\frac{t}{n}\right)^3 + \cdots\right)$$

$$= t + \frac{t^2}{2n} + \frac{t^3}{3n^2} + \cdots$$

が得られます（発展 3 で得られた $\log(1+x) = x - \dfrac{x^2}{2} + \dfrac{x^3}{3}\cdots$ に対して x の代わりに $-x$ を代入すると $\log(1-x) = -x - \dfrac{x^2}{2} - \dfrac{x^3}{3}\cdots$ となることを用いています）．そのため，$M_Y(t)$ については，

---

19) 正確には，上式の計算でモーメント母関数における t には発散しない程度に小さい値という条件がつきます．この場合は $0 < t < 1$ の範囲で考えることになります．

$$M_Y(t) = \exp\left(t + \frac{t^2}{2n} + \frac{t^3}{3n^2} + \cdots\right)$$

と表すことができ，この関数は $n^2 \to \infty$ とみなせる場合，$\mu = 1, \sigma^2 = 1/n$ である正規分布のモーメント母関数に等しくなります．

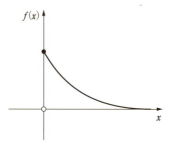

図 3.4 白丸は端点を含まないことを，黒丸は含むことを表しています

3.4.3 大数の法則

もう1つの重要な極限定理として，独立な確率変数の平均について，大数の法則と呼ばれる法則が知られています．これは，「期待値が μ である n 個の独立な確率変数 X_i について，その n 個の平均の値 $Y_n = \sum_{i=1}^{n} X_i/n$ は $n \to \infty$ の極限で μ に収束する」という法則で，式で表すと任意の正の定数 ε に対して，確率

$$P(|Y_n - \mu| < \varepsilon) \to 1 \quad (n \to \infty) \tag{3.8}$$

が成り立ちます[20]．この法則は第4講のモンテカルロ法などに使われる重要な法則ですので，この法則を理解するためにモーメント母関数を用いて直感的な説明を行います[21]．先ほどのモーメント母関数の計算からは，平均 μ，分

---

[20] 大数の法則には大数の弱法則と大数の強法則があります．この式は大数の弱法則を表したものです．

[21] 上記の大数の法則（正確には大数の弱法則）の証明にはチェビシェフの不等式を用いた方法が知られています．東京大学教養学部統計学教室（編）『統計学入門』（東京大学出版会，1991）などを参照してください．

散 σ^2 である一般の確率変数について，Y_n のモーメント母関数は，

$$M_{Y_n}(t) = \exp\left(k_1 t + \frac{k_2}{n}t^2 + \cdots + \frac{k_l}{n^{l-1}}t^l + \cdots \right)$$

（ただし $k_1 = \mu, k_2 = \sigma^2/2$）と与えられました．ここで $n \to \infty$ の極限をとると，t の 1 次項はつねに μ，t の 2 次項は 0 に収束することから，Y_n は $n \to \infty$ でばらつきがなくなり，平均値 μ に収束することがわかります．

　このように，中心極限定理と大数の法則では，同じ現象について，着目している n の大きさ（サンプルサイズといいます）が異なると考えることもでき，その場合，テイラー展開のロジックとも似通ったものになります．テイラー展開では元の関数を x の 1 次項，2 次項，3 次項，$\cdots$ の和で記述し，興味のある x の範囲までで項の計算を打ち切りました．x が 0 に非常に近い場合は $x^2 \to 0$ とみなして $f(x) = f(0) + f'(0)x$ と線形近似でき，もう少し広い領域まで議論したい場合は x^2 は有限で $x^3 \to 0$ とみなすと $f(x) = f(0) + f'(0)x + f''(0)x^2/2$ と近似されます．上でみたサンプルサイズ n はテイラー展開における x と同じ役割があります．大数の法則を考えるか，中心極限定理を考えるか，3 次以降の項も考えるかは $1/n$ を何次までで打ち切るかという問題ととらえることもでき，あくまで実際の n と打ち切り誤差とのバランスや，興味をもっている n の範囲に依存した視点であるといえます．

3.4 節のポイント

・中心極限定理：独立で同じ分布（分散は有限とする）にしたがう n 個の確率変数の標本平均は，n が十分に大きいとき，正規分布で近似できる

・大数の法則：期待値が μ である n 個の独立な確率変数 X_i について，その n 個の平均の値 $Y_n = \sum_{i=1}^{n} X_i/n$ は $n \to \infty$ の極限で μ に収束する

3.5　標本による推定・検定のこころ

　これまでにみてきた確率分布の解析に共通することは，いわゆる神様の視点

148   第3講　ランダムさと秩序との間に

から，試行が生み出される元の確率的な法則が明らかな場合を出発点にしていました．一方で，私たちはつねに無限ではなく有限の試行を元にその試行が生み出された法則について推測，評価をしなければなりません．そのための手法の1つが仮説検定と呼ばれる手法なのですが，以下では仮説検定を行うために必要な標本や母集団に関する知識をまとめます．

3.5.1　標本とは

　統計の分野では，実際に得られた試行のひとまとまりを標本と呼び，試行の大元となるすべての集合を母集団と呼んで両者を区別します．たとえば薬剤 A を投与した効果を評価する際に，私たちは投与した集団の結果（標本 A）と何もしなかった集団の結果（標本 B）の違いをただ比較するのではなく，この違いを通して標本 A の「母集団」と標本 B の「母集団」に対する違いを推定や仮説検定をすることで，有限の試行に埋もれていた薬剤の本質的な効果をあぶりだします．

3.5.2　標本平均と標本（不偏）分散

　この項では，母集団の平均と分散を母平均，母分散と呼んで標本の平均，分散との区別を明確にします．母集団から n 個の標本 $X_i(i = 1, 2, \cdots, n)$ を選んだ場合に，その標本について標本平均と標本分散を算出するわけですが，（有限個から得られた）標本の平均および分散の期待値は母平均，母分散に等しくなければなりません．n 個からなる標本 X_i の平均は $\bar{X} = \frac{1}{n}\sum_{i=1}^{n} X_i$ として得られるわけですが，母平均が μ であった場合に，

$$\mathbb{E}[\bar{X}] = \mathbb{E}\left[\frac{1}{n}\sum_{i=1}^{n} X_i\right] = \frac{1}{n}\sum_{i=1}^{n} \mathbb{E}(X_i) = \mu$$

（それぞれの X_i の期待値は μ なのでそれをたし合わせました）となることが確認できます．

　一方で，標本分散になると話が少しややこしくなります．標本から分散を算出する方法には $s^2 = \frac{1}{n-1}\sum_{i=1}^{n}(X_i - \bar{X})^2$ と $S^2 = \frac{1}{n}\sum_{i=1}^{n}(X_i - \bar{X})^2$ の2つが考えられるのですが，期待値が母分散に等しくなるのは S^2 ではなく $n-1$ で

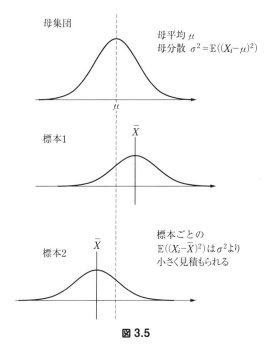

図 3.5

わる s^2 の場合であり，この s^2 を不偏分散といいます．

　なぜ $n-1$ でわるのかについての要点は以下の通りです．母分散は確率変数に対して「母平均 μ」との差の2乗の期待値をとるのに対して，標本分散では（母平均がわからないために）標本平均 $\bar{X}$ との差の2乗を考えます．その場合，標本平均 $\bar{X}$ は試行ごとにばらつき，母平均 μ とは異なる値をとります．しかも，それはつねに分散を少なく見積もるように働きます（標本が運悪く小さい（大きい）値に偏った場合，標本平均も母平均よりも小さい（大きい）値になり，標本平均との差の2乗和は母平均との差の2乗和よりも小さく算出されます（図3.5））．その影響を取り除くために，サンプルサイズ n よりも小さい値 $n-1$ でわっているのです．

―― **発展 10　標本（不偏）分散の正確な理解** ――

　不偏分散の，$n-1$ という数がどこからきたかを具体的に示すには，込み入った式変形を行わなければなりません．そこで，以下では説明をつ

けながら細かく変形して確認します。S^2 と s^2 のどちらにも共通する項 $\sum_{i=1}^{n}(X_i - \bar{X})^2$ を計算すると,

$$
\begin{aligned}
\sum_{i=1}^{n}(X_i - \bar{X})^2 &= \sum_{i=1}^{n}\left\{(X_i - \mu) - (\bar{X} - \mu)\right\}^2 \\
&= \sum_{i=1}^{n}(X_i - \mu)^2 - 2\sum_{i=1}^{n}(X_i - \mu)(\bar{X} - \mu) + n(\bar{X} - \mu)^2 \\
&= \sum_{i=1}^{n}(X_i - \mu)^2 - n(\bar{X} - \mu)^2
\end{aligned}
$$

が成り立ちます（最後の等号は $\sum_{i=1}^{n}(X_i - \mu) = n(\bar{X} - \mu)$ より）。そこでこの値の期待値をとり，3.1.2 項および 3.3.1 項における分散の公式を用いると,

$$
\begin{aligned}
\mathbb{E}\left[\sum_{i=1}^{n}(X_i - \mu)^2 - n(\bar{X} - \mu)^2\right] &= \sum_{i=1}^{n}\mathbb{E}\left[(X_i - \mu)^2\right] - n\mathbb{E}\left[(\bar{X} - \mu)^2\right] \\
&= n\sigma^2 - n\mathrm{Var}\left[\bar{X}\right] \\
&= n\sigma^2 - n\mathrm{Var}\left[\frac{\sum_{i=1}^{n}X_i}{n}\right] \\
&= n\sigma^2 - \frac{1}{n}\mathrm{Var}\left[\sum_{i=1}^{n}X_i\right] \\
&= n\sigma^2 - \mathrm{Var}\left[X_i\right] \\
&= (n-1)\sigma^2.
\end{aligned}
$$

よって $\sum_{i=1}^{n}(X_i - \bar{X})^2$ を $n-1$ でわった値の期待値は母分散 σ^2 に等しくなることがわかります。この結果から，s^2 を母分散 σ^2 の推定値とみなすと，推定値自体は標本によりますが，偏りはないといえます。このことを「s^2 は母分散の不偏推定量である」といいます。なお，先ほどの直感的な説明はこの式展開において $\mathbb{E}[(\bar{X} - \mu)^2]$ が 0 にはならないことに対応しています。

3.5.3 推定と検定について——科学論文には *（星）がついている

推定とは，標本の特性から母集団の確率分布のパラメータを「推定」する手法です．平均や分散を推定することもあり，先にみた s^2 は標本から母分散を推定した値になります（パラメータの値を推定することを点推定，パラメータが一定の区間内にあることを推定することを区間推定といいます）．一方で，「検定」は，標本の特性から母集団について自らが立てた仮説を論証する手法です．

科学技術の世界では，未知の現象についての実験をし，得られた結果の特徴とその意味やメカニズムについて考察をします．その際に，実験結果の特徴が単なるばらつきではないことを仮説検定と呼ばれる手法で解析します．仮説検定の手法はこれまでにみてきた確率分布の再生性や中心極限定理を活用することで発展してきました．コンピュータが普及する以前から，基本的な検定手法は，手計算と分布表[22]を用いて科学論文の結果の意味づけに用いられてきました．一般的に，学術論文では統計的な見地から差（有意差）があるとみなされる場合にはグラフに「*（星）」印をつけてそのことを表明します．推定や検定の手法は発展しつづけていますが，t 検定などの基本的な検定手法は現在も，科学論文における共通の評価尺度として幅広く用いられています．たとえば，高橋和利先生，山中伸弥先生による iPS 細胞樹立に関する有名な論文[23]においても，細胞内の特定のタンパク質の量が分化[24]の前後で減っていることを t 検定で検証し，結果のグラフに*印をつけています．

そこで，はじめに，確率分布の再生性を活かして発展した検定手法の代表的な手法で，今日も幅広く用いられている t 検定について紹介します．その後，点推定の手法である「最尤法」の基本について紹介し，さらにより現代的な推定法であるベイズ推定について説明します．

---

22) 確率分布についての代表的な積分結果を表の形で掲載したもの．今日でも統計学の専門書にはついています．

23) Takahashi, K. and Yamanaka, S., Induction of pluripotent stem cells from mouse embryonic and adult fibroblast cultures by defined factors, *Cell*, **126** (4): 663 (2006).

24) 複数の細胞になる能力を保ったまま増殖する細胞を幹細胞と呼び，幹細胞が（神経細胞や心筋細胞など）決まったタイプの細胞に変化することを分化といいます．

152   第3講 ランダムさと秩序との間に

検定に必要な考え方

　仮説検定は論理構造が複雑ですので，以下にその考え方について説明をします．検定でははじめに，「対立仮説」と「帰無仮説」と呼ばれる仮説を2つ用意します．たとえば薬品Aと薬品Bの効果を調べた実験を行った場合，「薬品Aと薬品Bの効果には差がある」という仮説を対立仮説と呼び，ここでは仮説1と名付けます．それに対して，「薬品Aと薬品Bの効果には差がない」という仮説を帰無仮説と呼び，仮説0と名付けます．統計的な評価のポイントは，仮説0が棄却される（成り立たないとみなされる）かどうかです．統計的な評価の結果で仮説0が棄却された場合，仮説1を支持する（成り立つとみなす）ことになります[25]．

　仮説検定には誤りをおかす可能性が2つあります．1つ目は帰無仮説が正しいのに誤って棄却してしまうことで，これを第一種の誤りといいます．逆に，帰無仮説が誤っているのに棄却しないことを，第二種の誤りといいます．実際に検定を行うには，第一種の誤りが起こる確率を有意水準としてあらかじめ設定した上で，なるべく第二種の誤りが起きないように手法を構築します．なお，有意水準には一般的に5%（あるいは1%）が用いられます．

　仮説検定は正規分布のもつ特徴を活かして発展してきました．正規分布には分布の再生性および中心極限定理という強力な特徴があり，さまざまな確率変数における独立した試行の繰り返しに関連が深いことをみてきました．しかしながら，正規分布には母集団の特性を表す量が母平均 μ と母分散 σ^2 と2つあり，これらは一般的には神様しか知りえない量です．私たちは有限個のデータ（標本）から母平均 μ や母分散 σ^2 に関してなんらかの仮説を立てて，その妥当性を検証したいのですが，わからない量が2つもあると検証ができないため，何とかしてどちらか1つを使わなくてもよい統計量を導出することが重要です．そして，多くの場合は，標本の母分散よりは母平均の特徴に興味があ

---

25)　この手続きは背理法と呼ばれる方法で，「主張Aを証明するのに，Aが間違いであると仮定して矛盾を導き，Aの正しさを証明する手法」です．気持ちとしては仮説1が正しいことを直接示したいのですが，かわりに「仮説0は統計的にこれだけ受け入れにくい」ということを示して仮説1の正当性を示します．なお，仮説0が棄却されなかった場合は，帰無仮説という名前の通り，「何らかの結論を出すべきではない」という論理になります．

ると思われます[26]. そこで, 次節では標本から母平均に対する仮説検定を行う手法である t 検定について説明します.

3.5 節のポイント

・標本 $X_i(i = 1, 2, \cdots, n)$ における標本平均: $\bar{X} = \dfrac{1}{n}\sum_{i=1}^{n}X_i$

・標本 $X_i(i = 1, 2, \cdots, n)$ における標本(不偏)分散:

$$s^2 = \frac{1}{n-1}\sum_{i=1}^{n}(X_i - \bar{X})^2$$

・仮説検定:「帰無仮説を棄却することで, 対立仮説を支持する」か「帰無仮説を棄却しない」かを統計に基づいて考える

3.6 その差を信じてよいのか？ ──t 検定をやってみよう

3.6.1 t 分布とは

t 分布は 1908 年に統計学者ゴセットによって考案されました[27]. t 分布における確率密度関数は,

$$t_n(x) = C(n)\left(1 + \frac{x^2}{n}\right)^{-\frac{n+1}{2}} \tag{3.9}$$

として与えられます. ここで n は自由度と呼ばれるパラメータで, $C(n)$ は確率密度関数が満たすべき条件 $\int_{-\infty}^{\infty}t_n(x)dx = 1$ を満たすための (自由度 n に依存した) 規格化定数です. 計算すると, 規格化定数 $C(n)$ の中身は,

$$C(n) = \frac{\Gamma\left(\dfrac{n+1}{2}\right)}{\sqrt{\pi n}\,\Gamma\left(\dfrac{n}{2}\right)} \tag{3.10}$$

---

26) 母分散のほうに興味がある例としては, 工業製品の加工において, 作業者の熟練度によって寸法のばらつきが異なるかどうかを知りたい場合などがあります.

27) Student, The probable error of a mean, *Biometrika*, **6**: 1-25 (1908). ゴセットは社員が学術論文を出すことを禁じていた会社 (ギネスビールです) に勤めていたため, Student というペンネームで論文を発表しました. そのような経緯があったため, この分布は今日でもゴセットの t 分布とは呼ばず, Student の t 分布と呼びます.

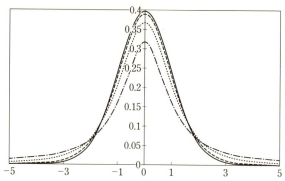

図 3.6 一点破線：自由度 1，点線：自由度 3，破線：自由度 10，実線：自由度 50

であることが知られています．

自由度 n を変えて t 分布の確率密度関数を描くと図 3.6 のようになり，自由度が増えるにしたがって裾が狭くなることがわかります．自由度が大きくなると標準正規分布に近づき，$n \to \infty$ の極限で標準正規分布に収束するのですが，図 3.7 に自由度 50 の t 分布と標準正規分布を比較しています．そのことについて，ここでは簡単に確認します．式 (3.9) に対して $\log(t_n(x))$ を考えると，$\log(t_n(x)) = \log(C(n)) - \frac{n+1}{2} \log\left(1 + \frac{x^2}{n}\right)$ が得られます．ここで $\log(C(n))$ を左辺に移項してから発展 3 で得られた対数関数のマクローリン展開を右辺に適用し，さらに $n \to \infty$ の極限をとると，

$$\lim_{n \to \infty} \log\left(\frac{t_n(x)}{C(n)}\right) = \lim_{n \to \infty} \left[-\frac{n+1}{2} \left(\frac{x^2}{n} - \frac{1}{2}\left(\frac{x^2}{n}\right)^2 + \frac{1}{3}\left(\frac{x^2}{n}\right)^3 \cdots \right) \right]$$
$$= -\frac{x^2}{2}$$

より $t_\infty(x)$ が $\exp(-x^2/2)$ に比例することがわかります．また，確率密度関数 $t_\infty(x)$ が $\int_{-\infty}^{\infty} t_\infty(x) dx = 1$ を満たすという条件より，正規分布の規格化定数 $\sqrt{2\pi}$ を用いて $t_\infty(x) = \frac{1}{\sqrt{2\pi}} \exp\left(-\frac{x^2}{2}\right)$ と表されます．

t 分布は正規分布とカイ二乗分布（付録で説明します）というどちらも再生性のある分布からも導入されるため，仮説検定においては多くの場合で確率変

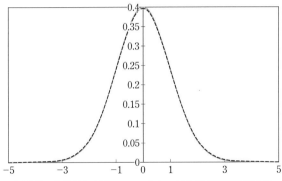

図 3.7 破線が自由度 50 の t 分布,灰色線が標準正規分布

数をこの分布にしたがう量に変換して統計的な差の有無を論じることになります.正規分布およびカイ二乗分布から t 分布が導出される過程の詳細については付録で説明します.計算の過程は高度で複雑ですが,微積分における知恵と工夫が集まった式変形ですので,興味に応じてそちらもご確認ください.

3.6.2 t 検定の考え方と実際

正規分布にしたがう N 個の標本 $X_i(i = 1, 2, \cdots, N)$ から標本平均 $\bar{X}$,標本(不偏)分散 s^2,サンプルサイズ N を用いて統計量 $T = \dfrac{\bar{X} - \mu}{s/\sqrt{N}}$ を算出すると,その分布は先にみた t 分布(自由度 $N-1$ の t 分布)にしたがうことが知られています.T の導入において重要なポイントは以下の通りです.3.4.2 項の 1. で確認した通り,確率密度関数 $f_N(x; \mu, \sigma^2)$ にしたがう独立な確率変数 n 個について,標本平均 $\bar{X}$ は確率密度関数 $f_N(x; \mu, \sigma^2/N)$ にしたがうことがわかっています.そのため,$\bar{X}$ からさらに標準正規分布にしたがう統計量を導くには,(関数の拡大・縮小と平行移動のルールから)$(\bar{X} - \mu)\sqrt{N}/\sigma$ という量を計算することになります.この変換には,元の確率変数の母平均 μ と母分散 σ という 2 つの未知な量を用いなければなりません.一方で,今回導入した T という統計量は母分散 σ^2 の項をうまく打ち消すことで,未知な量を母平均だけにすることに成功しています.T 統計量のしたがう分布はわかっているため,標本から母平均 μ に対する何らかの仮説を立てて,T 統計量

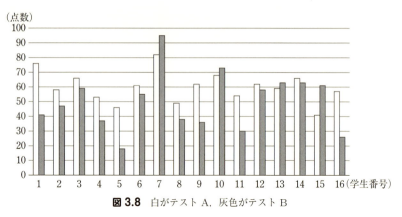

図 3.8 白がテストA，灰色がテストB

の大きさを評価することで，その仮説が妥当であったかどうかを確認できるわけです．式変形の詳細は付録に示しました．ぜひ興味のある方は実際に確認してみてください．

以下では，t 分布を用いた例として，研究上よくある「対応のある t 検定」を用いた検定の例を示します．2群のデータに対応がある場合は比較的シンプルに「対応のある t 検定」を適用することができます．

16名の学生（学生番号1から16）に対して数学のテストAとテストBを行ったところ，その結果が，

学生番号	1	2	3	4	5	6	7	8	9	10	11	12	13	14	15	16
テストA	76	58	66	53	46	61	82	49	62	68	54	62	59	66	41	57
テストB	41	47	59	37	18	55	95	38	36	73	30	58	63	63	61	26

でした（図3.8）．テストAとBの難易度の差は統計的に有意でしょうか？有意水準5%で検定してみましょう[28]．

いま，対立仮説はテストAとBの結果に差がある（両側検定），帰無仮説はAとBの結果に差はない，とします．帰無仮説を言いかえると，テストAの結果からテストBの結果をひいたとき，その母平均が0ということになります．そして，有意水準5%とします．これは，帰無仮説にしたがうと考え

---

28) 計算が容易になるように調整された例を扱っています．

た場合にこの結果が起こる確率は 5% 以下であれば，帰無仮説を棄却して対立仮説（示したい仮説）を支持する，ということです．この仮説を検定するために，番号 i の学生 ($i = 1, 2, \cdots, 16$) についてテスト A の結果からテスト B の結果を引いた値を d_i とし，d_i に関して $T = \dfrac{\bar{d} - 0}{s/\sqrt{N}}$ を算出します．ここで $\bar{d}$ は d_i の平均値で $N = 16$ はサンプルサイズ，s^2 は標本（不偏）分散です．このテストの場合は $\bar{d} = 10$, $s^2 = \sum_{i=1}^{16}(d_i - \bar{d})^2/(16-1) = 256$ より $T = 2.5$ が得られます[29]．

一方で，この場合 T は自由度 15 の t 分布にしたがうことになるため，A と B の結果に差はないという結論にあてはめて T が t 分布の右側 2.5% もしくは左側 2.5% に入っている場合に帰無仮説が棄却できます．自由度 15 の t 分布である値 a 以上が得られる確率が 2.5% となる値 a を t 分布表あるいは統計ソフトから求めると，$\int_a^\infty t_{15}(x)dx = 0.025$ より $a = 2.131$ が得られます．この値は T よりも小さいので，帰無仮説が棄却され，対立仮説である「テスト A とテスト B の結果には統計的に有意な差がある（＝テスト A のほうが簡単だった）」が支持されることになりました[30]．

3.6.3 t 検定の結果を簡単に見積もる方法

上記が一般的な対応のあるデータの t 検定になります．T 統計量は標本平均，標本分散，サンプル数から計算できるのですが，棄却される T 統計量の境界を求めるためには t 分布による確率密度関数の積分が必要で，簡単には算出できません．そこで以下では，このような考え方もあるという一例として，t 検定の結果を簡単に見積もる近似方法を考えます．仮説検定においては，有意水準 5% で両側検定を行うことが一般的ですので，自由度 n における $\int_a^\infty t_n(x)dx = 0.025$ の値 a に着目します．はじめに，$n \to \infty$ の極限を考えます．このとき t 分布は正規分布に収束するため，a は正規分布における累積分布関数が $F(a) = 1 - 0.025$ となる値で，3.2 節でみた通り $a = 1.960$ でし

---

29) 本書では手計算で確認できることを重視し，計算が簡単な例を用いました．実際にはこれらがキリの良い値になることは稀ですので，スマートフォンの電卓機能や表計算ソフトを用いることになります．電卓などを用いる場合には s^2 の計算において一般的に注意したほうがよい点がありますので，コラム 6 をご覧ください．

30) t 分布の対称性から，$T < -2.131$ でも帰無仮説は棄却されます．

158　第3講　ランダムさと秩序との間に

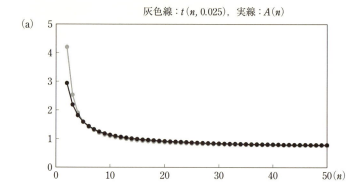

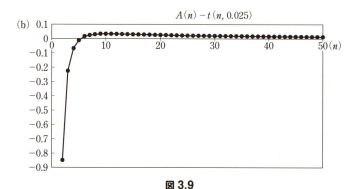

図 3.9

た．次に，有限の n について考えます．$n > 50$ では正規分布で近似するとして[31]，$n \geq 50$ の場合に着目します．このとき，コンピュータを用いて自由度 n での a の値を表示すると図 3.9(a) の灰色線のようになります．

ここで，灰色線をなるべく簡単な関数で近似するため，灰色線を上から抑える関数を考えます．そのような関数のうちでなるべく簡単な例として，ここでは $A(n) = 1.96 + 3/n$ を用意します．すると，この関数は $6 \leq n \leq 50$ でつねに灰色線より大きな値をとり，その差の最大値は 0.032（$n = 10$ のとき）で

---

31) t 分布を正規分布に近似してよい n の大きさに厳密な決まりはありませんが，たとえば，尾畑伸明『確率統計要論——確率モデルを中心にして』（牧野書店，2007）では「実用上 $n > 30$ なら標準正規分布で代用してよい」とあり，また，東京大学教養学部統計学教室（編）『統計学入門』（東京大学出版会，1991）は「たとえば 30 以上の場合は標準正規分布とほとんど変わらない」とありますので，30 というのが 1 つの目安になるかもしれません．

すので，図 3.9(b) の通りに $6 \leq n \leq 50$ の範囲でよい近似を与えてくれます．これを 3.6.2 項の例に用いますと，棄却域は $|T| > A(15) = 1.96 + 0.2 = 2.16$ で，$|T| = 2.5 > 2.16$ であるため，厳密な計算と同じ結果を得ました．なお，統計的に厳密な議論をするためには，「$|T| - A(n)$」が 0 から 0.032 の間である場合はこの近似手法では第二種の誤りが起きている可能性がありますので，パソコンの統計解析ソフトを使う，統計の本にある t 分布表を用いる，などによって厳密な再評価が必要になります．

　ここまで，駆け足で t 分布までの主要な確率分布，およびそれを用いた実例としての「対応のある t 検定」の手法をみてきました．これによって，一通りの統計の考え方と実際の手続きを理解していただけたかと思います．実際の現場では今回みたもの以外にも，標本間で対応のないデータにおける検定などさまざまな前提に基づく検定手法を用いることになります．誤った知識に基づいた検定は誤った結果に陥ってしまいますので，とくに対応のある t 検定以外の検定を使いこなすには，本書で身につけた基本に専門書からの知識を加えて，適切に応用していくことが重要です．

3.6 節のポイント

・正規分布にしたがう標本から標本平均 $\bar{X}$，標本（不偏）分散 s^2，サンプルサイズ N を用いて統計量 $T = \dfrac{\bar{X} - \mu}{s/\sqrt{N}}$ を算出すると，自由度 $N-1$ の t 分布にしたがう

・自由度 n の t の分布確率密度関数：

$$t_n(x) = C(n)\left(1 + \frac{x^2}{n}\right)^{-\frac{n+1}{2}} \quad (\text{規格化定数 } C(n) = \frac{\Gamma\left(\dfrac{n+1}{2}\right)}{\sqrt{\pi n}\,\Gamma\left(\dfrac{n}{2}\right)})$$

3.7　最尤法──母集団の特徴をピンポイントで当てる

　検定は標本（データ）から母集団の特徴について仮説を立てて確かめるものでしたが，最尤法とは，さらに踏み込んでデータから母集団のパラメータの

160   第3講　ランダムさと秩序との間に

最ももっとも（尤も）らしい値を求める（それによって母集団のパラメータを推定する）手法です．一般的に最尤法を用いる場合には，推定するパラメータが複数あり[32]，また複雑な統計モデルを扱うことが多くなります．そのため，通常は手計算ではなく，統計ソフトやコンピュータを用いて推定することになります．以下では，最尤法の手順と概要を簡単に紹介するために，手計算が可能な題材を扱うことにします．そして，より現実に即した問題に対して，どのように統計モデルを設定して最尤法を行うか，については発展11で説明しましたので，そちらも参照してください．

　ここでは，形が歪んだコイン投げの例を考えます．表の出る確率 θ を未知数として，データから推定するのが点推定で，尤もらしさが推定の基準になります．コインを7回投げたときの結果が表，表，裏，表，裏，表，裏だったとしましょう．この場合，表が出る確率 θ のもとでこの事象が起こる確率を $L(\theta)$ とすると，

　$L(\theta) = （1 回目が表の確率）\times（2 回目が表の確率）\cdots（7 回目が裏の確率）$

です．この場合は，

$$L(\theta) = \theta^4 (1 - \theta)^3$$

となります．この $L(\theta)$ を尤度関数と呼びます．

　ここで，$L(\theta)$ が最大となる θ を母集団のパラメータとして推定するのが最尤法です．一般的には対数をとって，対数尤度 $\log(L(\theta))$ が最大になる $\hat{\theta}$ を求めます．第1講で $\log(x)$ が単調増加関数であることを確認しましたので，$\hat{\theta}$ は $L(\theta)$ を最大にすることがわかります．尤度関数はたくさんのかけ算（サンプルサイズの増加にしたがってかけ算が増えます）で構成されますので，かけ算をたし算に変換する対数関数がここでは役立ちます．

　$\log(L(\theta)) = 4 \log(\theta) + 3 \log(1 - \theta)$ に対して，最大値では傾きが0であるという条件から，

---

32)　この場合，線形代数の知識も必要となります．

$$\frac{d \log(L(\theta))}{d\theta} = 0,$$

$$\frac{4}{\theta} - \frac{3}{1-\theta} = 0,$$

$$\theta = \frac{4}{7}$$

が母集団の表の出る確率の推定値として得られます（この例では 7 例中 4 例が表でしたので，標本平均と同じ値となりました）.

なお，最尤法は情報幾何との関係による理論的な裏付けもなされていますので，その点については発展 12 をご参照ください.

―――――― **3.7 節のポイント** ――――――

・最尤法：標本から母集団のパラメータを推定する手法．尤度関数（あるいはその対数）が最大となる値を母集団のパラメータと推定する

―――――― **発展 11　複雑な統計モデルについて** ――――――

先ほどの例は 1 変数のため簡単に結果が得られましたが，統計モデルが複雑になるにつれて最尤法の計算も複雑になり，手計算では推定できなくなります．ここではそのような例として，疾患 A にかかっているかどうかを健康診断の数値（たとえば血圧など）から推定する場合の統計モデルについて考えます.

いま，疾患 A にかかっているかどうか，と健康診断の数値（検査 B とします）の両方のデータが n 人分あるとします．ここで，i 人目の人が疾患 A にかかっている場合を $y_i = 1$，かかっていない場合を $y_i = 0$ とします．また i 人目の検査 B の数値を v_i とします．このような場合の統計モデルには，

$$f(x) = \frac{1}{1 + \exp(-x)},$$

$$\theta_i = f(\beta_1 + \beta_2 v_i),$$

$$\log(L) = \sum_{i=1}^{n} \{y_i \log \theta_i + (1 - y_i) \log(1 - \theta_i)\}$$

といったものが一般的に用いられます．ここで $f(x)$ は $0 \le f(x) \le 1$ となる関数なので，推定する値が 1 を超えたり負の値になるのを防ぐ役割があります．この統計モデルについて，$\log(L)$ が最大となるパラメータ β_1, β_2 を推定値とします．このような問題に対しては，自分でプログラムを作成するか，統計ソフトを用いてコンピュータによって推定を行うことになります．

さらに，検査項目が複数ある場合にどのような統計モデルに基づいて推定を行うべきかは，モデル選択と呼ばれる問題になります．パラメータ推定に用いたデータをうまく説明する（尤度が高い）モデルをよいモデルとみなすことができますが，一方でパラメータを増やして尤度を高くすると未知のデータに対する予測能力が低くなる（オーバーフィッティング）ことが知られています．モデル選択のための基準の 1 つに AIC（赤池情報量基準）と呼ばれるものがあり，説明変数の数 k（先の例では β_1 と β_2 があったので $k=2$）と対数尤度 $\log(L)$ を用いて，

$$\mathrm{AIC} = -2\log(L) + 2k$$

と与えられます．複数の統計モデルについて推定結果から AIC を算出し，AIC が最小となる統計モデルを選択することで，少ないパラメータで現象をうまく記述できるモデルが得られます．

--- **発展 12　最尤法と KL ダイバージェンス** ---

確率分布 $p(x)$ と $q(x)$ について，

$$KL(p||q) = -\int p(x) \log \frac{q(x)}{p(x)} dx$$

という量を評価すると，$p(x) = q(x)$ のときのみ 0 となり，あとは正の値をとることが知られています．そのためこの量は分布間の距離に相当する尺度（KL (Kullback-Leibler) ダイバージェンス）として用いられます．ここで，$p(x)$ を（未知の）真の分布，$q(x|\theta)$ を分布に関するパラメータ θ をもった確率分布とし，パラメータ θ を推定することを考えます．その

場合の θ の決め方として，分布間の距離の尺度 $KL(p||q)$ を最小にする θ を求めることが考えられます．このとき，

$$KL(p||q) = -\int p(x) \log q(x|\theta)dx + \int p(x) \log p(x)dx$$

ですが，第 2 項は θ によらないので第 1 項について考えますと，第 1 項は確率分布 $p(x)$ に対する $-\log q(x|\theta)$ の期待値であることがわかります．真の分布 $p(x)$ はわかりませんが，$p(x)$ にしたがうデータ $x_i(i = 1, 2, \cdots, n)$ が十分多く観測されていたとすると，大数の法則より，

$$\mathbb{E}[-\log q(x|\theta)] \simeq \frac{1}{n}\sum_{i=1}^{n}(-\log q(x_i|\theta))$$

が成り立ちます（$n \to \infty$ で等号が成立）．$\sum_{i=1}^{n} \log q(x_i|\theta)$ は観測データ x_i の下での対数尤度関数なので，KL ダイバージェンスを最小にする θ は最尤法で推定される θ に等しいことがわかります．このように，最尤法は分布間の距離の尺度を考えることで幾何的に捉えることもできます．

KL ダイバージェンスには $KL(q(x)||p(x)) \neq KL(p(x)||q(x))$ という性質があるために，正確には私たちがふだん使っている距離の概念とは異なるものです．このような情報と幾何学を照合した考え方は甘利俊一先生によって体系化され，今日では「情報幾何学」と呼ばれる分野として発展しています[33]．まがった空間の考え方——微分幾何——は相対性理論に留まらず，このような情報の分野においても役に立っています．

3.8　ビッグデータ時代の統計手法——ベイズ統計

近年，私たちが扱う情報の量は爆発的に増えており，また今後も増加することが予想されます．私たちは膨大な結果から原因を推定してその対象の理解や

---

33)　詳細は，甘利俊一『情報幾何学の新展開』（サイエンス社，2014）などを参照してください．

164 第3講 ランダムさと秩序との間に

判断，制御に役立てなければなりませんが，直感的な推定が必ずしも適切ではないことも知られています．ベイズ統計は事前分布と条件付き確率を考えることで，結果から原因を推定する統計的な枠組みを与えます．そのため，情報社会の流れに対応する形で再注目されています．その中でもベイズ更新と呼ばれる手法は，データが増えるたびに事後分布の推定を更新して信頼性を高めていく手法であるため，新たな情報が日々追加される今日の社会に適した推定手法として評価されています．

　ベイズ統計は条件付き確率の公式が元になっていますので，まず条件付き確率の公式を説明し，次にベイズの定理の説明を行います．さらに，簡単な例題において，ベイズ更新と呼ばれる手法を使って推定値を更新していく手法をみていきます．

　まず，ベイズ統計の根本にある条件付き確率の公式を説明します．この部分は馴染みのない記号がいくつか出てきますので，きちんと紹介したいと思います．条件付き確率 $P(A|B)$ とは，事象 B が起きたもとで事象 A が起きる確率のことです．また，$P(A \cap B)$ とは A かつ B が起こる確率のことです．これらの関係は $P(A|B) = \dfrac{P(A \cap B)}{P(B)}$ として表されます．言葉に直すと「事象 B が起きたもとで事象 A が起こる確率は，A かつ B が起こる確率を事象 B が起こる確率でわったもの」です．

　この考え方を用いることでベイズの定理，

$$P(H_i|A) = \frac{P(H_i) \cdot P(A|H_i)}{P(A)} = \frac{P(H_i) \cdot P(A|H_i)}{\sum_j P(H_j) \cdot P(A|H_j)}$$

が導かれます．A を結果，$H_i(i = 1, 2, \cdots, k)$ を原因とした場合，$P(H_i|A)$ は「結果 A が得られた際に原因が H_i であった確率」です．右辺分子は「原因 H_i と結果 A がともに得られた確率」，右辺分母は「原因 H_j と結果 A がともに得られた確率をすべての原因についてたし合わせたもの」です．とはいっても新しい記号や考え方が出てくると，初めは慣れませんので，簡単な例から使ってみるのが理解への早道です．

　はじめに，病気の検査を例題にベイズの定理を理解していきましょう．いま，ある病気の検査を受けて，陽性と判断されたとします．そして，この検査

の正確さは非常に高く，99.90% であるとします．しかしながら，この病気は非常に珍しく，検査を受ける人の中で 1 万人に 1 人しかかからない病気であれば，検査結果を受け入れる前に注意深く状況を整理する必要があります．

いま，病気であるという事象を H_1，病気ではないという事象を H_2 とし，検査の結果陽性と診断される事象を A とします．知りたいのは「陽性と診断されたとき，本当に病気である確率」$P(H_1|A)$ ですが，ベイズの定理から，

$$P(H_1|A) = \frac{P(H_1) \cdot P(A|H_1)}{P(H_1) \cdot P(A|H_1) + P(H_2) \cdot P(A|H_2)}$$

となります．検査の正確さから $P(A|H_1) = 0.999, P(A|H_2) = 0.001$ ですが，$P(H_1) = 10^{-4}, P(H_2) = 9999/10000$ ですので $P(H_1|A)$ を求めると，$\dfrac{10^{-4} \times 0.999}{10^{-4} \times 0.999 + \dfrac{9999}{10000} \times 0.001} \simeq 0.1$ と「病気であり，かつ陽性と診断された確率」は低く，誤検出の可能性もあることがわかります．

このように，直感に惑わされずに結果から原因を的確に推定するのがベイズ統計の考え方です．以下では，離散・連続それぞれの場合についての簡単な例題と，ベイズ統計（ベイズの定理）に関連した有名な問題であるモンティ・ホール問題をみていきます[34]．

3.8.1　例題 1：ピッチング練習をしているのはどちら？

ある高校の野球部に双子の兄弟が所属しているとします．ピッチング練習をすると，長男は 40% の確率でストライクが入ります．次男は 60% の確率でストライクが入ります．2 人は背格好や顔立ちがとてもよく似ていて，第三者から区別がつかないものとします．いま，どちらかがピッチング練習をしています．1 球目がストライクでした（ストライクの事象を S とします）．さて，いま投げているのは長男と次男のどちらでしょうか．

ここでは，長男が投げている事象を H_1，次男が投げている事象を H_2 とし，

---

34)　本書ではベイズ統計の実例として，ベイズの定理の活用や母数についての事後分布の更新についての例題を扱いますが，予測分布による真のモデルの推定などの発展した内容は扱いません．より本格的にベイズ統計を理解するには，渡辺澄夫『ベイズ統計の理論と方法』（コロナ社，2012）などを参考にしてください．

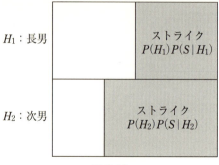

図 3.10

それぞれの確率を $P(H_1)$, $P(H_2)$ とします．いま，事前分布としてピッチング練習をみる前の $P(H_1)$, $P(H_2)$ を設定しなければなりませんが，事前に情報がないときはともに 1/2 とします（これを理由不十分の原理といいます）．与えられた条件をベイズの定理にあてはめると，

$$P(H_1|S) = \frac{(H_1 \text{かつストライクの確率})}{\sum_i (H_i \text{かつストライクの確率})}$$

$$= \frac{P(H_1) \cdot P(S|H_1)}{\sum_i P(H_i) \cdot P(S|H_i)} = \frac{\frac{1}{2} \cdot \frac{4}{10}}{\frac{1}{2} \cdot \frac{4}{10} + \frac{1}{2} \cdot \frac{6}{10}} = \frac{2}{5},$$

$$P(H_2|S) = \frac{3}{5}$$

となります．いろいろな記号が出てきましたが，この解析を図に描いてみると意外とシンプルに描け，図 3.10 のようになります．全体の確率を簡単のために面積 1 の正方形だと思うと，各事象の起こる確率は正方形の中の面積に相当することになります．

次に事前確率を縦軸にとりますが，これは H_1 と H_2 の面積がともに 1/2 とします．その中で，H_1 の下でのストライクの確率，H_2 の下でのストライクの確率をそれぞれ与えられた面積比になるようにします．ストライクが得られた際にその事象は H_1 に属していたか H_2 に属していたかが知りたかったため，灰色の面積の中で H_1 の領域と H_2 の領域の比を求めた，ということにな

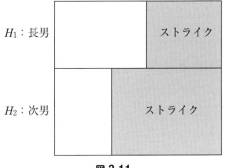

図 3.11

ります[35].

同じ状況でピッチング練習を続け，2球目を投げたらまたストライクでした．このとき H_1, H_2 の事後確率はどうなるでしょうか．この場合，1球目がストライクであったことを知っているため，事前確率は 1/2 ではなく，$P(H_1) = 0.4, P(H_2) = 0.6$ と先ほどの事後確率を事前確率として用いることができます．上の式に代入すると，長男が投げている確率は 16/(16+36)=4/13 と求まります．詳細はみなさんで確認してみてください．なお，図に描いてみると図 3.11 のようになります．

このようにしてデータが得られるごとに原因を推定していく手法がベイズ更新です．初めに理由不十分の原理から選択された原因の確率は，ベイズ更新を繰り返すことで適切な推定が可能となります．

3.8.2 例題2：歪んだコイン投げ

上のピッチングの例では，原因となる事象の数が2つとも有限でした．一方で，原因となる事象が無数にある場合についても，ベイズの定理における総和 (Σ) の演算を積分に代えることで同じ考え方ができます．例として，形が歪んだコインがあるとし，その表が出る確率を $\theta (0 < \theta < 1)$ とします．いま θ の値がわからないので，この値をベイズ推定します．ここでは，コイン投げ (試行) を行う前の θ の分布を事前分布といい，$w(\theta)$ と表します．また，試行

---

35) この手法は厳密には測度論と対応づけて考える必要がありますが，単にベイズの定理による計算過程を可視化したものととらえることもできます．

168   第3講　ランダムさと秩序との間に

によって事象 X が得られた下での θ の分布を事後分布といい，$w(\theta|X)$ と表して，この分布を求めます．このケースでは補講でみたベータ関数の特性が重宝されます．

　はじめに一度もコイン投げを行わない段階では，θ に関する事前知識はないので，理由不十分の法則からどの θ が得られる確率も等しいとし，その確率密度関数を $w(\theta) = 1$ とします．いま，1回目のコイン投げで表が出て，その事象を事象 A とすると，$P(A|\theta) = \theta$（表が出る確率は θ という前提の式）から，

$$w(\theta|A) = \frac{w(\theta) \cdot P(A|\theta)}{P(A)} = \frac{w(\theta) \cdot P(A|\theta)}{\int_0^1 w(s) \cdot P(A|s)ds} = \frac{1 \cdot \theta}{\int_0^1 1 \cdot sds} = 2\theta$$

となります．次に，2回目のコイン投げで裏が出た（事象 B）としますと，事前分布 $w(\theta) = 2\theta$，$P(B|\theta) = 1 - \theta$ より，

$$w(\theta|B) = \frac{w(\theta) \cdot P(B|\theta)}{\int_0^1 w(s) \cdot P(B|s)ds} = \frac{2\theta(1-\theta)}{\int_0^1 2s \cdot (1-s)ds}$$

となります．分母はベータ関数を用いて $2B(2,2) = 1/3$ なので，$w(\theta|B) = 6\theta(1-\theta)$ となります．

　さらに，3回目のコイン投げでまた裏が出た（事象 C）とします．すると事前分布 $w(\theta) = 6\theta(1-\theta)$ および $P(C|\theta) = 1 - \theta$ より，

$$w(\theta|C) = \frac{6\theta(1-\theta)^2}{6B(2,3)} = 12\theta(1-\theta)^2$$

とベータ関数の特徴を活かして次々と事後分布を更新することができます．

　各時点でのコインの表の出る確率の推定結果は事後分布による確率密度関数として得られますので，そこから，たとえば次の試行では表裏のどちらが出やすいか，などの必要な情報を得るにはさらに数理的な特徴抽出が必要となります．よく用いられる特徴の例は θ の期待値や確率密度関数のピークなどです．ここでは期待値を具体的に求めますと，$w(\theta|C) = 12\theta(1-\theta)^2$ の期待値は，

$$\int_0^1 \theta \cdot 12\theta(1-\theta)^2 d\theta = 12B(3,3) = \frac{2}{5}$$

と，こちらもベータ関数の特性から簡単に求まり，この場合は裏が出る確率のほうが高いと推定されます．

このように，コインの例ではベータ関数を用いてベイズ推定が簡単に実行できました．一方で，現実の推定問題では事後分布を導出するための積分が解析的に求まらない場合も多く，そのような場合にはコンピュータを用いた数値計算によって推定を行います．ベイズ統計が再度注目されている理由として，コンピュータによる計算の速度が向上して，いままでできなかった量の計算が可能となったことも挙げられます．

3.8.3 例題3：モンティ・ホール問題

ベイズの定理に関連した有名な問題に，モンティ・ホール問題と呼ばれる問題があります．この問題は実際にアメリカのテレビ番組でモンティ・ホールという司会者が出した景品を当てるゲームに由来します．ゲームの概略は以下の通りです．

(1) 3つの扉（扉 A–C）にはあらかじめ車，ヤギ，ヤギのどれかがランダムに入れられている．

(2) プレイヤーは車を欲しがっている．

(3) プレイヤーは3つの扉の前に立ち，扉を1つ選択する．

(4)（正解を知っている）モンティは残りの扉のうち，ヤギが入っている扉を1つ開く．

(5) プレイヤーはその後で選んだ扉を選びなおす権利が与えられる．

(6) 最後に選んだ扉に車が入っていれば車をもらえる．

この場合，プレイヤーは (5) の段階で扉を選びなおすべきでしょうか？

先の問題と同様にベイズの定理を用いて考えます．簡単のため，プレイヤーがはじめに扉 A を選んだとします．事前分布は，

$$P(A \text{に車}) = P(B \text{に車}) = P(C \text{に車}) = \frac{1}{3}$$

と設定します．いま，A に車があった際に，司会者が B，C の扉を開く条件付き確率は，

$$P(B \text{が開く} |A \text{に車}) = \frac{1}{2}, \quad P(C \text{が開く} |A \text{に車}) = \frac{1}{2}$$

となります．B に車があった際には開かれる扉は必ず C になるので，

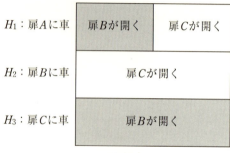

図 3.12

$$P(B\text{が開く}|B\text{に車}) = 0, \quad P(C\text{が開く}|B\text{に車}) = 1$$

です．同様に，

$$P(B\text{が開く}|C\text{に車}) = 1, \quad P(C\text{が開く}|C\text{に車}) = 0$$

となります．これらの状況を 3.8.1 項の考え方で図に描いてみると図 3.12 のようになります．いま，司会者が扉 B を開いたとすると，扉 B が開かれた事象は灰色の面積になります．そのため，扉を変えて C を選んだほうが正解の確率が高くなることがわかります（具体的には扉 A に車がある確率は 1/3，扉 C にある確率は 2/3 なので 2 倍も違います）．

　私たちはゲーム，試験勉強，スポーツなどにおいて日々さまざまな選択をしていますが，適切な情報収集と的確な確率統計の考え方を身につけることで，希望する未来を手に入れる確率を高めることができます．みなさんもぜひ確率統計を活用して「ヤギ」ではなく「車」をゲットしてください．

3.8 節のポイント

ベイズの定理：A を結果，$H_i(i = 1, 2, \cdots, k)$ を原因として $P(H_i)$ を原因 H_i の事前確率としたとき，

$$P(H_i|A) = \frac{P(H_i) \cdot P(A|H_i)}{P(A)} = \frac{P(H_i) \cdot P(A|H_i)}{\sum_{j=1}^{k} P(H_j) \cdot P(A|H_j)}$$

によって A が起こったときの原因が H_i である確率 $P(H_i|A)$ を求める

コラム 3　乱流はどのようにして起こる？

　空気や水の流れは，往々にして乱れた流れ——乱流——に推移します．そのため，乱流がどのように起こるのかと，その数理的な特徴を知ることはさまざまな分野で重要な問題です．古くは 15 世紀の芸術家レオナルド・ダ・ヴィンチが複雑な水流についての詳細なスケッチを多数残しています（図 3.13）．また，私たちの体内に目を向けますと，血栓（血液の凝固）は整った血流よりも乱流で発生しやすいことも知られています[36]．このように，乱流は時代や分野を超えて多くの研究者の興味を惹きつけてきました．

図 3.13　レオナルドによる水流のスケッチ．写真提供：Alamy/ユニフォトプレス

　第 2 講ではローレンツ方程式によって，空間を規則的に覆ったロール状の対流がロール上下の温度差が増すと乱れ，カオスの特徴をもつことをみてきました．一方で激しい川の流れや突風など，物理現象として目にする乱流は一般的にもっと複雑で，ロール状の構造は崩れ，時間的にも空間的にも不規則な乱れとなります（この状態を十分に発達した乱流といいます）．もともと規則的だった流れ（乱流に対して，層流といいます）がどのように遷移して十分に乱れた流れに発達するのかについ

---

36) Berne, R.M. and Levy, M.N.（著），東武彦，小山省三（監訳）『生理学』（西村書店，1996）．

いては，依然として不明な点が多いのが現状です．

ここでは，そのような乱れた流れの起こり始めに関する研究を 2 例紹介します．1 つ目は，時間軸と空間軸ともにカオス性をもつ時空カオスと呼ばれる現象です．ろうそくの炎の先端が時間とともにゆらゆらと動く様子を表現した数理モデルとして，蔵本・シバシンスキー方程式と呼ばれる数理モデルがあります[37]．このモデルは 1 次元の空間 x と時間 t の関数 $u(x,t)$ に対して，

$$\frac{\partial u}{\partial t} + u\frac{\partial u}{\partial x} + \frac{\partial^2 u}{\partial x^2} + \frac{\partial^4 u}{\partial x^4} = 0$$

と時間と空間の偏微分によって記述される数理モデルです．この式を数値計算すると，図 3.14 のように私たちがいつもみているろうそくの炎の先端のような，波形の複雑な時間変化が得られ，わずか 1 つの数式が乱れた流れの本質を端的に捉えていることがわかります．

図 3.14 蔵本・シバシンスキー方程式による時空カオス現象．横軸は空間，縦軸は時間を表す．蔵本由紀，河村洋史『同期現象の数理——位相記述によるアプローチ』（培風館，2010）より

もう 1 つの例は，乱流発生のメカニズムを明らかにするために近年行われた，実験および数理モデル解析の研究です．佐野雅己先生らは，流れを詳細に観察するために長さ 6 m の大規模な実験装置を作成し，整った流れが乱れはじめ，下流に乱れが伝わっていく現象を観察しました[38]．その結果，乱流スポットと呼ばれる乱

---

37) 蔵本由紀先生とシバシンスキーが 1970 年代後半に別々にこの方程式を導出したために，今日では「蔵本・シバシンスキー方程式」と呼ばれています．
  Kuramoto, Y. and Tsuzuki, T., Persistent propagation of concentration waves in dissipative media far from thermal equilibrium, *Progr. Theoret. Phys.*, **55**: 356-369 (1976). Sivashinsky, G., Nonlinear analysis of hydrodynamic instability in laminar flames I. Derivation of basic equations, *Acta Astron.*, **4**: 1177-1206 (1977).
38) Sano, M. and Tamai, K., A universal transition to turbulence in channel flow,

れのポイントが，乱れの度合いによって下流では広がったり消滅したりする様子が詳細に確認されました（図 3.15）．さらにその特徴は，乱流スポットが時間が進むとある確率で自らの位置および隣に伝搬するという有向パーコレーションと呼ばれる数理モデルで説明できます．有向パーコレーションでは乱流スポットがある状態を $s_i(t) = 1$，層流状態を $s_i(t) = 0$ とし，t を時間の離散変数，i を場所の（図 3.15(b) では 1 次元です）離散変数とします．上流 $(i = 0)$ においてコアが発生している $(s_0(t)$ は t によらず 1) として，下流での乱流スポットの時間変化は，z^-, z^0 を $(0,1)$ の一様乱数として，

$$s_i(t+1) = \begin{cases} 1 & (s_{i-1}(t) = 1 \text{ かつ } z^- < p, \\ & \text{あるいは } s_i(t) = 1 \text{ かつ } z^0 < p \text{ のとき}) \\ 0 & (\text{上記以外のとき}) \end{cases}$$

と確率 p で伝搬します．この数理モデルからは乱流が起こる p の値や乱流の特徴が説明でき，乱流の発達メカニズムにこのような普遍的な数理構造が存在することが示唆されました（図 3.15(b)）．

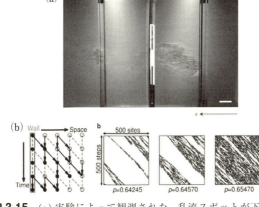

図 3.15 (a) 実験によって観測された，乱流スポットが下流に伝わる様子．(b) 横軸が空間（1 次元），縦軸が時間の有向パーコレーション．ともに Sano, M. and Tamai, K., A universal transition to turbulence in channel flow, *Nature Physics*, **12**: 249-253 (2016) より

Nature Physics, **12**: 249-253 (2016).

174 第3講 ランダムさと秩序との間に

コラム4 ニューラルネットワーク

　第2講でとり上げた通り，脳には約1000億個の神経細胞があると推定されており，このたくさんの神経細胞が相互作用することで脳の優れた情報処理が実現されていると考えられています．そのため，コンピュータの中で簡単な神経細胞モデルをたくさん用意して計算することで，脳の複雑な情報処理をコンピュータでも実現できるのではないかと考えられました．そのような試みは1943年のマカロックとピッツらによってはじまり，今日ではニューラルネットワークと呼ばれる一大分野として大きな成功を収めています[39]．

　ニューラルネットワークでは，それぞれのニューロンは実際の神経細胞の特徴のうち，「入力の大きさで出力が変わること」および「入力の大きさ（重み）が学習によって変化すること」を満たす素子から構成されます．図3.16(a)のように，それぞれの素子は入力信号 (x_i) に重み (w_i) がかけ算され，さらに非線形関数 f にしたがった出力 y をするため，その出力は，

$$y = f\left(\sum_{k=1}^{N} x_k w_k + b\right)$$

と表されます．ニューロンの非線形関数としては，シグモイド関数 $f(x) = 1/(1 + \exp(-x))$ やランプ関数 $f(x) = \max(0, x)$[40] がよく用いられます．

　典型的なニューラルネットワークは図3.16(b)のように入力層，中間層，出力層の3つの層が用意され，入力層から中間層のニューロンへ，中間層から出力層のニューロンへ結合します．このようなネットワークに学習データと呼ばれるデータを入力し，学習結果を反映してそれぞれの重み w（およびバイアス項 b）を調整することになります．一般的な使用方法は以下の通りです．画像の識別の例では，さまざまな画像を学習データとして用意し，画像の輝度（色）情報を入力データとします．学習では，たとえばネコの画像を入力すると1を出力し，ネコ以外の画像を

---

39) ニューラルネットワークという言葉は本来は生物の神経細胞ネットワークを指す言葉なので，区別のために人工ニューラルネットワークと呼ぶことがあります．一方で，人工ニューラルネットワークの研究があまりに流行したため，本来の意味であった生物の神経細胞ネットワークをニューロナルネットワーク (neuronal network) と呼ぶようにもなっています．

40) $f(x) = \max(0, x)$ は，$x \geq 0$ で $f(x) = x$，$x < 0$ で $f(x) = 0$ を返す関数です．

入力すると0を出力するように重みづけを調整します（この調整にはバックプロパゲーションと呼ばれる手法などが用いられます）．学習後新しい画像データを入力すると，ニューラルネットワークが計算を行い，1，または0を出力しますので，学習が適切であればコンピュータがネコかどうかを識別することができます．

典型的なニューラルネットワークでは中間層は1層でしたが，近年では中間層に複数の層構造をとったネットワークが用いられ，これを「深層学習」と呼びます．深層学習は近年の人工知能の発展における重要な技術の1つで，画像認識はもちろんのこと，囲碁において世界トップ棋士を破った人工知能「Alpha Go」にも取り入れられるなど，非常に注目されています[41]．ヒトの視覚系においては，神経細胞は1次視覚野，2次視覚野，…と複数の層の結合で物体の認識・識別を行っているため，ヒトの脳の特徴を取り入れた発展ともいえます．

実際の神経細胞はニューラルネットワークに用いられる（人工的な）神経素子よりも複雑ですし，第2講でみたHHモデルや簡易化されたFHNモデルであっても上記の神経素子にはない特徴をたくさんもっています．そのため，今後さらに脳の理解と数理的なアプローチが融合することで，いまよりも優れた人工知能が発展するかもしれません．

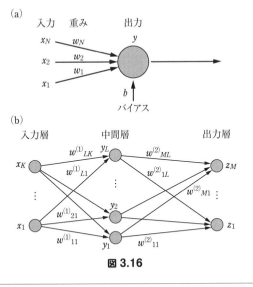

図 3.16

---

41) David. S. *et al.*, Mastering the game of go with deep neural networks and tree search, *Nature*, **529**, 7587: 484-489 (2016).

第4講 だから世界は美しい——数学の法則は分野をこえる

　突然ですが，多くの方がパソコンやスマートフォンを使う上で，「お気に入りフォルダ」や「ショートカット」の有用性を実感しているのではないでしょうか．頻繁にみる Web ページをお気に入りフォルダに登録することで簡単に閲覧でき，また頻繁に行う操作を手数の少ないアクション（セーブする：Ctrl+S，コピーする：Ctrl+C など）に置き換えることで，無駄を省けるようになります．

　翻って，本書はここまで「極限」を出発点として，4つの関数 $\exp(x)$，$\log(x), \cos(x), \sin(x)$ を導入し，微分方程式や確率統計におけるこれらの関数の有用性を示してきました．これらを使うことで，時間変化するシステムの予測や仮説検定などの便利なことができるようになったため，これらの関数をみなさんの頭の中の「お気に入り」に登録していただけたのではないかと思います．

　本講義ではせっかく登録された機能を有効に使うために，さらにくわしい内容を知っていただき，頭の中を整理していただくための講義です．四則演算は四則そろって初めて威力を発揮できるものですが，それと同様に，$\exp(x)$，$\log(x), \cos(x), \sin(x)$ の間にも深い関係があり，お互いの関係を知ることで，より幅広く使いこなすことができるようになります．

　また，数学を実際の問題に活用していくには，今後も必要に応じて頭の中の「お気に入り」をアップデートしていくことが重要です．$\exp(x), \log(x)$，$\cos(x), \sin(x)$ と組み合わせて使用すると役に立つ「おすすめアプリ」として

178 第 4 講 だから世界は美しい

「複素数」「重積分」「偏微分」を導入します．そしてこれらを用いて $\exp(x)$,
$\log(x), \cos(x), \sin(x)$ の新しい側面を紹介します．はじめは高校数学の内容か
ら入りますが，読み進めるにしたがって，数学にいままでみた以上に美しい関
係や構造があることを知り，きっと驚かれることでしょう．

4.1 かけ算とたし算をつなぐ——ネイピア数 e と 大きな数の扱い

本節では，いままで扱った関数について，一般的な数学の枠組みの中での
説明を行い，より高度な内容につなげていきます．はじめに $\exp(x)$ の異なる
（これは高校数学では先に教わるのでしばしば一般的な）表現として，ネイピ
ア数を用いた指数関数について説明します．次に，三角関数 $\sin(x), \cos(x)$ に
ついての幾何的な（図形としての）性質を示します．さらに複素数について説
明した上で，最後にこれら 3 つの関数の間に成り立つオイラーの公式を導き
ます．

4.1.1 「ネイピア数」 e

$\exp(x)$ は 1.4 節の通り，無限個の多項式の和で定義しましたが，もう 1 つ
の重要な性質を以下でみていきます．$2^6 = 2^4 \cdot 2^2$ など，一般に定数 a, n, m に
対して $a^{m+n} = a^m \cdot a^n$ という指数法則が成り立ちます．これは $\exp(x)$ が満た
す関係 $f(m+n) = f(m)f(n)$（1.4 節における関数のルール (2)）ですので，
$\exp(x)$ は a^x の特別な場合と考えられます．$\exp(x)$ が満たすべきもう 1 つの
条件 $\exp'(x) = \exp(x)$ から，この場合の a の値について，

$$\frac{d}{dx}a^x = \lim_{h \to 0} \frac{a^{x+h} - a^x}{h} = a^x$$

より，$x = 0$ のとき，

$$\lim_{h \to 0} \frac{a^h - 1}{h} = 1 \tag{4.1}$$

が成り立たなければなりません．式 (4.1) を満たす場合の定数 a の値を自然対

数の底，あるいはネイピア数と呼び，特別に e という文字で表します.

「ネイピア数」は 17 世紀後半にヤコブ・ベルヌーイによってはじめて導入され[1]，

$$e = \lim_{x \to \infty} \left(1 + \frac{1}{x}\right)^x \tag{4.2}$$

と表されることと，$e = 2.718\cdots$ の無理数（整数のわり算で表すことができない数）であることが知られています[2]．ここでは式 (4.2) が収束することは確認したものとして，式 (4.2) で与えられた e が式 (4.1) の関係 $\lim_{h \to 0} \dfrac{e^h - 1}{h}$ $= 1$ を満たすことを簡単に確認します[3]．

式 (4.2) において $z = 1/x$ として，対数関数の連続性を用いると，

$$\lim_{z \to 0}(1 + z)^{\frac{1}{z}} = e,$$
$$\lim_{z \to 0} \log(1 + z)^{\frac{1}{z}} = \log(e),$$
$$\lim_{z \to 0} \frac{\log(1 + z)}{z} = 1.$$

さらに $\log(1 + z) = h$ とすると $z = e^h - 1$ および $z \to 0$ のとき $h \to 0$ であるから，

$$\lim_{h \to 0} \frac{h}{e^h - 1} = 1,$$
$$\lim_{h \to 0} \frac{e^h - 1}{h} = 1$$

が得られます．そのため，指数関数は e を用いて $\exp(x) = e^x$ と表されます.

世の中には，数学を用いて詳細に解析すると直感的な考え方が間違っている

---

1) ヤコブ・ベルヌーイは $\lim_{n \to \infty} \left(1 + \dfrac{1}{n}\right)^n$ に極限値が存在し，それは 3 よりも小さいことを示しました．一方で，この極限値を表すのに e という記号を使ったのは 18 世紀の数学者オイラーだったといわれています (C. B. Boyer, *A History of Mathematics* 2nd Edition (Wiley, 1989)).

2) e の大きさを手っ取り早く概算するには，e が満たすべき式 $e^x = \exp(x) = 1 + x + x^2/2 + \cdots$ に $x = 1$ を代入することで，$e = 1 + 1 + 1/2 + 1/6 + 1/24 + \cdots$ について任意の項まで計算することで近似的に求めることができます．なお，1/24 までの 5 項の和をとると $2.708\cdots$ が得られます.

3) ここでの内容は，栗田稔『基礎教養 微分積分学』(学術図書，1977) を参考にしました.

180　第4講　だから世界は美しい

ことが明らかになる場合があります．以下では，ネイピア数にちなんだ直感と計算が一致しない例として，「シーザーの吐息」と呼ばれる問題についてみていきます．

紀元前100年ごろの古代ローマの軍人シーザー（ラテン語読みではカエサル）は最後に仲間からの反逆にあい，「ブルータス，お前もか」と言い残して殺されたとされています．このシーザーの最後の名言を発する際に吐かれた空気の分子を現代の日本に生きる私たちが1回の呼吸で吸い込む確率はどのくらいか，という問題です[4]．この問題は数理的に計算をしていくと，直感よりもはるかに大きな確率になります．以下で具体的にみていきましょう．

はじめにこの問題を考えるにあたって必要な情報および考え方を示します．まず，地上大気中の分子は高校の化学で習う理想気体であるとし，分子数10^{44}個として[5]，時間とともに増減はしないものとします．次に，シーザーの一息は2000年以上の時を経て拡散されるため，現代では一様に分布していると考えます．さらに，一呼吸はシーザーも私たちも0.5 L（リットル）とします．高校の化学で習う理想気体の状態方程式によると，圧力P [Pa（パスカル）]，体積V [L]，物質量n [mol（モル）]，気体定数$R = 8.3 \cdot 10^3$ [Pa·L·K^{-1}·mol^{-1}]，絶対温度T [K（ケルビン）]に対して$PV = nRT$が成り立つことが知られています．ここで，私たちは標準的な気圧と温度の状態として$P = 10^5$ [Pa]，$T = 300$ [K]を採用し，さらに$R \simeq 8 \cdot 10^3$と近似すると，物質量n mol は$10^5 \cdot 0.5 = n \cdot 24 \cdot 10^5$から$n = 1/48$ mol が得られます．1 mol $= 6 \cdot 10^{23}$個ですので，一息には$6 \cdot 10^{23}/48 \simeq 10^{22}$個の分子が含まれる計算になります．以上が前提です．

前提にしたがうと，1つの分子をとりあげたとき，それがシーザーの息の分子でない確率は$(10^{44} - 10^{22})/10^{44}$です．そのため，あなたの吸った息すべてがシーザーの分子でない確率Pは，

---

4)　これは Krantz, S. G.（著），関沢正躬（翻訳）『問題解決への数学』（丸善，2001）の問題を一部改訂したものです．

5)　Web のデータベース「理科年表プレミアム」（http://www.rikanenpyo.jp/member/　会員のみアクセス可）によると地球上の大気量は$5.3 \cdot 10^{18}$ kg とありますので，モル質量をMとした場合には分子数は$5.3 \cdot 10^{18} \times 10^3 \times 6.0 \cdot 10^{23}/M$で得られるため，$10^{44}$は概算としておかしくはないと確認できます．

$$P \simeq \left(\frac{10^{44} - 10^{22}}{10^{44}} \right)^{10^{22}} = \left(1 - \frac{1}{10^{22}} \right)^{10^{22}}$$

となります．この計算は桁が大きすぎるため，コンピュータの汎用的な計算ソフトで計算することは難しいですが，いま $X = 10^{22} - 1$ とすると，

$$\left(1 - \frac{1}{10^{22}} \right)^{10^{22}} = \left(\frac{X}{X+1} \right)^{X+1} = \left(\frac{X}{X+1} \right) \frac{1}{\left(1 + \frac{1}{X} \right)^X}$$

が導かれます．ここで大きな数 X について無限大への極限をとると，

$$P \simeq \lim_{X \to \infty} \left(\frac{X}{X+1} \right) \frac{1}{\left(1 + \frac{1}{X} \right)^X} = \frac{1}{e}$$

と（ネイピア数 e の逆数）$= 1/2.718\cdots = 0.3678\cdots$ と求まります．よって，シーザーの分子が（1つ以上）含まれる確率は $1 - P = 1 - 1/e = 0.632\cdots$ となり，6割以上という直感に比して非常に高い確率が得られます．

4.1.2 ネイピアは何をしたのか？——対数関数

定数 e は今日ではネイピア数と呼ばれていますが，その数は（ネイピアではなく）ヤコブ・ベルヌーイによってもたらされた数です．では，ネイピアは何をしたのかというと，$\exp(x) = e^x$ の指数関数ではなく，むしろその逆関数である対数関数 $\log(x)$ の概念を考えたのでした[6]．対数関数が大きな数の扱いや桁数の見積もりに有効であることは第 1 講ですでにみた通りです．

以下では $\exp(x)$ をネイピア数 e を用いて e^x（ただし指数の中身 x に相当する式が長くなる場合には元の表現である $\exp(x)$ を用います）で表します．また，$y = \exp(x)$ の逆関数 $x = \log(y)$ についても，以下では一般的な数学の表記 $x = \log_e y$ あるいは簡略化して $x = \log y$ で表します．

---

6) ネイピアが考案した関数は $x = 10^7 (1 - 1/10^7)^p$ という形をしており，現在の対数関数とは異なる関数によって，対数の元となるアイデアを示しました．このネイピアが考案した関数を用いた対数の概念は，現在の対数関数と区別する形で「ネイピアの対数」と呼ばれています．Bruce, I., Napier's logarithms, *American Journal of Physics*, **68**(2):148-154 (2004), Boyer, C. B., *A History of Mathematics*, 2nd Edition (Wiley, 1989).

182　第 4 講　だから世界は美しい

4.2　指数関数と三角関数をつなぐ
——世界で最も美しい式 $e^{i\pi} = -1$

　次は世界で最も美しい式と呼ばれるオイラーの公式 $e^{i\pi} = -1$ がどうして成り立つのかを説明します．ここで i は虚数と呼ばれる数ですので，初めに複素数，虚数について説明し，次に $\sin(x), \cos(x)$ について幾何的な視点を導入した上で，最終的に $e^{i\pi} = -1$ が成り立つことを示します．

4.2.1　虚数 i と複素数
　はじめに虚数について簡単に説明します．虚数 i は 2 乗すると -1 になる数です．ルート記号（$\sqrt{}$）を用いると $i = \sqrt{-1}$ と表すことができます．この虚数を用いることで，2 乗すると負の値になる（$=\sqrt{}$ の中身が負である）すべての数を表現することができます．たとえば，$\sqrt{-a}$ は 2 乗すると $-a$ になる数ですので，i を用いると $\sqrt{a}i$ と表すことができることになります（$(\sqrt{a}i)^2 = \sqrt{a}\cdot\sqrt{a}\cdot i\cdot i = a\cdot(-1) = -a$ より）．いままで用いてきた実数に虚数を加えて表される数を複素数といいます．一般的に複素数は $x + iy$（ただし x, y は実数，iy が虚数）と表されます．

4.2.2　波の関数 $\sin(x), \cos(x)$ と弧度法
　これまでは波の関数として微分方程式から $\sin(x), \cos(x)$ を導入し用いてきましたが，この関数は弧度法を用いた三角関数と同じ関数です．三角関数は幾何学的には以下のように導入されます．$x-y$ 平面において，原点を中心とした半径 1 の円と原点を通る角度 θ の半直線を描きます．すると，両者の交点の座標が $(\cos(\theta), \sin(\theta))$ となります．直角三角形におけるピタゴラスの定理より，

$$\sin(\theta)\cdot\sin(\theta) + \cos(\theta)\cdot\cos(\theta) = 1 \tag{4.3}$$

が成り立つことがわかります．
　なお，ここで角度 θ の値には 1 周をいくつと規格化するかによる複数の選

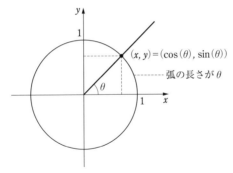

図 4.1

択肢（任意性）があります[7]．有用な角度の決め方に弧度法と呼ばれるものがあり，半径 1，弧の長さ θ の円弧の中心角を θ rad と定めます．弧度法の単位をラジアン（rad と表記）といい，高校数学以降はこちらを習うことになっています（図 4.1）．本書でもこれ以降，角度は弧度法で表します．

さて，このように弧度法を用いて導入された $\sin(\theta), \cos(\theta)$ がともに第 1 講で考えた関係「2 回微分が y 座標の反対（-1 倍）に等しい」（関数のルール (3)）を満たすことを確認しましょう[8]．準備として三角関数の加法定理と $\lim_{\theta \to 0} \sin(\theta)/\theta$ の極限が必要ですので，順にみていきます．

まず，図 4.2(a) のように，斜辺の長さ 1 の直角三角形 ABC を θ_2 だけ傾けます．線分 CF の長さは $\sin(\theta_1 + \theta_2)$ ですが，この長さは線分 DE に等しいため，加法定理として，

$$\sin(\theta_1 + \theta_2) = \sin(\theta_1)\cos(\theta_2) + \cos(\theta_1)\sin(\theta_2) \tag{4.4}$$

が成り立ちます．

次に，図 4.2(b) のように，中心角が 2θ で上下対象な円弧 OAB に対して，直角三角形 AOD と COA を描きます（$0 < \theta < \pi/2$ とします）．このとき，弧 AB は線分 AB よりも長く，線分 AC + 線分 BC よりは短いため，

---

[7] 思い起こせば，小学校の算数では 1 周を 360 度とする度数法を習いましたが，360 という数がどこから来たのかは教わりませんでした．
[8] この関係をどのように導くかは，何を前提とするかで変わってきますので，解析学の教科書ごとに個性が出る部分です．本書ではなるべく少ない前提から導けるよう心掛けました．

(a)

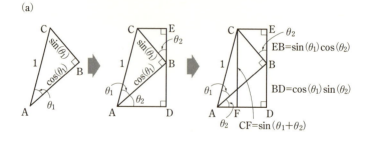

(b)

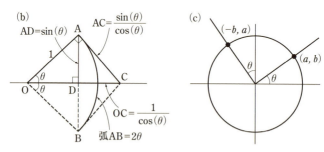

図 4.2

$$0 < 2\sin(\theta) < 2\theta < 2\frac{\sin(\theta)}{\cos(\theta)}$$

が成り立ちます．それぞれを $2\sin(\theta)$ でわって逆数をとると，$1 > \frac{\sin(\theta)}{\theta} > \cos(\theta)$ です．ここで，はさみうちの原理（付録1参照）と $\cos(0) = 1$ により，

$$\lim_{\theta \to 0} \frac{\sin(\theta)}{\theta} = 1 \tag{4.5}$$

が得られます．

　これらの準備を用いて $\sin(\theta)$ の微分を変形していきます．まずは式 (4.4) の加法定理を用いて，

$$\lim_{\Delta\theta \to 0} \frac{\sin(\theta + \Delta\theta) - \sin(\theta)}{\Delta\theta}$$

$$= \lim_{\Delta\theta \to 0} \frac{\sin(\theta)\cos(\Delta\theta) + \cos(\theta)\sin(\Delta\theta) - \sin(\theta)}{\Delta\theta}$$

$$= \sin(\theta) \lim_{\Delta\theta \to 0} \frac{\cos(\Delta\theta) - 1}{\Delta\theta} + \cos(\theta) \lim_{\Delta\theta \to 0} \frac{\sin(\Delta\theta)}{\Delta\theta}$$

と表されます. ここで第 1 項は, 分子分母に $\cos(\Delta\theta) + 1$ をかけて式 (4.3) を用いると,

$$\sin(\theta) \lim_{\Delta\theta \to 0} \left(\frac{\sin(\Delta\theta)}{\Delta\theta} \right) \left(\frac{-\sin(\Delta\theta)}{\cos(\Delta\theta) + 1} \right) = 0$$

となり, また第 2 項は式 (4.5) より $\cos(\theta)$ が得られるため, $\sin'(\theta) = \cos(\theta)$ が導かれます.

次に, $\cos(\theta)$ の微分についてですが, 図 4.1 を $\pi/2\,\mathrm{rad}$ 回転させると, 図 4.2(c) から $\cos(\theta + \pi/2) = -b = -\sin(\theta)$ および $\sin(\theta + \pi/2) = a = \cos(\theta)$ がわかります. そのため, 合成関数の微分より,

$$\frac{d}{d\theta}\cos(\theta) = \frac{d}{d\theta}\sin\left(\theta + \frac{\pi}{2}\right)$$

$$= \cos\left(\theta + \frac{\pi}{2}\right)$$

$$= -\sin(\theta)$$

が導かれます.

これらの関係から $\sin(\theta), \cos(\theta)$ の 2 回微分を計算すると, それぞれ $-\sin(\theta), -\cos(\theta)$ となり, 第 1 講でみた [関数のルール (3)] を満たしていることがわかります[9]. また, 明らかに $\sin(0) = 0, \cos(0) = 1$ ですので, $\sin(x)$, $\cos(x)$ が満たすべき初期条件も満たしていることが確認できます.

---

9) 三角関数の表記には注意すべきルールがあります. $\sin(x)$ のように, 関数の入力に 1 つの記号が入る場合は $\sin x$ と括弧を省略して書くことができます ($\sin(x+y)$ は $\sin x + y$ と書いてはいけません. 念のため). また, $\sin$ (サイン) 関数の 2 乗は $(\sin x)(\sin x) = \sin^2 x$ と $\sin$ の横に小さな 2 を書くことになっています (3 乗以降も同様になります). 個人的には $(\sin x)(\sin x) = \sin x^2$ とすると, $\sin(x^2)$ と区別できなくなるからだと理解しています. これにしたがうと, 先の式は $\sin(x) \cdot \sin(x) + \cos(x) \cdot \cos(x) = \sin^2 x + \cos^2 x = 1$ となります.

186   第4講　だから世界は美しい

4.2.3　真打ち登場——オイラーの公式

　ここまでで，虚数 i の導入と，指数関数，三角関数の意味についてみてきました．そこで，ここでは e^x と $\cos x, \sin x$ の関係を表す有名なオイラーの公式を求めます（このオイラーは，補講 2.1 でも述べたように，ガンマ関数の考案者としても知られています）．第 1 講では，

$$\exp(x) = e^x = 1 + x + \frac{x^2}{2!} + \frac{x^3}{3!} + \frac{x^4}{4!} + \cdots,$$
$$\cos x = 1 - \frac{x^2}{2!} + \frac{x^4}{4!} - \frac{x^6}{6!} + \frac{x^8}{8!} + \cdots,$$
$$\sin x = x - \frac{x^3}{3!} + \frac{x^5}{5!} - \frac{x^7}{7!} + \frac{x^9}{9!} + \cdots$$

であることをみてきました．$\cos x, \sin x$ はそれぞれ x の偶数乗の項，奇数乗の項があり，e^x にはすべての項があります．また，$\cos x, \sin x$ はともに次の項では正負が入れ替わり，かつ x の乗数が $+2$ されていますが，この特徴は虚数 i の特徴 $i^2 = -1$ を用いて表すことが可能です．そこで，ここでは $e^{i\theta}$ を考えましょう．このとき，

$$e^{i\theta} = 1 + i\theta - \frac{\theta^2}{2!} - \frac{i\theta^3}{3!} + \frac{\theta^4}{4!} + \cdots$$

が得られますが，これは $\cos\theta$ のもつ項はすべて含まれます．そのため，

$$e^{i\theta} - \cos\theta = i\theta - \frac{i\theta^3}{3!} + \frac{i\theta^5}{5!} - \cdots$$

となり，右辺はちょうど $\sin\theta$ を i 倍したものなので，虚数 i を用いることで，オイラーの公式，

$$e^{i\theta} = \cos\theta + i\sin\theta \tag{4.6}$$

がなりたちます．とくに $\theta = \pi$ については，$e^{i\pi} = -1$ となります．

　なお，オイラーがこの公式を発表したのは 1748 年のことですが，1714 年の段階でコーツという数学者が，

$$\log(\cos x + i\sin x) = ix \tag{4.7}$$

と対数関数の形で発表していました[10]．この式が「コーツの公式」として後世に残らなかった一因は，1.4.3 項で説明した内容にあります．1.4.3 項で説明した通り，x を定めた際に関数の値が 1 つに定まらない関数を多価関数といいますが，log は中身が複素数の場合は多価関数になるため，式 (4.7) の形は厳密には正しくないからです[11]．

オイラーの公式は微分方程式の解法にも用いられます．以下ではその例として，2.4.2 項の 2 変数線形微分方程式の解析における領域 D のケースを複素数の範囲で考えてみましょう．2.4.2 項での解析において，領域 D では $(a + d)^2 - 4(ad - bc) < 0$ であるため，$x = v \exp(\lambda t), y = w \exp(\lambda t)$ を代入した場合に実数の範囲では λ の値を求めることができませんでした．領域 D のケース $a = -2, b = -1, c = 1, d = -2$ における λ の式 $\lambda^2 + 4\lambda + 5 = 0$ について，ここでは複素数の範囲で λ を求めると，解の公式に代入して整理することで，

$$\lambda = \frac{-4 \pm \sqrt{4^2 - 20}}{2} = -2 \pm i$$

が得られます．

さらに解析を進めると，x の解 $x = v_1 e^{(-2+i)t} + v_2 e^{(-2-i)t}$ に対して任意の定数を $v_1 = (p - qi)/2, v_2 = (p + qi)/2$ とおくことで，

$$x = \frac{p - qi}{2} e^{(-2+i)t} + \frac{p + qi}{2} e^{(-2-i)t}$$
$$= e^{-2t} \left(p \frac{e^{it} + e^{-it}}{2} - iq \frac{e^{it} - e^{-it}}{2} \right)$$

が得られます．ここでオイラーの公式を変形して得られる $\dfrac{e^{it} + e^{-it}}{2} = \cos t$, $\dfrac{e^{it} - e^{-it}}{2i} = \sin t$ を用いると，

$$x = e^{-2t}(p \cos t + q \sin t)$$

（ただし，p, q は初期値に依存した定数）が求まり，さらに元の微分方程式 $\dfrac{dx}{dt} = -2x - y$ に代入することで，$y = e^{-2t}(p \sin t - q \cos t)$ が求まります．そのため，2.4.2 項と同様に解が指数関数と三角関数の積で表されるため，この

---

10)　Stillwell, J., *Mathematics and Its History*, 3rd Edition (Springer, 2010).
11)　たとえば $x = 2\pi$ のときは（左辺）$= \log 1 = 0$ なので右辺と等しくはなりません．

188　第 4 講　だから世界は美しい

場合は回転しながら解の絶対値が指数的に減衰していくことが確認できます.

発展 13　複素平面

　複素数 $a+bi$ について，実数を横軸に，複素数を縦軸に表したものを複素平面といいます．複素数同士のたし算はそれぞれの項の和をとることで $(a+bi)+(c+di) = (a+c)+(b+d)i$ が得られますが，かけ算は $i^2 = -1$ に注意して展開すると $(a+bi) \cdot (c+di) = (ac-bd)+(ad+bc)i$ とやや複雑になります.

　一方で，複素数同士の積は複素平面における回転と結びつけて解釈することができます（図 4.3）．ここで，

$$a+bi = r_1(\cos\theta_1 + i\sin\theta_1) = r_1 e^{i\theta_1},$$
$$c+di = r_2(\cos\theta_2 + i\sin\theta_2) = r_2 e^{i\theta_2}$$

とします．すると両者の積は

$$r_1 e^{i\theta_1} \cdot r_2 e^{i\theta_2} = r_1 r_2 e^{i(\theta_1+\theta_2)} = r_1 r_2 \cos(\theta_1+\theta_2) + i r_1 r_2 \sin(\theta_1+\theta_2)$$

と求まり，複素平面では原点との距離が r_1 と r_2 の積，実軸 $(x=0)$ とのなす角が θ_1 と θ_2 の和として表されます（この結果は加法定理を用いても確認できます）．また，この計算を用いると複素数の n 乗の計算を効率よく考えることができ，$(a+bi)^n = (r_1)^n e^{in\theta_1}$ と展開せずに答えを出せます．たとえば $z = 1 + \sqrt{3}i$ のとき，z^3 は，

$$z^3 = \left(1+\sqrt{3}i\right)^3 = (1)^3 + 3 \cdot (1)^2 \cdot \sqrt{3}i + 3 \cdot 1 \cdot (\sqrt{3}i)^2 + (\sqrt{3}i)^3$$
$$= 1 + 3\sqrt{3}i - 9 - 3\sqrt{3}i = -8$$

ですが，$z = 1 + \sqrt{3}i = 2e^{i\frac{\pi}{3}}$ であることに気づけば，$z^3 = 2^3 e^{i\pi} = -8$ とオイラーの公式を用いて簡単に求まります.

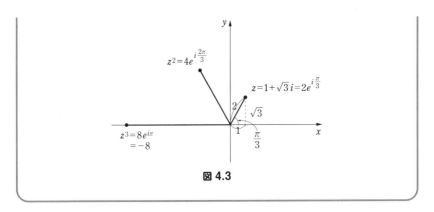

図 4.3

4.3 確率分布と円周率をつなぐ――ガンマ関数による $\Gamma(1/2) = \sqrt{\pi}$

　ここでは，重積分や極座標変換と呼ばれる手法を用いて $I = \int_{-\infty}^{\infty} e^{-x^2} dx$ の積分を行い，それが $\Gamma(1/2)$ や正規分布の確率密度関数を求めるのに役立つことを説明します．いままでの内容よりも若干難易度が高いかもしれませんが，高度な解析法を身につけることで，バラバラにみえていた現象がつながっていることを感じていただければと思います．

　ここまでみてきた積分 $\int_{x_1}^{x_2} f(x)dx$ は x がある区間にあるときの $f(x)$ と x 軸，$x = x_1, x = x_2$ とで囲まれた部分の面積を求める手続きでした．一方で，重積分は求めるものを 2 次元空間における面積に限定しない積分で，たとえば $\int_{y_1}^{y_2} \int_{x_1}^{x_2} f(x,y)dxdy$ [12]のように，決められた x, y の範囲で $f(x, y)$ の体積を求める手法となります．本質的な手続きは通常の積分と同じで，積分し

---

12) 重積分において積分記号がたくさん出てくるとこれまでの式の書き方ではややこしくなるため，別な積分の表し方もあります．たとえば，$\int_1^2 \int_3^4 f(x, y)dxdy$ はルールにしたがうと $3 \leq x \leq 4$ および $1 \leq y \leq 2$ の範囲で積分することを意味しますが，すでにどちらの $\int$ が x の範囲でどちらが y の範囲かややこしいです．一方で $\int$ 記号の後にその範囲で積分する変数（dx, dy など）を書くルールもあり，その場合は，$\int_1^2 dy \int_3^4 dx f(x, y)$ のように，y の範囲が 1 から 2，x の範囲が 3 から 4 と一目瞭然になります．大学数学や物理学ではとくに複雑な多変数の積分にはこちらの書き方を用います．

190　第4講　だから世界は美しい

たい関数 $f(x,y)$ と積分の領域 D に対して，領域を幅 Δx, 高さ Δy の細かい長方形に分割して，たくさんのビルが建っているように見直します．すると，それぞれのビルの体積は $f(x_i, y_i)\Delta x \Delta y$ となるので，それを領域内で積算した $\sum_i f(x_i, y_i)\Delta x \Delta y$ を $\Delta x \Delta y$ についての極限 $\Delta x, \Delta y \to 0$ をとることで全体の体積を算出します．

この節の目的である $I = \int_{-\infty}^{\infty} e^{-x^2} dx$ は指数の中身が第1講の λx から $-x^2$ となっただけなので一見簡単そうな積分ですが，置換積分や部分積分では答えを出すことができない関数です．そのため，ここでは I ではなく I^2 を算出し，後に平方根をとるという作戦を用います．$I^2 = I \cdot I$ ですが，重積分に発展させることを考えて片方の積分に（x ではなく）y を用いると，$I^2 = \int_{-\infty}^{\infty} e^{-x^2} dx \cdot \int_{-\infty}^{\infty} e^{-y^2} dy$ となります．これを上の重積分の形にすると $I^2 = \int_{-\infty}^{\infty} \int_{-\infty}^{\infty} e^{-x^2-y^2} dx dy$（$e^{-x^2}e^{-y^2} = e^{-x^2-y^2}$ によります）です．ここから I^2 を求めるための重要な手順に，「極座標変換」と呼ばれるものがあります．x-y 平面上での重積分を原点からの距離 r と x 軸から反時計まわりにみた角度 θ の重積分に変換します．(x_i, y_i) を (r_i, θ_i) に変換すると，先ほどの三角関数の関係より $x_i = r_i \cos\theta_i, y_i = r_i \sin\theta_i$ が成り立ちます．

補講での置換積分の操作は「区間を決める」と「変化率をかける」という2つの操作を行いました．今回については $-\infty \leq x \leq \infty, -\infty \leq y \leq \infty$ の領域は $0 \leq r \leq \infty, 0 \leq \theta < 2\pi$ と置き換えることができます[13]（図4.4(a)）．

次に変化率をかける操作を考えます．$(x_i, y_i), (x_i + \Delta x, y_i), (x_i, y_i + \Delta y),$ $(x_i + \Delta x, y_i + \Delta y)$ で囲まれる領域について，その面積は $\Delta x \Delta y$ となります．次に (x_i, y_i) を極座標変換した (r_i, θ_i) に対して，$(r_i, \theta_i), (r_i + \Delta r, \theta_i), (r_i, \theta_i + \Delta\theta), (r_i + \Delta r, \theta_i + \Delta\theta)$ で囲まれる領域の面積 ds は図4.4(b) のように，

---

13)　極座標への変換および広義積分の収束について，ここでは図4.4のような直感的な理解に頼り，いくつかの確認事項を省略しています．より厳密な理解のためには，高木貞治『定本 解析概論』（岩波書店，2010）などを参考にしてください（線形代数の基礎知識も必要となります）．なお，得られる結論に変わりはありません．

$$ds = \frac{1}{2}(r + \Delta r)^2 \Delta\theta - \frac{1}{2}r^2\Delta\theta$$

$$= r\Delta r\Delta\theta + \frac{1}{2}(\Delta r)^2\Delta\theta$$

$$\simeq r\Delta r\Delta\theta$$

と求まります（$(\Delta r)^2\Delta\theta \to 0$ を用いました）．よって，前のビルの体積は $f(x_i, y_i)\Delta x\Delta y$ であったのに対し，極座標でみたビルの体積は $f(r\cos\theta, r\sin\theta)r\Delta r\Delta\theta$ となります．特定の範囲（$0 \le r \le \infty, 0 \le \theta < 2\pi$）にあるこの極座標のビルをたし合わせると，その体積は，

$$\int_{-\infty}^{\infty}\int_{-\infty}^{\infty} f(x, y)dxdy = \int_{0}^{2\pi}\int_{0}^{\infty} f(r\cos\theta, r\sin\theta)rdrd\theta$$

となります．いまは $f(x, y) = e^{-x^2-y^2}$ でしたので，求めたい I^2 は，

$$I^2 = \int_{0}^{2\pi}\left(\int_{0}^{\infty} e^{-r^2}rdr\right)d\theta$$

となります．さらに $r^2 = u$ とおいて，$\frac{du}{dr} = 2r$ より括弧内を u の積分に置換積分して，$\int_{0}^{\infty}(e^{-u}/2)du = [-e^{-u}/2]_{0}^{\infty} = 1/2$ によって $I^2 = \int_{0}^{2\pi}(1/2)d\theta = \pi$ となります．したがって，$I = \sqrt{\pi}$ と求まります[14]．極座標変換は頻繁に行うテクニックですので，「積分区間を変換して，$dxdy$ を $rdrd\theta$ に書き換える」という手続きを覚えておくと便利です．

このあと，得られた $I = \sqrt{\pi}$ を用いてガンマ関数の評価，および確率分布の規格化の計算ができることを確認していきます．

補講で出てきたガンマ関数は $\Gamma(x) = \int_{0}^{\infty} t^{x-1}e^{-t}dt$ というものでした．x が自然数のときはこの複雑な積分が $(x - 1)!$ と表されることをみてきましたが，今回は $x = 1/2$ のときに先ほどの積分で得られた $I = \sqrt{\pi}$ を利用して $\Gamma(1/2)$ の値を求めます．$\Gamma(1/2) = \int_{0}^{\infty} t^{-1/2}e^{-t}dt$ に対して $s^2 = t$ として正の数 s を t に対応させると，s は単調増加かつ積分区間は変わりません．$\frac{dt}{ds} = 2s$ から，

---

14) 面積 $I > 0$ なので $-\sqrt{\pi}$ は解ではありません．また，r の積分を u の積分に置換する際に必要な単調性の確認と積分区間の変換は省略していますので，必要に応じてみなさんでご確認ください．

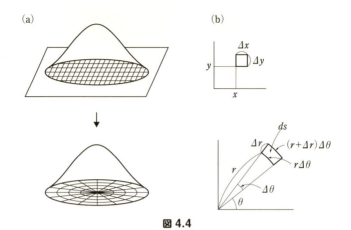

図 4.4

$$\Gamma\left(\frac{1}{2}\right) = \int_0^\infty (s^2)^{-\frac{1}{2}} e^{-s^2} 2s\, ds$$
$$= \int_0^\infty 2e^{-s^2} ds$$
$$= \int_{-\infty}^\infty e^{-s^2} ds$$

となります（$u = -s$ としたときに $e^{-s^2} = e^{-u^2}$ なので，偶関数の公式（補講 1.3）から $\int_{-\infty}^\infty e^{-s^2} ds$ となります）．この右辺は先ほどの I ですので，最終的に $\Gamma(1/2) = \sqrt{\pi}$ と求まります．

$\Gamma(1/2) = \sqrt{\pi}$ を補講 2.1 でみたガンマ関数の公式と組み合わせることで，

$$\Gamma\left(\frac{3}{2}\right) = \frac{1}{2}\Gamma\left(\frac{1}{2}\right) = \frac{\sqrt{\pi}}{2},$$
$$\Gamma\left(\frac{5}{2}\right) = \frac{3}{2}\Gamma\left(\frac{3}{2}\right) = \frac{3}{4}\sqrt{\pi}$$

などと分母が 2 のときのガンマ関数の値を簡単に求められることがわかります．

次に，第 3 講では確率密度関数の規格化定数を $K = \int_{-\infty}^\infty e^{-x^2/2} dx = \sqrt{2\pi}$ として扱ってきましたが，こちらの積分も I の結果を用いて確かめることができます．$K = \int_{-\infty}^\infty e^{-t^2/2} dt$ に対して，$t = \sqrt{2}x$ とおきます．すると

$dt/dx = \sqrt{2}$ より $K = \int_{-\infty}^{\infty} e^{-x^2} \sqrt{2} dx = \sqrt{2} I = \sqrt{2\pi}$ と求まります．このことにより，標準正規分布の確率密度関数 $f_N(x; 0, 1) = \dfrac{1}{\sqrt{2\pi}} e^{-x^2/2}$ を $-\infty < x < \infty$ の範囲で積分すると 1 になることがわかります．

復習 6　二重積分による円の面積公式の確認

　第 1 講の復習 1 で確認した円の面積の公式の幾何的な導出方法は小学校で習ったものです．この公式を習う小学生の段階では，積分や極限に関する知識がなかったため，公式に疑問をはさむ余地はありませんでした．しかしながら，本当に円を「無限個の高さ r の三角形」に分割できるのかどうかは，イプシロン-デルタ論法や積分を習得したいまとなっては必ずしも当たり前ではありません．

　そこで，ここでは先に習った重積分と極座標を用いて円の面積の公式を再度導出し，小学校で習った公式が正しいことを確認してみましょう．半径 R の円の方程式は $x^2 + y^2 = R^2$ ですので，その内部の領域は $x^2 + y^2 \le R^2$ と表されます．（円柱，三角柱など）高さが一定の立体の体積は（底面積）×（高さ）で表されることを利用し，半径 R で高さが 1 の円柱の体積を考えると，それは底面である円の面積 $S(R)$ に等しくなります．そこで円柱の体積を重積分で表すと，

$$S(R) = \int\int_{x^2+y^2 \le R^2} 1 dx dy$$

となります（積分する領域をそれぞれの変数の積分区間であらわに $\int_a^b$ と書けない場合，このように積分記号の下に積分領域を表す不等式を書くことがあります）．この重積分に極座標変換を行うと，

$$\begin{aligned}
S(R) &= \int_0^{2\pi} \int_0^R r dr d\theta \\
&= \int_0^{2\pi} \left[\frac{r^2}{2} \right]_0^R d\theta \\
&= \pi R^2
\end{aligned}$$

と求まり，円の面積が（半径）×（半径）×（円周率）であることが確認できました．

194   第4講　だから世界は美しい

━━ 発展 14　二重積分によるガンマ公式の確認 ━━

　極座標変換を用いた難易度の高い解析として，ここでは補講 2.2 で確認したベータ関数 $B(x, y) = \int_0^1 t^{x-1}(1-t)^{y-1}dt$ とガンマ関数 $\Gamma(x) = \int_0^\infty t^{x-1}\exp(-t)dt$ の間の公式，

$$(3)\ B(x, y) = \frac{\Gamma(x)\Gamma(y)}{\Gamma(x+y)}$$

が x, y が正の実数のときに成り立つことを示します.

　右辺の分子 $\Gamma(x)\Gamma(y)$ について，ガンマ関数に対して先ほど行った $s^2 = t$ と変数変換すると $\Gamma(x) = \int_0^\infty (s^2)^{x-1}e^{-s^2}2sds$ となりますので，

$$\Gamma(x)\Gamma(y) = \left(2\int_0^\infty e^{-s^2}s^{2x-1}ds\right)\left(2\int_0^\infty e^{-u^2}u^{2y-1}du\right)$$

$$= 4\int_0^\infty \int_0^\infty e^{-s^2-u^2}s^{2x-1}u^{2y-1}dsdu$$

が得られます. これをさらに極座標変換することで，

$$= 4\int_0^{\pi/2}\int_0^\infty e^{-r^2}(r\sin\theta)^{2x-1}(r\cos\theta)^{2y-1}rdrd\theta$$

$$= \left(2\int_0^\infty e^{-r^2}r^{2(x+y)-1}dr\right)\left(2\int_0^{\pi/2}\sin^{2x-1}\theta\cos^{2y-1}\theta d\theta\right).$$

ここで前の括弧内の $2\int_0^\infty e^{-r^2}r^{2(x+y)-1}dr$ は $r^2 = t$ とおくと，$\dfrac{dr}{dt} = \dfrac{1}{2\sqrt{t}}$ より $\int_0^\infty e^{-t}t^{x+y-1}dt = \Gamma(x+y)$ ですので，移項することで，

$$\frac{\Gamma(x)\Gamma(y)}{\Gamma(x+y)} = 2\int_0^{\pi/2}\sin^{2x-1}\theta\cos^{2y-1}\theta d\theta$$

が得られます.

　一方で，$B(x, y) = \int_0^1 t^{x-1}(1-t)^{y-1}dt$ に対して，$t = \sin^2\theta$ とおくと，$dt/d\theta = 2\sin\theta\cos\theta$ より，

$$B(x, y) = \int_0^{\pi/2}(\sin^2\theta)^{x-1}(1-\sin^2\theta)^{y-1}2\sin\theta\cos\theta d\theta$$

$$= 2\int_0^{\pi/2}\sin^{2x-1}\theta\cos^{2y-1}\theta d\theta$$

となりますので，$B(x, y) = \dfrac{\Gamma(x)\Gamma(y)}{\Gamma(x+y)}$ が成り立ちます．よく使う値として，$B(1/2, 1/2)$ を具体的に求めますと，

$$B\left(\frac{1}{2}, \frac{1}{2}\right) = \frac{\Gamma\left(\dfrac{1}{2}\right)\Gamma\left(\dfrac{1}{2}\right)}{\Gamma(1)} = \pi$$

が得られます．

4.4　テイラー展開と数値解法をつなぐ──修正オイラー法

　第 2 講では微分方程式を数値計算するために，オイラー法を学びました．この方法の欠点は，$t = t_0$ での傾きが区間 $[t_0, t_0 + \Delta t]$ で変わらないと仮定して $t = t_0 + \Delta t$ での値を算出していることにあります．実際には解の関数の接線の傾きは t に対して連続で変化しますので，途中で傾きを評価しなおさなければなりません．一方で，どのような計算をすると傾きの変化を補正してより精度の高い計算ができるかについては，偏微分と 2 変数関数のテイラー展開の知識が必要になります．偏微分とは，$f(x, y)$ のように，ある関数が複数の変数で表されている際の微分を定式化したものです．

　以下では，偏微分と 2 変数関数のテイラー展開について説明したのちに，修正オイラー法と呼ばれる方法がなぜオイラー法よりも精度の高い数値計算ができるのかを示し，さらにより実用的な 4 次のルンゲ-クッタ法を紹介します．

4.4.1　偏微分の手続きについて

　偏微分とは，多変数関数（変化する量が複数ある関数）に対して，ある変数に着目し，その他の変数を固定して行う微分のことです．$f(x, y)$ について，x の偏微分は，

$$\frac{\partial f}{\partial x} = \lim_{\Delta x \to 0} \frac{f(x + \Delta x, y) - f(x, y)}{\Delta x}$$

と表され[15]，この式は y を定数のように固定した上で x について第 1 講でみた微分の操作を行うことを意味します．同じく y の偏微分は，

$$\frac{\partial f}{\partial y} = \lim_{\Delta y \to 0} \frac{f(x, y + \Delta y) - f(x, y)}{\Delta y}$$

として与えられ，x を定数とみなした上で y について微分します．具体的には，$f(x, y) = a_0 + a_1 x + a_2 y + a_3 x^2 + a_4 xy + a_5 y^2$ に対して $\frac{\partial f}{\partial x} = a_1 + 2a_3 x + a_4 y, \frac{\partial f}{\partial y} = a_2 + a_4 x + 2a_5 y$ となります．また，便宜的に $\frac{\partial}{\partial x} f(x_0, y_0)$ と書いた場合は $f(x, y)$ を x で偏微分し，得られた式に $x = x_0, y = y_0$ をそれぞれ代入することを意味します．上の例では，

$$\frac{\partial}{\partial x} f(x_0, y_0) = a_1 + 2a_3 x_0 + a_4 y_0,$$

$$\frac{\partial}{\partial y} f(x_0, y_0) = a_2 + a_4 x_0 + 2a_5 y_0$$

となります．

4.4.2 2変数関数の全微分

関数 $f(x, y)$ について，有限の微小量 $\Delta x, \Delta y$ に対して $x = x_0 + \Delta x, y = y_0 + \Delta y$ のとき $f(x, y) = f(x_0, y_0) + \Delta f$ であったとします．このとき，$(\Delta x, \Delta y) \to (0, 0)$ の極限で Δf を考えることは，これまでの（1 変数関数の）微分を 2 変数に拡張した全微分と呼ばれる操作になります．(x, y) に対して $f(x, y)$ を高さとして描くと，図 4.5 のように曲面が得られます．x の偏微分においては y を，y の偏微分においては x を定数とみなすため，$\frac{\partial f(x_0, y_0)}{\partial x}$ は点 (x_0, y_0) における x 軸方向の傾きを，$\frac{\partial f(x_0, y_0)}{\partial y}$ は y 軸方向の傾きを表しています．

次に，$(x_0, y_0), (x_0 + \Delta x, y_0), (x_0, y_0 + \Delta y), (x_0 + \Delta x, y_0 + \Delta y)$ の 4 点における $f(x, y)$ の値をそれぞれ考えると，$\Delta x, \Delta y$ が十分小さいとき（偏微分 $\partial f / \partial x, \partial f / \partial y$ が点 (x_0, y_0) で連続であるとすると），

---

15) 偏微分の記号 ∂x は「パーシャルエックス」，あるいは「ラウンドエックス」と読みます．

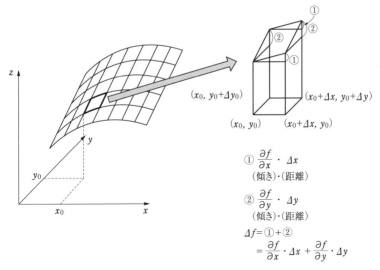

図 4.5

$$\Delta f \simeq f(x_0 + \Delta x, y_0 + \Delta y) - f(x_0, y_0) = \Delta x \frac{\partial f(x_0, y_0)}{\partial x} + \Delta y \frac{\partial f(x_0, y_0)}{\partial y} \tag{4.8}$$

がなりたちます.この式は,図 4.5 のように $f(x_0, y_0)$ に接する平行四辺形を考えることで f の微小変化量を表せることを意味しています.

これが 2 変数関数の全微分の式[16]なのですが,この後オイラー法の話にもっていくため,もう少し踏み込んでこの式を扱ってみましょう.$f(x(t), y(t))$ と x, y が時間 t の関数である場合を考えます.このとき,微小量 Δx は t に対する x の傾き $\frac{dx}{dt}$ を用いて $\left(\frac{dx}{dt}\right)\Delta t$ と表せ,同様に $\Delta y = \left(\frac{dy}{dt}\right)\Delta t$ と表せますので,式 (4.8) は,

$$\Delta f = \frac{\partial f}{\partial x}\frac{dx}{dt}\Delta t + \frac{\partial f}{\partial y}\frac{dy}{dt}\Delta t$$

となります.両辺を Δt で割ると,

---

[16] 正確には,この式について $\Delta x, \Delta y \to 0$ の極限をとった $df = dx\frac{\partial f(x_0, y_0)}{\partial x} + dy\frac{\partial f(x_0, y_0)}{\partial y}$ の表記を全微分の式と呼びます.

198 第4講 だから世界は美しい

$$\frac{\Delta f}{\Delta t} = \frac{\partial f}{\partial x}\frac{dx}{dt} + \frac{\partial f}{\partial y}\frac{dy}{dt}$$

ですので,$\Delta t \to 0$ の極限で,

$$\frac{df}{dt} = \frac{\partial f}{\partial x}\frac{dx}{dt} + \frac{\partial f}{\partial y}\frac{dy}{dt} \tag{4.9}$$

と求まります.さらに,$f(t, y(t))$ である場合を考えます.こちらは式 (4.9) で $x(t) = t$ および $dx/dt = 1$ の場合に相当しますので,代入することで,

$$\frac{df(t, y)}{dt} = \frac{\partial f(t, y)}{\partial t} + \frac{\partial f(t, y)}{\partial y}\frac{dy}{dt} \tag{4.10}$$

と表されます.

4.4.3 2変数関数のテイラー展開について

関数 $f(x, y)$ を $x = x_0$, $y = y_0$ の周りでテイラー展開することを考えます.これは2変数関数のテイラー展開と呼ばれる手法ですが,先に2次までの展開の答えを述べると,$x = x_0 + h, y = y_0 + l$ としたときに,

$$f(x_0 + h, y_0 + l) = f(x_0, y_0) + h\frac{\partial}{\partial x}f(x_0, y_0) + l\frac{\partial}{\partial y}f(x_0, y_0)$$
$$+ \frac{h^2}{2}\frac{\partial^2}{\partial x^2}f(x_0, y_0) + hl\frac{\partial^2}{\partial x\partial y}f(x_0, y_0) + \frac{l^2}{2}\frac{\partial^2}{\partial y^2}f(x_0, y_0)$$
$$+ (h, l \text{ の 3 次以上の項}) \tag{4.11}$$

となり,1変数関数のテイラー展開の拡張として1回微分はそれぞれの偏微分の項,2回微分に関しては x, y の2回偏微分の項に加えて x と y でそれぞれ偏微分した項が加わります.この式が適切な展開になっていることを,先ほどから用いている具体例 $f(x, y) = a_0 + a_1 x + a_2 y + a_3 x^2 + a_4 xy + a_5 y^2$ を用いて確認しましょう.x, y の1回偏微分の項はさきほど確かめましたので,他に必要な偏微分項について求めると,

$$\frac{\partial^2}{\partial x^2} f(x_0, y_0) = 2a_3,$$

$$\frac{\partial^2}{\partial y^2} f(x_0, y_0) = 2a_5,$$

$$\frac{\partial^2}{\partial x \partial y} f(x_0, y_0) = a_4$$

がそれぞれ得られます. 一方で, $f(x_0 + h, y_0 + l) \simeq a_0 + a_1(x_0 + h) + a_2(y_0 + l) + a_3(x_0 + h)^2 + a_4(x_0 + h)(y_0 + l) + a_5(y_0 + l)^2$ ですので, 展開し, h, l の項別に並べると,

$$\begin{aligned}
f(x_0 + h, y_0 + l) \simeq{} & a_0 + a_1 x_0 + a_2 y_0 + a_3 x_0^2 + a_4 x_0 y_0 + a_5 y_0^2 \\
& + a_1 h + 2a_3 x_0 h + a_4 y_0 h \\
& + a_2 l + a_4 x_0 l + 2a_5 y_0 l \\
& + a_3 h^2 \\
& + a_4 h l \\
& + a_5 l^2
\end{aligned}$$

となります. これは 1 行目からそれぞれ,

$$f(x_0, y_0), \ h\frac{\partial}{\partial x} f(x_0, y_0), \ l\frac{\partial}{\partial y} f(x_0, y_0),$$

$$\frac{h^2}{2}\frac{\partial^2}{\partial x^2} f(x_0, y_0), \ hl\frac{\partial^2}{\partial x \partial y} f(x_0, y_0), \ \frac{l^2}{2}\frac{\partial^2}{\partial y^2} f(x_0, y_0)$$

に各偏微分項の結果を代入したものと同じであることが確認できます. したがって, 式 (4.11) が, 適切な展開になっていることが確認できました.

もしテイラー展開が h, l の 1 次までの精度でよいという場合を考えると, 式 (4.11) で 2 次項も打ち切って,

$$f(x_0 + h, y_0 + l) = f(x_0, y_0) + h\frac{\partial}{\partial x} f(x_0, y_0) + l\frac{\partial}{\partial y} f(x_0, y_0)$$

$$+ (h, l \ \text{の 2 次以上の項})$$

となります.

200   第4講　だから世界は美しい

4.4.4 修正オイラー法

さて，ここまでいろいろと準備を行ってきましたが，やっとオイラー法の精度を向上させる準備が整いました．いま，$\frac{dy}{dt} = f(t, y)$ であり，かつ $t = t_0$ のときに $y(t_0) = y_0$ であったとします．このとき，第2講において星の軌道計算に用いた修正オイラー法においては，微小時間 h 後の $\tilde{y}$ の値 $y(t_0 + h)$ は，

$$\tilde{y}(t_0 + h) = y_0 + \frac{h}{2} \left\{ f(t_0, y_0) + f(t_0 + h, y_0 + h f(t_0, y_0)) \right\} \qquad (4.12)$$

として与えられます．なお，$f(t_0 + h, y_0 + h f(t_0, y_0))$ は「オイラー法を用いて得られた $y(t_0 + h)$ の値」を意味しているため，この値を用いて計算精度を向上させている点が修正オイラー法と呼ばれるゆえんです．この計算法が良い数値解法であることを示すために，この手法の結果が元の関数 $y(t)$ のテイラー展開をオイラー法よりも高次の精度で打ち切った結果と一致することを示します．

以下ではこの計算法とテイラー展開を比較することで，修正オイラー法が h^2 の精度（オイラー法は誤差が h^2 の大きさでしたので，計算精度は h^1 でした）の数値計算であることを示します．まず修正オイラー法の式 (4.12) の右辺第2項に対して2変数関数における1次のテイラー展開を $f(t_0, y_0)$ の周りで行うと，

$$\begin{aligned}
\tilde{y}(t_0 + h) &= y_0 + \frac{h}{2} \Big\{ f(t_0, y_0) + f(t_0, y_0) + h \frac{\partial}{\partial t} f(t_0, y_0) \\
&\quad + h f(t_0, y_0) \frac{\partial}{\partial y} f(t_0, y_0) \Big\} + (h\,\text{の3次以上の項}) \\
&= y_0 + h f(t_0, y_0) + \frac{h^2}{2} \frac{\partial}{\partial t} f(t_0, y_0) + \frac{h^2}{2} f(t_0, y_0) \frac{\partial}{\partial y} f(t_0, y_0) \\
&\quad + (h\,\text{の3次以上の項}) \qquad\qquad\qquad (4.13)
\end{aligned}$$

が得られます．

一方で，$y(t_0 + h)$ のテイラー展開を h の2次まで行い，$\frac{dy}{dt} = f(t, y)$ を用いると，

$$y(t_0 + h) = y_0 + h f(t_0, y_0) + \frac{h^2}{2} \frac{d}{dt} f(t_0, y_0) + (h\,\text{の3次以上の項})$$

となります．ここで $\frac{d}{dt}f(t_0, y_0)$ に対して先に偏微分から得られていた法則（式 (4.10)）を用いて，

$$\frac{d}{dt}f(t, y) = \frac{\partial}{\partial t}f(t, y) + f(t, y)\frac{\partial}{\partial y}f(t, y)$$

を代入すると，

$$y(t_0 + h) = y_0 + hf(t_0, y_0) + \frac{h^2}{2}\frac{\partial}{\partial t}f(t_0, y_0) + \frac{h^2}{2}f(t_0, y_0)\frac{\partial}{\partial y}f(t_0, y_0)$$
$$+ (h\text{ の 3 次以上の項})$$

と式 (4.13) と同じ形が得られるため，修正オイラー法が微小時間 h の 2 次までのテイラー展開に等しい精度をもつことを確認できました．

このように，数値計算の手続きを複雑にすることで，一般的に精度の高い数値計算が可能となります．数値計算法として多く用いられているのは，4 次のルンゲ-クッタ法と呼ばれる手法で微小時間 h の 4 次までの精度をもっていることがしられています．これについてはその手続きを紹介しますと，先ほどと同じ $\frac{dy}{dt} = f(t, y)$ に対して，

$$k_1 = hf\left(t_0, y_0\right),$$
$$k_2 = hf\left(t_0 + \frac{h}{2}, y_0 + \frac{k_1}{2}\right),$$
$$k_3 = hf\left(t_0 + \frac{h}{2}, y_0 + \frac{k_2}{2}\right),$$
$$k_4 = hf\left(t_0 + h, y_0 + k_3\right)$$

として，定数 k_1 から k_4 を求めた上で $\tilde{y}(t_0 + h) = y_0 + (k_1 + 2k_2 + 2k_3 + k_4)/6$ によって $t = t_0 + h$ での y の値を求めます（この手続きを繰り返すことで $y(t)$ の時系列が得られます）．

202　第4講　だから世界は美しい

4.5　コンピュータで理想のランダムさに迫る
——メルセンヌ・ツイスターと疑似乱数

　この節では，コンピュータによってランダムな数（乱数）を生成する方法を紹介します．私たちは時として，「じゃんけん」や「あみだくじ」のようにランダムさを積極的に取り入れて生活しています．コンピュータによる計算も同じことがいえ，たとえばコンピュータゲームでは乱数を用いたプログラムによって，手に入るアイテムが変わるなどの効果がゲームの面白さを高めています．その他，確率的な要素を取り入れたシミュレーションや後に紹介する積分の計算にも乱数は役に立っています．

　一般的にコンピュータで乱数を生成するには，毎回異なる初期値を選び，それを離散時間力学系（写像）の「決まった法則」にしたがって生成するため，「疑似」乱数と呼ばれます．ここでは，ある一定区間（たとえば $[0,1]$）でどの値をとる確率も等しい一様分布にしたがう乱数の作成法を説明します．一様分布にしたがう疑似乱数を作成する上で重要な点は，繰り返しが起きないこと，一様に分布すること，簡単な法則で短時間にたくさん生成できること，などです．ここでははじめにシンプルな計算で乱数を生成することができる線形合同法を紹介し，さらにより優れた手法として，現在広く用いられているメルセンヌ・ツイスターについて紹介します．

4.5.1　線形合同法

　繰り返しが起きず，一様に分布する乱数を生成するには，たとえば第2講でみたテント写像を用いる考え方があります．一方で，カオスの説明でみた通り，テント写像は似た初期値を選ぶとしばらくは似た結果を返しました．その原因はテントの屋根の傾きがあまり急ではないことにあります．たとえば屋根の傾きが2の場合，$n = 0$ で Δx 離れていた2点の距離は $n = 1$ ではわずか $2\Delta x$ しか離れないことになります．この点を解消し，初期値の影響が速やかになくなる（ようにみえる）結果を得るには，テントの屋根の傾きを急にしていくつも並べたような離散時間力学系，

$$X(n+1) = [(aX(n) + c) \mod M] \tag{4.14}$$

を考える必要があります．ここで，[A mod B] は「正の整数 A を正の整数 B でわった余り」を返す関数のことで，0 以上 B より小さい値をとります．得られた疑似乱数が（繰り返しが起きにくく，さらに計算しやすい，など）適切な特性をもつ a, c, M を選ぶことで得られる疑似乱数の生成手法は線形合同法と呼ばれ，20 年ほど前まで広く用いられていました．

文献『C 言語による数値計算のレシピ』[17] ではいくつかの定数の組が線形合同法における乱数の例として書かれています．その中の 1 つ $a = 1664525, c = 1013904223, M = 2^{32} = 4294967296$ について，図 4.6 に $X(n)$ と $X(n+1)$ の関係の一部（横軸の範囲は $0 \leq X(n) \leq 10000$）を示しました．このようなギザギザかつ完全な繰り返しではない（拡大しないと確認できないですが，c が素数であることなどが完全な繰り返しではない要因となっています）関数を用いることで，図 4.7 のような一様分布の疑似乱数が得られます（図 4.7 は $X(1) = 1$ から 200 回写像を繰り返したもの）．

このように，線形合同法はとても簡便に疑似乱数を生成できるのですが，いくつかの重要な欠点が知られているために今日では研究の現場で用いられることはあまりありません．欠点の最たるものは，乱数の下位の桁はランダム性が少なく，奇数と偶数が交互に現れるなどの決まった法則が顔を出してしまうことです．また，乱数の周期は 2^{32} で，一見十分大きな数のように思われますが，今日のコンピュータによる計算では 2^{32} 以上の長さの乱数を使用する計算の需要も高いため，2^{32} 回ごとに同じ値を繰り返してしまうことも問題となります[18]．

4.5.2 ふだんの四則演算のルールを超えて——メルセンヌ・ツイスター

メルセンヌ・ツイスターは松本眞先生と西村拓士先生によって開発され[19]，

---

17) Press, W. H. *et al.* （著），丹慶勝市ほか（訳）『ニューメリカルレシピ・イン・シー（日本語版）——C 言語による数値計算のレシピ』（技術評論社，1993）．

18) 次節では膨大な疑似乱数を用いた計算方法の例として，基本的なモンテカルロ法およびマルコフ連鎖モンテカルロ法を紹介します．

19) Matsumoto, M. and Nishimura, T., Mersenne twister: a 623-dimensionally equidis-

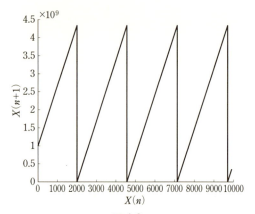

図 4.6

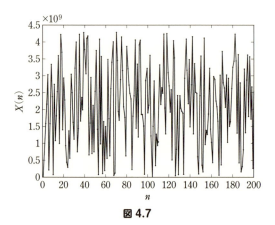

図 4.7

現在は世界中の計算ソフトの標準乱数として広く使用されている手法です．この手法は周期が $2^{19937} - 1$ と長く，決まった法則も現れにくく，また非常に簡便な計算で高速に乱数を生成することができます．メルセンヌ・ツイスターで重要なのは，2元体 $\mathbb{F}_2 := 0, 1$ を用いていることです．2元体の要素は0か1で，たし算およびかけ算の法則は次の通りでして，$1+1=0$ という私たちのふだんのルールとは異なる法則が定められています．この法則の下で乱数を発

---

tributed uniform pseudo-random number generator, *ACM Transactions on Modeling and Computer Simulation (TOMACS)*, **8**(1): 3-30 (1998).

生していくことになります.

$$0 + 0 = 0, \ \ 0 + 1 = 1, \ \ 1 + 0 = 1, \ \ 1 + 1 = 0,$$
$$0 \times 0 = 0, \ \ 0 \times 1 = 0, \ \ 1 \times 0 = 0, \ \ 1 \times 1 = 1$$

32bit の 1 つの乱数 x_i を $\mathbb{F}_2$ の要素を 32 個並べたものとすると, メルセンヌ・ツイスターでの乱数 x_i の生成方法は $n = 1, 2, \cdots$ に対して,

$$x_{n+p} = x_{n+q} + x_{n+1}B + x_n C \tag{4.15}$$

($p = 624$, $q = 397$, B と C は $\mathbb{F}_2$ 係数正方行列と呼ばれるものです) と表されます. この式の説明は省略しますが, はじめに x_i を $i = 1, 2, \cdots, p$ まで p 個用意してから, $n = 1, 2, \cdots$ と順に $\mathbb{F}_2$ のたし算, かけ算のルールにしたがい式 (4.15) の計算を繰り返すことで, 疑似乱数を生成していきます.

───── 復習 7 乱数の周期は何桁？ ─────

4.5.1 項に挙げた線形合同法による疑似乱数の周期は 2^{32}, 4.5.2 項のメルセンヌ・ツイスターは $2^{19937} - 1$ でした. それぞれの周期が何桁の数か, log を使って求めてみましょう. $\log 2 \simeq 0.693147$ ですので,

$$\log_{10}(2^{32}) = 32 \cdot \log 2 / 2.302585 \simeq 9.63,$$
$$\log_{10}(2^{19937}) = 19937 \cdot \log 2 / 2.302585 \simeq 6001.6$$

とそれぞれ 10 桁および 6002 桁と計算されます. 近年のモンテカルロ法では 10 桁を超える大量の乱数が必要な場合もありますが, その場合でもメルセンヌ・ツイスターでは乱数の周期性を気にすることなく使用できます.

4.6 ランダムさと積分をつなぐ——モンテカルロ法とビッグデータ解析

　第3講ではモーメント母関数やベータ関数を用いて少ない計算量で母集団の特性を評価する方法をみてきました. 近年ではさらに, 複雑な統計モデルの母集団の特性をコンピュータを利用して計算する手法が発展しています. その中で疑似乱数を利用した方法はモンテカルロ法と呼ばれ, とても重要な技術として知られています[20].

　ここではモンテカルロ法を用いた簡単な例として, 円の面積を計算してみましょう. $[-1, 1]$ をとる独立な一様乱数の組 (X_i, Y_i) を N 個用意して X-Y 平面上にプロットすると, 1辺が2の正方形の中でランダムに配置されます. その平面上に半径1の円を描き, 配置された点の何割が円の内部にあるかを数えます. 図4.8 にはメルセンヌ・ツイスターによって用意した乱数を 100 点プロットした状態のグラフを示していますが, この状態で 82 点が円の内部にあるため, 0.82 が得られます. 点の数が $N \to \infty$ の極限では, 第3講でみた大数の法則によってこの比は (円の面積)／(正方形の面積) に収束します. 正方形の面積は4なので, 割合を4倍すると半径1の円の面積 (＝円周率) の近似計算ができます. N を 100 から 100 万まで 1 桁ずつ増やし, モンテカルロ法によって円周率を計算すると, 表4.1 のような結果が得られました.

　真の円周率は $3.141592\cdots$ ですので, 適切な乱数のもとで点を増やしていくと計算精度が向上していくことが確認できます[21].

　モンテカルロ法は一般的な確率分布関数に関する積分計算に用いることができます. 確率密度関数 $f(x)$ にしたがう確率変数 X に対して, 十分な数のサ

---

20) コラム6で紹介した囲碁の人工知能の発展においても, モンテカルロ法を用いたシミュレーションはモンテカルロ囲碁と呼ばれ, 重要な役割を担っています.

21) ここまで, 復習1, 復習6とこのモンテカルロ法の3つの手法によって円の面積を求めました. 復習6では復習1の手法より厳密な微積分 (大学数学で習う重積分と極座標変換) を用いて面積を計算しました. 一方で, 今回のモンテカルロ法による計算は, まったく別のアプローチですが同じ結果が得られています. この例のように, 大学数学ではこれまで曖昧に扱っていた問題を厳密に捉える道具を学び, さらに異なる複数の方向から正解に至る道筋を学びます. これらを習得することで, 現実の未解決問題に対して正解を探求していく力を身につけることができます.

4.6 ランダムさと積分をつなぐ　207

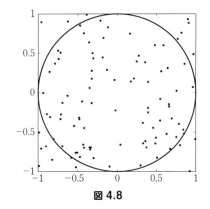

図 4.8

表 4.1

N	円内の点の数	円の面積（推定値）
100	82	3.28
1000	808	3.232
10000	7822	3.1288
100000	78582	3.14328
1000000	785327	3.141308

ンプル列 $x_i(i=1,2,\cdots,N)$ が得られた場合には，$g(X)$ の期待値 $\mathbb{E}[g(X)]$ を $\int_{-\infty}^{\infty} g(x)f(x)dx \simeq \frac{1}{N}\sum_{i=1}^{N} g(x_i)$ と近似でき，大数の法則によって $N \to \infty$ の極限で両者が等号になることが示されます．さらに，マルコフ連鎖と呼ばれる確率過程によって $f(x)$ にしたがうサンプル列を抽出し，得られた点列を用いてモンテカルロ法による積分を行うことを，MCMC（Markov chain Monte Carlo methods, マルコフ連鎖モンテカルロ法）と呼びます．

　第3講でみた通り，ベイズ推定では事後分布の算出には積分の計算が必要です．3.8.2 項では事後分布の計算が簡単な例を扱いましたが，一般的には未知パラメータが2つで2重積分，3つで3重積分，$\cdots$ とパラメータ数にしたがって飛躍的に計算が困難になります．そのような場合に，より少ない計算量で事後分布を推定できる MCMC が用いられます．MCMC の基本原理や

208 第 4 講　だから世界は美しい

ベイズ統計への応用はやや複雑ですので専門書[22]に任せ，以下では MCMC
の概要をつかんでいただくため，自由度 10 の t 分布の期待値，分散の計算を
MCMC の一種であるメトロポリス法で行います[23].

　メトロポリス法では，確率密度関数 $f(x)$ が与えられたときに，$f(x)$ にした
がう点列を以下のように生成します．はじめに $i = 1$ として初期値 x_0 を定め
たのち，

(1) ランダムな ε（期待値が 0 で対称な確率分布をもつとします）に対して，
$\hat{x} = x_{i-1} + \varepsilon$ とする.

(2) 0 から 1 の間の一様乱数 r について，$r < \min(1, f(\hat{x})/f(x))$ であれば
$x_i = \hat{x}$，それ以外は $x_i = x_{i-1}$ とする.

を i を 1 ずつ増やして N 回繰り返します．得られた点列のうち，はじめの点
列は初期値の影響があるため（この領域をバーンイン（burn-in）部分といい
ます）にとり除き，さらに近い点とは相関をもつため一定間隔おきに抽出した
ものが，最終的に得られる確率密度関数 $f(x)$ にしたがった点列となります.

　第 3 講から，自由度 10 の t 分布の確率密度関数は，

$$t_{10}(x) = \frac{\Gamma\left(\dfrac{11}{2}\right)}{\sqrt{10\pi}\,\Gamma\left(5\right)}\left(1 + \frac{x^2}{10}\right)^{-\frac{11}{2}}$$

でした．いま，$x_0 = 0$，ε を -0.5 から 0.5 の間の一様乱数とし，メルセン
ヌ・ツイスターを用いて 1100 万点の点列を作成します．さらにバーンイン
部分を 100 万点カットし，100 点おきに抽出して最終的に得られた 10 万点の
点列を図 4.9(a) に，そのヒストグラムを図 4.9(b) に示します．ヒストグラム
は自由度 10 の t 分布の確率密度関数（図 4.9(c)）と類似しており，適切なサ
ンプリングが得られていることが確認できます．第 3 講では，t 分布は平均が
0 で分散は標準正規分布よりも大きい（分布の裾が広い）という特徴が得ら
れました．今回のメトロポリス法からは，期待値は $\sum_i x_i = 0.001$，分散は

---

22)　久保拓弥『データ解析のための統計モデリング入門——一般化線形モデル・階層ベイズモデ
ル・MCMC』（岩波書店，2012）など.
23)　MCMC の種類としては，今回取り上げたメトロポリス法の他にメトロポリス・ヘイスティン
グス法やギブスサンプリングなどが知られています．Bishop, C. M.（著），元田浩他（訳）『パ
ターン認識と機械学習』（丸善出版，2012）.

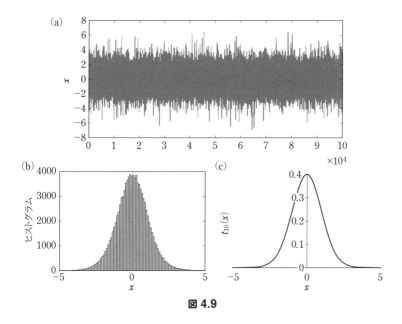

図 4.9

$(\sum_i (x_i)^2) - (\sum_i x_i)^2 = 1.248$ と推定され，標準正規分布の分散 1 よりも大きい分散が得られ，正規分布より若干裾が広いことが再現できていることが確認されました．なお，自由度 10 の t 分布の分散は 1.25 であることが知られており，メトロポリス法による推定値は適切であると考えられます．

　MCMC は多重積分にも拡張できるため，複雑なモデルを用いたベイズ更新などによって現実の現象を読み解くのに用いられています．コラム 2 において海馬におけるニューロン新生は毎日 700 個程度であるという推定があることを紹介しましたが，この推定も実は，複雑な数理モデルの尤度を MCMC で計算し推定されたものです．現在の情報社会では大規模なデータからさまざまな予測や推定がなされ，社会を支えていますが，その背景にはメルセンヌ・ツイスターのような適切な疑似乱数のアルゴリズムや，MCMC による数値計算法の発展など，さまざまな数学の進展が重要な役割を担っています．

―――― **発展 15　自由度 10 の t 分布の分散** ――――

先ほどは，メトロポリス法によって自由度 10 の t 分布の分散

210 第4講 だから世界は美しい

$\int_{-\infty}^{\infty} x^2 t_{10}(x)dx - (\int_{-\infty}^{\infty} x t_{10}(x)dx)^2$ を計算しました．この積分を解析的に行うには難易度の高い式変形が必要なことが知られています．以下では本書で紹介してきた微積分の知識を駆使して自由度10のt分布の分散が1.25であることを確認します．微積分の基礎を十分に習得された方はトライしてみてください．

はじめに，$t_{10}(x) = t_{10}(-x)$ から $t_{10}(x)$ は偶関数，$x t_{10}(x) = -(-x)t_{10}(-x)$ から $x t_{10}(x)$ は奇関数，$x^2 t_{10}(x) = (-x)^2 t_{10}(-x)$ から $x^2 t_{10}(x)$ は偶関数であることがわかります．補講でみた奇関数・偶関数の公式にしたがうと，分散の式で第2項は0になります．第1項は，被積分関数が偶関数なので $\int_{-\infty}^{\infty} x^2 t_{10}(x)dx = 2\int_{0}^{\infty} x^2 t_{10}(x)dx$ が得られます．

次に，$s = 1/(1 + x^2/10)$ による置換積分を行うと，$0 \leq x \leq \infty$ に対応する s の範囲は $0 \leq s \leq 1$ で，s は x についての単調減少関数です．式変形から，$x = \sqrt{10\left(\frac{1}{s} - 1\right)}$, $\frac{dx}{ds} = -\frac{\sqrt{10}}{2}\left(\frac{1}{s} - 1\right)^{-\frac{1}{2}} s^{-2}$ がわかりますので，

$$
2\int_{0}^{\infty} x^2 t_{10}(x)dx = \frac{2\Gamma\left(\frac{11}{2}\right)}{\sqrt{10\pi}\Gamma(5)} \int_{0}^{\infty} x^2 \left(1 + \frac{x^2}{10}\right)^{-\frac{11}{2}} dx
$$

$$
= \frac{2\Gamma\left(\frac{11}{2}\right)}{\sqrt{10\pi}\Gamma(5)} \int_{1}^{0} 10\left(\frac{1}{s} - 1\right) s^{\frac{11}{2}} \left(-\frac{\sqrt{10}}{2}\left(\frac{1}{s} - 1\right)^{-\frac{1}{2}} s^{-2}\right) ds
$$

$$
= \frac{2\Gamma\left(\frac{11}{2}\right)}{\sqrt{10\pi}\Gamma(5)} 5\sqrt{10} \int_{0}^{1} s^3 (1-s)^{\frac{1}{2}} ds
$$

が得られます．ここで右辺の積分はベータ関数を用いて $B\left(4, \frac{3}{2}\right)$ と表され，さらにガンマ関数に変換して $\frac{\Gamma(4)\Gamma(3/2)}{\Gamma(11/2)}$ が得られます．最後にガンマ関数の公式 $\Gamma(x+1) = x\Gamma(x)$, $\Gamma(1/2) = \sqrt{\pi}$ を用いて計算すると，

$$
\int_{-\infty}^{\infty} x^2 t_{10}(x)dx = \frac{2\Gamma(11/2)}{\sqrt{10\pi}\Gamma(5)} \frac{5\sqrt{10}\Gamma(4)\Gamma(3/2)}{\Gamma(11/2)} = \frac{10}{8} = 1.25
$$

と，最後は奇術のような美しさでさまざまな項が打ち消し合い，分散が1.25であることが求まりました．

本書では，はじめにニュートンやライプニッツの研究から発展してきた「極限をとる」という概念について説明しました．そして，そこから導かれる微積分，あるいは指数関数や三角関数についての理解を深め，それらの手法や関数が「運動の法則を知ること」や「複雑な現象を確率的にとらえること」を介して世の中のさまざまな現象の理解に役立つことをみてきました．

第4講ではさらに，複素数および重積分，偏微分を用いることで，数学の美しさを知るとともに扱うことのできる対象の範囲を広げました．はじめに，オイラーの法則によって指数関数と三角関数の関係を理解しました．次に，重積分によって円周率とガンマ関数（補講）とをつなぎ，正規分布（第3講）のより深い理解につなげました．さらに，偏微分によってテイラー展開（第1講）と数値解法（第2講）とをつなぎ，より精度の高い微分方程式の数値解法へと発展させました．その後，離散時間力学系（第2講）と乱数の概念とをつなぎ，大数の法則（第3講）に基づいて，乱数を用いて複雑な積分を行うマルコフ連鎖モンテカルロ法までをみてきました．

ここまでの道のりで，数学の概念を1つ習得するごとに，いままでの概念と組み合わせることで扱える対象が広がっていく様子を感じていただけたのではないかと思います．今後，ここまで学んだことを組み合わせ，またより専門的な内容を習得することで，より深い数学の世界を開拓し，未知の現象の解明から日々の生活での予測や判断にまで幅広く活かしていただければと思っております．

212　第4講　だから世界は美しい

コラム5　三角関数の数値計算——少しの記憶と，少しの計算と，大いなる創造力と

　三角関数，指数関数，対数関数はさまざまな計算に使われるため，コンピュータにはこれらの値を計算してくれる命令機能があります（たとえば Excel で $\cos \pi$ の値を確かめたければ，表に「=COS(PI())」と打ち込むと「-1」と結果を返してくれます）．一方で，コンピュータのない時代はなんとかして概算や近似をしたり，あるいはデータベースとして三角関数の値が書かれた書籍を用いたりしていました．今回の話は，両者の間の時代の計算方法についてです．

　コンピュータの黎明期においては，コンピュータを使用すること自体が一般的ではなく，またその計算速度は速くはありませんでした．そのような時代では効率的に三角関数，指数関数を計算することはとても重要な問題だったのですが，1950 年代にボルダーというエンジニアが考案した CORDIC(COordinate Rotation DIgital Computer) と呼ばれる手法[24]は，少しのメモリと少しの計算でマクローリン展開よりも効率よく（そしてエレガントに），三角関数の値を算出する手法でした．今日でも，このアルゴリズムはコンピュータよりも簡易な計算機である関数電卓に用いられています[25]ので，簡単にその手法を紹介します．

　まずは，図 4.10(a) の通り原点 O と点 $P_i(X_i, Y_i)$ を通る線分 OP_i を考え，この線と x 軸とのなす角を θ_i とします．次に，$\angle OP_iP_{i+1}$ が直角の直角三角形 OP_iP_{i+1} を考えます．このとき，三角形の底辺 OP_i と高さ P_iP_{i+1} の比は $2^i : 1$ とします．点 P_{i+1} から y 軸に平行に線を引き，線分 P_iY_i との交点を点 Z とします（図 4.10(b)）．すると，$\angle ZP_{i+1}P_i = \angle X_iOP_i$ が得られるために三角形 $ZP_{i+1}P_i$ と三角形 X_iOP_i は相似で，相似比は斜辺の比から $2^i : 1$ となります．そのため (X_{i+1}, Y_{i+1}) は，

$$X_{i+1} = X_i - 2^{-i}Y_i,$$
$$Y_{i+1} = Y_i + 2^{-i}X_i \tag{4.16}$$

と得られます．ここで，直角三角形の底辺と高さの比を $2^i : 1$ と設定することで，

---

24)　Volder, J. E., The CORDIC trigonometric computing technique, *IRE Transactions on Electronic Computers*, EC-8(3): 330-334 (1959).

25)　遠藤雅守『理系人のための関数電卓パーフェクトガイド（改訂第一版）』（とりい書房，2013）．

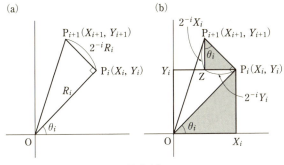

図 4.10

P_{i+1} の座標は 2 のわり算[26]と，たし算，ひき算だけで表されることがポイントです．

次に，底辺と高さの比が $2^k : 1$ の直角三角形を図 4.11(a) のようにたくさん用意し，図 4.11(b) のように斜辺と底辺の長さを同じにしてつなぎ合わせた多角形を考えます．すると，頂点 P_n の座標は先ほどの写像のルール (4.16) を $k = 1$ から $i - 1$ まで繰り返して求まります．この場合は $(X_4, Y_4) = (-0.078125, 1.640625)$ です．

ここで，それぞれの三角形の原点に接している頂点の角度を θ_k，n 番目の三角形の斜辺の長さを R_n とします．これらはあらかじめ求めておきます．図のような $n = 4$ の場合は，

$$\theta_1 = 0.785398\cdots \text{ rad } (\simeq 45°),$$
$$\theta_2 = 0.463647\cdots \text{ rad } (\simeq 26.56505°),$$
$$\theta_3 = 0.244978\cdots \text{ rad } (\simeq 14.03624°),$$
$$\theta_4 = 0.124354\cdots \text{ rad } (\simeq 7.125016°),$$
$$R_4 = 1.642484\cdots$$

です．すると，図の OP_4 と x 軸のなす角に対して $\cos\left(\sum_{k=1}^{4} \theta_k = 1.6184\right) = X_4/R_4 = -0.04757$ などが求まります．ここではさらに，この考え方を発展させます．多角形を一部逆向きに折り返すと，いろいろな角度を表すことができ，折り返したときの (X_{i+1}, Y_{i+1}) は (X_i, Y_i) を用いて，

---

26) コンピュータは数字を 2 進数で表すため，2 のわり算を速く行えることが知られています．

$$X_{i+1} = X_i + 2^{-i}Y_i,$$
$$Y_{i+1} = Y_i - 2^{-i}X_i$$

と表されます．たとえば図 4.11(c) では 3 番目と 4 番目を折り返しましたので，このときの (X_4, Y_4) からは角度 $\theta_1 + \theta_2 - \theta_3 - \theta_4$ についてのコサイン，サインの値が得られます．さらに，三角形の数を増やすことで，精度も向上させることができます．

　もちろん今日では三角関数の値を算出するのにこのような苦労は不要ですが，コンピュータが今日のように発展する前には，このようなエレガントな三角関数の数値計算法が考案され，役に立っていました．

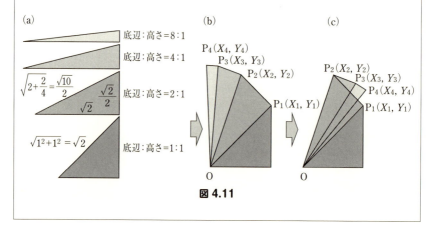

図 4.11

コラム 6　コンピュータが得意なこと，苦手なこと

　コンピュータの目覚ましい発展は私たちの生活を一変させましたが，数学もコンピュータとは密接な関係があります．コンピュータは数学の理論に支えられて開発・発展してきたといえますし，またコンピュータを利用することで数学の発展が進んだケースもあります．ローレンツによるカオスの発見（第 2 講）は，ローレンツ方程式を初期値を少し変えてコンピュータで数値計算したことが元になっています[27]．また，メルセンヌ・ツイスター（第 4 講）が大量の疑似乱数を高速で生成できるのは，コンピュータの演算の特徴を活かしたアルゴリズムだからでもあります．

　2016 年には人工知能「Alpha Go」が囲碁のトッププロを倒し，2017 年には「ポナンザ」が将棋の名人を破ったというニュースもあり[28]，人工知能の潜在能力と未来の人工知能とヒトの関係について，多くの議論が巻き起こっています．そこで，今後のコンピュータとヒトの関係を考える題材として，領域を数学に限定し，コンピュータの得手・不得手をみることで，よりよいコンピュータの使い方を考えたいと思います．

　・2 進数：コンピュータでは数字は 0 か 1 で扱われ，3 は「10」と表されます．このような数の数え方は 2 進数と呼ばれ，私たちがいつも用いている 10 進数とは異なります．2 進数と 10 進数は互換性がありますが，限られた桁数では演算や情報保持の得意・不得意が異なります．たとえば，10 進数の「0.1」は 2 進数では「0.00011001100…」と 0011 が永遠に繰り返されるため，コンピュータの有限のメモリでは情報を保持する際に誤差が生じます．湾岸戦争の際にパトリオットミサイルの迎撃精度が悪かったのは数値計算の誤差が累積していたためといわれています．当時の迎撃用の数値計算は 24 ビットで行われていたとのことです[29]．

27）　ローレンツはカオスの発見者として有名ですが，ほぼ同時期に上田睍亮先生もカオスを発見していたことが知られています（合原一幸（編），池口徹，山田泰司，小室元政（著）『カオス時系列解析の基礎と応用』（産業図書，2000）．
28）　山本一成『人工知能はどのようにして「名人」を超えたのか？』（ダイヤモンド社，2017）．
29）　中尾政之『失敗百選——41 の原因から未来の失敗を予測する』（森北出版，2005）．

216　第 4 講　だから世界は美しい

・浮動小数点：コンピュータでは，広い範囲の数を扱えるように，実数の計算に浮動小数点方式を用いて $A \cdot 2^B$ と表現し，A に何ビット，B に何ビットという割り当てを行います（現在の一般的なコンピュータでは 1 つの実数あたり 64 ビットの情報量が割り当てられています）．浮動小数点計算によって数値誤差が生じる典型的な例としては，似た数のひき算による「桁落ち」と呼ばれる現象があります．たとえば $1.234567 \cdot 10^2 - 1.234566 \cdot 10^2 = 1 \cdot 10^{-4}$ では計算前に浮動小数点で 7 桁あった数が計算後は 1 桁になってしまい，その後の計算の精度が悪くなってしまいます．本書の計算に関連する例でも，第 3 講の不偏分散の計算において，計算方法によっては精度が悪くなることが知られています．n 個のデータ x_k から不偏分散を算出する場合，本文中では $s^2 = \dfrac{1}{n-1} \sum\limits_{k=1}^{n} (x_k - \bar{x})^2$ と書きましたが，$\bar{x} = \dfrac{1}{n} \sum\limits_{k=1}^{n} x_k$ であることから，$s^2 = \dfrac{1}{n-1} \left(\sum\limits_{k=1}^{n} (x_k)^2 - \bar{x}^2 \right)$ でも数式としては同じ値が得られます．しかし，後者の計算では最後のひき算で $\sum_{k=1}^{n} (x_k)^2$ と $\bar{x}^2$ が似た数であった場合に計算精度が低下します．

・扱える数の限界：浮動小数点方式は広い範囲の数を扱えますが，それでも本書の「はじめに」で紹介した通り，200 の階乗は大きすぎて扱うことができません．また，第 4 講「シーザーの吐息」で扱った $(1 - 1/10^{22})$ も通常のコンピュータでは 1 と区別して扱うことができません．

　このように，コンピュータの計算はとても便利ですがけっして万能ではなく，その使い方を誤るも利用するも人の知恵次第といえるかと思います．その上で，コンピュータによる計算は私たちが間違いを見抜くことが難しいということを頭に入れておくべきかもしれません．一般的な数値計算では（先ほどのパトリオットミサイルの軌道計算も含め），数値誤差が大きな結果も小さな結果も区別なく答えを返します．そのため，適切な数学の知識なしには私たちがその間違いに気づくことは難しい場合もあります．本書で紹介した通り，極限をはじめ対数関数や適切な近似法などを駆使することは，コンピュータを使いこなし，またコンピュータが苦手なことを見極める上でのポイントの 1 つともいえるでしょう．

付録

　本書では基礎的な高校の数学を出発点に，関数や極限に関する説明から始め，微分方程式や確率統計における実問題への極限や微積分の応用をみてきました．

　ここまでみてきた通り，極限や微積分は世の中の非常に多くの問題に役に立っています．一方で，極限をとるということは，イプシロン-デルタ論法をとってみても，非常に深い数学の概念です．その広さと深さの両方を多くの方に伝えることが本書の目的でした．そのため，本文を進めるにあたり，いくつかの細かい記述や厳密な記述をあきらめた部分があります．学術的には重要であるにもかかわらず全体のバランスの関係から本文に入れることができなかった内容 7 点について，この付録にまとめました．これらについては，必要となる応用問題に直面した際に読み進め，より高度な内容を習得する上での足掛かりとしていただければと思います．

　付録 1 は数列，関数列の収束についての定義を紹介し，さらにこれまで直感的に利用してきたいくつかの用語の定義を示します．

　付録 2 は微分方程式 $dX/dt = P(t)X + Q(t)$ の解を導く公式の導出です．本書では $P(t), Q(t)$ が特別な場合についてのみ簡略化した方法で解を求めましたが，一般的な関数 $P(t), Q(t)$ に対する解の公式は適用範囲が広い公式です．

　付録 3 は第 2 講における 2 変数線形微分方程式の境界についての説明です．$\alpha^2 - 4\beta = 0$ の場合，$\alpha = 0$ かつ $\beta > 0$ の場合，$\beta = 0$ の場合についてそれぞれ説明します．

218 付録

　付録4では第2講でみた神経細胞の微分方程式モデルの具体的な式および簡単な説明を示します．ホジキンとハックスリーがこの微分方程式の研究でノーベル賞を受賞したことは第2講で述べた通りですが，現在においても神経細胞のシミュレーションを行う際には頻繁に用いられる重要な数理モデルです．

　付録5ではモリスとリカーによって1981年に提案された神経細胞の数理モデルを示します．神経細胞には安定した周波数で発火する細胞と幅広い周波数で発火するものの2種類あることが昔から知られていました．第2講でみたFHNモデルは前者のタイプですが，モリス–リカーモデルは後者のタイプの数理モデルです．脳の神経細胞にはさまざまな特徴をもつ神経細胞が集まっていると考えられていますが，この2つの特徴は現在でも代表的な特徴として考えられています．

　付録6では確率変数における収束の概念をより正確に捉えるための補足をします．確率変数における収束として概収束，確率収束，分布収束について説明し，また大数の法則と中心極限定理をこれらの収束との関係で整理します．

　付録7では t 分布の式の導出，および正規分布にしたがう標本から $T = \dfrac{\bar{X} - \mu}{s/\sqrt{N}}$ を算出すると t 分布にしたがうことを，その式変形の考え方とともに示します．

　これらはいずれも本書の理解を一歩超えようとした際に必要となる内容ですので，興味に応じて読んでください．

付録1　極限と収束に関する補足

　極限や収束は微積分やその後に学ぶ解析学の基盤となる考え方です．そのため，これらは高校と大学のどちらでも習いますが，厳密さに違いがあります．本文では応用に重点を置いたために，高校数学と同程度の厳密さで極限や収束を扱い，各種の法則や特徴を展開しました．ここでは本文の内容をより厳密に理解して発展させるために取り掛かりとなる基礎的なことがらを説明します．

付録 1　極限と収束に関する補足　　219

付録 1.1　数列の極限と収束について

数列 a_n が α に収束することを $\lim\limits_{n\to\infty} a_n = \alpha$ と表しますが，これは任意の正の数 ε に対して，

$n > n_0(\varepsilon)$ のとき $|\alpha - a_n| < \varepsilon$ となるような自然数 $n_0(\varepsilon)$ がある

ことを意味します．

さらに3つの数列 a_n, b_n, c_n がつねに $a_n \geq b_n \geq c_n$ であったとき，$\lim\limits_{n\to\infty} a_n = \lim\limits_{n\to\infty} c_n = \alpha$ ならば $\lim\limits_{n\to\infty} b_n = \alpha$ が成り立ちます．これは「はさみうちの原理」と呼ばれており，これは第1講の脚注24の通り，積分値が収束することを示す際に使用されます．

付録 1.2　関数列の極限と収束について

関数列 $f_n(x)$ が $f(x)$ に収束することを $\lim\limits_{n\to\infty} f_n(x) = f(x)$ と表しますが，これは任意の正の数 ε に対して，

$n > n_0(\varepsilon, x)$ のとき $|f_n(x) - f(x)| < \varepsilon$ となるような自然数 $n_0(\varepsilon, x)$ がある

ことを意味します．一般には $n_0(\varepsilon, x)$ は ε と点 x によって定められますが，それぞれの x ごとに $n_0(\varepsilon, x)$ が定められる場合を「$f_n(x)$ が $f(x)$ に各点収束する」といいます．一方で，点 x によらない $n_0(\varepsilon)$ を定めることができる場合を「$f_n(x)$ が $f(x)$ に一様収束する」といいます．

$f_n(x)$ が一様収束する場合には，関数列の微分・積分を考える際に，極限の順番を入れ替えてよいことが知られています[1]．具体的には，区間 I で定義された関数列 $f_n(x)$ が $f(x)$ に一様収束する場合，積分と $\lim\limits_{n\to\infty}$ による極限の順番を入れ替えて，

$$\lim_{n\to\infty} \left(\int_I f_n(x)dx \right) = \int_I \left(\lim_{n\to\infty} f_n(x) \right) dx = \int_I f(x)$$

が成り立ちます．

---

1)　たとえば，杉浦光夫『解析入門 I』（東京大学出版会，1980）などを参照してください．

また，$f_n(x)$ が $f(x)$ に各点収束し，関数列 $f'_n(x)$ が $g(x)$ に一様収束する場合には，微分と $\lim_{n \to \infty}$ による極限の順番を入れ替えて，

$$\frac{d}{dx} f(x) = \frac{d}{dx} \left(\lim_{n \to \infty} f_n(x) \right) = \lim_{n \to \infty} \left(\frac{d}{dx} f_n(x) \right) = g(x)$$

が成り立ちます．

なお，指数関数のマクローリン展開 $\sum_{k=0}^{n} x^k / k!$ は実数全体の区間では $\exp(x)$ に一様収束しないことが知られています．しかしながら，指数関数については広義一様収束と呼ばれる性質を示すことができるため，$f_n(x) = \sum_{k=0}^{n} x^k / k!$ として項別に微分，積分が可能であることが知られています．1.4 節では指数関数について，$\exp'(x) = \exp(x)$ という特徴を手掛かりに無限級数における項別微分との関係を説明しました．本文では説明しませんでしたが，指数関数の項別微分，項別積分についてはこのような前提があります．

付録 1.3　その他の極限に関連する用語について

ここでは，本文において直感的な理解を前提として使用していた用語について，より厳密な説明を追加します．

数列 a_n が ∞ に発散するとは，どれほど大きい正の数 M に対しても，

$n > n_0(M)$ のときに $a_n > M$ となるような自然数 $n_0(M)$ がある

ことを意味し，$\lim_{n \to \infty} a_n = \infty$ と表します．

同じく，数列 a_n が $-\infty$ に発散するとは，どれほど大きい正の数 M に対しても，

$n > n_0(M)$ のときに $a_n < -M$ となるような自然数 $n_0(M)$ がある

ことを意味し，$\lim_{n \to \infty} a_n = -\infty$ と表します．

関数 $f(x)$ が $x = x_0$ で連続であるとは，$\lim_{x \to x_0} f(x) = f(x_0)$ であること，よりくわしくは，任意の正の数 ε に対して，

$0 < |x - x_0| < \delta(\varepsilon)$ のときに $|f(x) - f(x_0)| < \varepsilon$ となるような正の数 $\delta(\varepsilon)$ がある

ことを意味します.

付録2　微分方程式 $dX/dt = P(t)X + Q(t)$ の解

2.4 節でみた微分方程式,

$$\frac{dX}{dt} = P(t)X + Q(t) \tag{A.1}$$

について解を求めます. 方針として, $P(t)X$ を左辺に移項してからある関数をかけて, 積の微分 $f(x)g'(x) + f'(x)g(x)$ の形を作ります. 移項後両辺に $\exp(-\int P(t)dt)$ をかけると,

$$\exp\left(-\int P(t)dt\right)\frac{dX}{dt} - \exp\left(-\int P(t)dt\right)P(t)X = \exp\left(-\int P(t)dt\right)Q(t),$$

$$\frac{d}{dt}\left(\exp\left(-\int P(t)dt\right)X\right) = \exp\left(-\int P(t)dt\right)Q(t)$$

(下左辺を微分して上左辺になることが確認できます) となるため, 両辺を積分して,

$$\exp\left(-\int P(t)dt\right)X = \int \exp\left(-\int P(t)dt\right)Q(t)dt + C,$$

$$X = \exp\left(\int P(t)dt\right)\left(\int \exp\left(-\int P(t)dt\right)Q(t)dt + C\right) \tag{A.2}$$

(ただし C は積分定数) が解の公式になります.

　なお, より一般的な教科書の解法では, はじめに $Q(t) = 0$ (同次形といいます) について任意定数を含んだ解を求め, その結果を用いて $Q(t)$ が 0 ではない場合 (非同次形といいます) に成り立つ解を求めます. この手法は定数変化法と呼ばれる手法ですが, 簡単に紹介しますと, はじめに,

$$\frac{dX}{dt} = P(t)X \tag{A.3}$$

の解は $X = C\exp(\int P(t)dt)$ です (解から逆に dX/dt を計算すると, $P(t)X$

222   付録

になることは比較的簡単に確認できます）．次に，同次形の解を手掛かりに積分定数 C を定数ではなく t の関数とみなして $X = C(t) \exp(\int P(t)dt)$ を非同次形に代入し，$C(t)$ の形を特定すると上と同じ結果が得られます．

　ちなみに，2.4.1 項の電気回路の微分方程式 $\dfrac{dV}{dt} = \dfrac{E_0 - V}{RC}$ もこの公式を用いて解を導けるのですが，本文でみた解法に比べると少し大変かもしれません．確認のため，公式に代入して解を求めると以下の通りです．この場合は $P(t) = \dfrac{-1}{RC}, Q(t) = \dfrac{E_0}{RC}$ です．コンデンサ容量 C と区別するために積分定数を小文字の c として，

$$
\begin{aligned}
V &= \exp\left(\frac{-t}{RC}\right)\left(\int \exp\left(\frac{t}{RC}\right)\frac{E_0}{RC}dt + c\right) \\
&= \exp\left(\frac{-t}{RC}\right)\left(E_0 \exp\left(\frac{t}{RC}\right) + c\right) \\
&= E_0 + c\exp\left(\frac{-t}{RC}\right).
\end{aligned}
$$

$t = 0$ で $V = 0$ より $c = -E_0$．よって $V = E_0 - E_0 \exp\left(\dfrac{-t}{RC}\right)$ と求まります．

付録3　2変数線形微分方程式の分類 A–E における境界の ケースについて

　2.4.2 項では，2 変数線形微分方程式，

$$
\begin{cases}
\dfrac{dx}{dt} = ax + by, & \text{(A.4)} \\[2mm]
\dfrac{dy}{dt} = cx + dy & \text{(A.5)}
\end{cases}
$$

の解の振る舞いを $\alpha = a + d$, $\beta = ad - bc$ の値によって領域 A–E に分け，それぞれについてみていきました．そこでは触れなかった，境界線上の「$\alpha^2 - 4\beta = 0$」，「$\alpha = 0$ かつ $\beta > 0$」，「$\beta = 0$」の 3 つの場合について以下でみていきます．

$[\alpha^2 - 4\beta = 0]$：$\alpha^2 - 4\beta = 0$ における解の振る舞いには，元の 2 変数の微分方程式 (A.4), (A.5) をお互いに影響しない 2 つの 1 変数微分方程式に分解でき

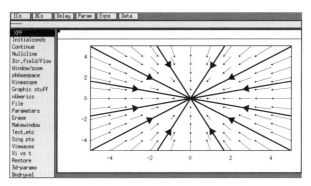

図 A.1

る場合とできない場合があり，2 つの解の振る舞いのタイプがあります．以下では，1) 分解できる場合（例 1），2) 分解できない場合（例 2），についてそれぞれ具体的にみていきます．

例 1：$a = -2, b = c = 0, d = -2$ のとき

この場合，初期値 (x_0, y_0) に対して，$x = x_0 \exp(-2t), y = y_0 \exp(-2t)$ が解ですので，解軌道は $\frac{y}{x} = \frac{y_0}{x_0} =$ (一定) より $y = \frac{y_0}{x_0} x$ という直線上を動き，原点に向かいます（図 A.1）．

例 2：$a = -2, b = 1, c = 0, d = -2$ のとき

この場合は例 1 とは異なり，図 A.2 のようなねじれた解軌道が得られます．

$$\begin{cases} \dfrac{dx}{dt} = -2x + y, & \text{(A.6)} \\ \dfrac{dy}{dt} = -2y & \text{(A.7)} \end{cases}$$

について，式 (A.7) の解 $y = y_0 \exp(-2t)$ を式 (A.6) に代入して得られる $\frac{dx}{dt} = -2x + y_0 \exp(-2t)$ は，先の付録 2 でみた $P(t) = -2, Q(t) = y_0 \exp(-2t)$ の場合になりますので，

$$x = \exp(-2t) \left(\int \exp(2t) y_0 \exp(-2t) dt + C \right)$$
$$= \exp(-2t)(y_0 t + C)$$

が得られます．$t = 0$ で $x = x_0$ とするためには $C = x_0$ より $x = \exp(-2t)(y_0 t + x_0)$ となります．x に t と t の指数関数の積が現れるのがねじれた解軌道をとる原因となります．

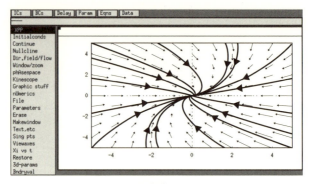

図 A.2

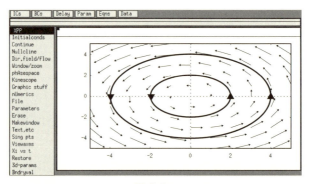

図 A.3

$[\alpha = 0 \text{かつ} \beta > 0]$：$\alpha = 0$ かつ $\beta > 0$ における解の振る舞いは，初期値に依存した周期軌道が得られるので，以下の例で確認します．

例 3：$a = 0, b = -1, c = 1, d = 0$ のとき

この場合，初期値を $(x_0, 0)$ とすると，$x = x_0 \cos t, y = x_0 \sin t$ が解となり，初期値によって異なる周期軌道をとることがわかります（図 A.3）．

$[\beta = 0]$：$\beta = 0$ における解の振る舞いは，1 つの直線すべてが平衡点になります（特殊な場合として $\alpha = \beta = 0$ であれば，パラメータ $a - d$ すべてが 0 ですので，$x - y$ 平面上のすべての点が平衡点になります）．

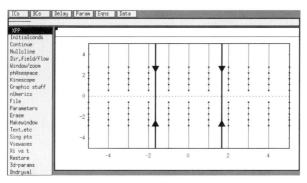

図 A.4

例 4：$a = 0, b = 0, c = 0, d = -1$ のとき

この場合，x は変化せず，y が 0 に向かって減衰します（図 A.4）．

付録 4　ノーベル賞を受賞した数理モデル――HH モデル

1952 年に発表されたホジキンとハックスリーによる研究では，神経細胞の膜電位の変化をそれと等しい電気回路に置き換える数理モデルを提案しています．この研究から，生理学的な裏付けのもとで膜電位の時間変化を記述する微分方程式を数値計算することや，数理解析によって変動のメカニズムを理解することが可能となり，神経細胞の研究はおおいに発展しました．この研究の電気回路は，ナトリウムイオンとカリウムイオンの細胞内外の移動と，漏れ電流とを考慮した並列回路となっています．ポイントは，

1. 細胞内と細胞外の電位差を V とする．
2. 細胞の内外を隔てる細胞膜はコンデンサとみなす．
3. 細胞内外のナトリウムイオンとカリウムイオンの濃度差が電池の役目を果たす．
4. 細胞内外は特定のイオンチャネルを介して電荷のやりとりを行う．
5. ナトリウム，カリウム以外のイオンのバランスは漏れ電流として統一的に扱う．

226   付録

です．これらをまとめると，図 A.5 のような電気回路を描くことができ，こ
れは 2.4.1 項でみた電気回路の拡張として捉えることができます．

そこで，2.4.1 項と同様にキルヒホッフの電流の法則を用いると，

$$C\frac{dV}{dt} = -I_{Na} - I_K - I_L$$

$$= -g_{Na}(V - E_{Na}) - g_K(V - E_K) - g_L(V - E_L)$$

という微分方程式が得られます．ここで，それぞれの定数はコンデンサの静電
容量 $C = 1\,\mu\text{F/cm}^2$，漏れ電流のコンダクタンス[2] $g_L = 0.3\,\text{mS/cm}^2$，ナト
リウムイオン，カリウムイオン，漏れ電流の平衡電位 $E_{Na} = 50\,\text{mV}, E_K = -77\,\text{mV}, E_L = -54.4\,\text{mV}$ です[3]．単位は μF が静電容量の単位 F（ファラ
ド）の 10^{-6} 倍，mS が電気抵抗の逆数の単位 S（ジーメンス）の 10^{-3} 倍にな
ります．

この電気回路に特徴的なのは，ナトリウムイオン，カリウムイオンのコンダ
クタンス (g_{Na}, g_K) が神経細胞の内外の電位差によって変化する点です．ここ
では g_{Na}, g_K が電位 V に応じてどのように変化するかの具体的な説明は省略
しますが，概略としては，ナトリウムのイオンチャネルは電位が高いとイオン
を通す応答の速いゲート（変数 m で定量化）と電位が低いとイオンを通す応
答の遅いゲート（変数 h で定量化）で，カリウムは電位が高いとイオンを通
す応答の遅いゲート（変数 n で定量化）で表されています．ホジキンとハッ
クスリーはゲートを実験結果を説明するための仮説としてモデル化したのです
が，その後の検証によって電位 V によって形を変えてイオンを通すタンパク
質の存在やその詳細な構造などが示され，当時の 2 人の卓越した先見の明が
示されることとなりました[4]．最終的に g_{Na}, g_K の変化は，以下のような微分

---

2)　電気抵抗の逆数です．抵抗の単位はオームでしたが，コンダクタンスの単位はジーメンスにな
　　ります．

3)　オリジナル論文（第 2 章脚注 16 の論文）では，膜電位の平衡点の値からの差を V とし（$V = 0$ が平衡電位となる），また活動電位を負の電圧としてモデル化しています．一方で本書では細胞
　　外電位と細胞内電位の差を V としているため，平衡電位が負の値（$V = -65\,\text{mV}$）で活動電位が
　　正の電圧となるようモデル化されています（この記述は Ermentrout, G. B. and Terman, D.
　　H., Mathematical foundations of neuroscience (Springer, 2010) や林初男『脳とカオス』
　　（裳華房，2001）の記述と同じになります）.

4)　Bear, M. F., Connors, B. W. and Paradiso, M. A.（著），加藤宏司，後藤薫，藤井聡，山
　　崎良彦（訳）『神経科学——脳の探求』（西村書店，2007）．本書ではそれぞれの式の導出過程や意

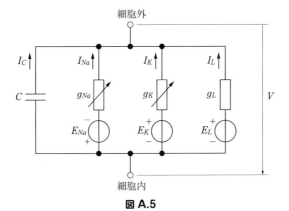

図 A.5

方程式で表されます．

$$g_{Na} = \bar{g}_{Na} m^3 h,$$

$$g_K = \bar{g}_K n^4,$$

$$\frac{dm}{dt} = \phi[\alpha_m(V)(1-m) - \beta_m(V)m],$$

$$\frac{dh}{dt} = \phi[\alpha_h(V)(1-h) - \beta_h(V)h],$$

$$\frac{dn}{dt} = \phi[\alpha_n(V)(1-n) - \beta_n(V)n],$$

$$\alpha_m(V) = \frac{0.1(V+40)}{1-\exp[-(V+40)/10]},$$

$$\beta_m(V) = 4\exp[-(V+65)/18],$$

$$\alpha_h(V) = 0.07\exp[-(V+65)/20],$$

$$\beta_h(V) = \frac{1}{1+\exp[-(V+35)/10]},$$

$$\alpha_n(V) = \frac{0.01(V+55)}{1-\exp[-(V+55)/10]},$$

$$\beta_n(V) = 0.125\exp[-(V+65)/80].$$

ここでそれぞれの定数は，温度に依存する定数 $\phi = 1$（温度が摂氏 6.3 度の

味の詳細にはこれ以上立ち入ることができませんでしたので，興味に応じて同書や宮川博義，井上雅司『ニューロンの生物物理 第 2 版』（丸善出版，2013）を含めた専門書を参考にしてください．

228   付録

とき），ナトリウム，カリウムの最大コンダクタンスがそれぞれ $\bar{g}_{Na} = 120$ mS/cm^2, $\bar{g}_K = 36$ mS/cm^2 です[5].

さらに，他の神経細胞からの相互作用や電極を用いた電気刺激実験によって細胞の外から中に流れる電流 I がある場合には，キルヒホッフの電流の法則の式は，

$$C\frac{dV}{dt} = I - g_{Na}(V - E_{Na}) - g_K(V - E_K) - g_L(V - E_L) \tag{A.8}$$

と表されます．

この微分方程式について，$V = -60, m = 0, h = n = 1$ の初期値から数値計算しますと，第2講の図 2.28, 2.29 のようになります（短期刺激，連続刺激の結果も同じ初期値から数値計算したものです）．なお，第2講で扱った FHN モデルは元の HH モデルに対して，ある程度大胆な簡略化から導出されます[6].

付録5 2つの神経細胞タイプとその数理モデル ——FHN モデルと ML モデル

1952 年に発表された HH モデルは神経細胞の実験からモデル化を行った画期的な研究ですが，その研究を発表する前の 1948 年にホジキンは別の重要な発見を発表しています．それは神経細胞に定常電流を印加すると，大きく2つのタイプの異なる挙動がみられるというもので，彼はそれを Class I と Class II と名付けました[7]．Class I は電流の増加にしたがい，初めは単発の発火をするのですが，電流とともに発火頻度が上がっていくタイプで，Class II は発火初期から一定の周波数で発火を始め，電流を変えてもあまり周波数は

---

5) これらの値は脚注3の Ermentrout と Terman の本によるものです．

6) 数理的な変数およびパラメータの対応関係を保持した2変数微分方程式への簡略化については，Kepler らによる研究などが知られています．Kepler, T. B., Abbott, L. F. and Marder, E. Reduction of conductance-based neuron models, *Biol. Cybern.*, **66**: 381-387 (1992).

7) Hodgkin, A. L., The local electric changes associated with repetitive action in a non-medullated axon, *The Journal of Physiology*, **107**(2): 165-181 (1948).

変化しないタイプです．本書でみた通り，FHN モデルはある閾値を超えた電流が加わると突然周期的な活動を始めますので，Class II の神経細胞の数理モデルでした．一方で，Class I の神経細胞の数理モデルは以下に示すモリス-リカーモデル（ML (Morris-Lecar) モデル）が知られています[8]．モデルとしては HH 方程式のナトリウムイオンの代わりにカルシウムイオンを考慮し，それぞれのイオンチャネルの振る舞いを下記のように記述した，膜電位 V およびカリウムイオンの通しやすさ N の 2 変数微分方程式になります[9]．

$$C\frac{dV}{dt} = I - g_L(V - E_L) - g_{Ca}M_{ss}(V)(V - E_{Ca}) - g_K N(V - E_K),$$

$$\frac{dN}{dt} = \frac{N_{ss}(V) - N}{\tau_N(V)},$$

$$M_{ss}(V) = \frac{1}{1 + \exp\left(\dfrac{-2(V - E_1)}{E_2}\right)},$$

$$N_{ss}(V) = \frac{1}{1 + \exp\left(\dfrac{-2(V - E_3)}{E_4}\right)},$$

$$\tau_N = \frac{2}{\phi\left\{\exp\left(\dfrac{V - E_3}{2E_4}\right) + \exp\left(\dfrac{E_3 - V}{2E_4}\right)\right\}}$$

このモデルを典型的なパラメータの 1 つである $\phi = 0.333, E_k = -0.7, E_{Ca} = 1, E_L = -0.5, g_L = 0.5, g_K = 2, g_{Ca} = 1, E_1 = -0.01, E_2 = 0.15, E_3 = 0.1, E_4 = 0.145$ に固定して，I を変えて数値計算した結果は図 A.6 のようになります．図からは，I が増えるにしたがって発火頻度が増加している様子がわかります[10]．

　一方で，なぜ神経細胞およびその数理モデルにはこのような異なる挙動をするものがあるのかについては，これらのモデルが提示されてからもしばらくは

---

8) Morris, C. and Lecar, H., Voltage oscillations in the barnacle giant muscle fiber, *Biophys. J.*, **35**: 193-213 (1981).

9) $M_{ss}(V)$, $N_{ss}(V)$ はそれぞれ V が一定で時間が十分に経過したときにカルシウム，カリウムイオンチャネルが開いている確率を表します．そのような目でみると，$M_{ss}(V)$, $N_{ss}(V)$ はともにどのような V に対しても必ず 0 から 1 の範囲に収まる関数で記述されていることが確認できます．

10) 一般的なニューラルネットワークではそれぞれの素子は入力が増えると出力が増える関数をもっています（コラム 2）．これは Class I の神経細胞と同じ特徴であるといえます．

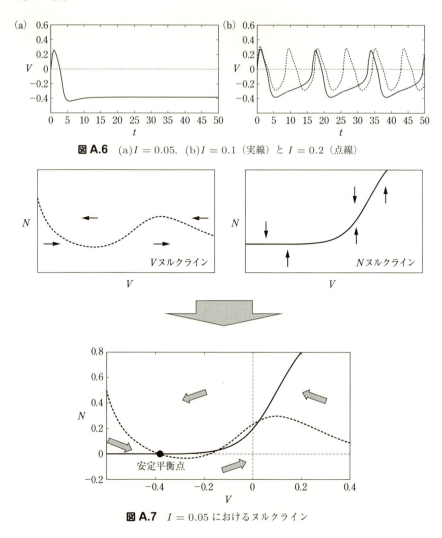

図 A.6 (a)$I = 0.05$, (b)$I = 0.1$（実線）と $I = 0.2$（点線）

図 A.7 $I = 0.05$ におけるヌルクライン

解明されていませんでした．力学系理論から，なぜこのような違いが生じるのかについて明快な答えが示されたのは1990年代後半のことでした[11]．その解

---

11) Rinzel, J. and Ermentrout, B., Analysis of neural excitability and oscillations, in Koch, C. and Segev, I. (eds.), *Methods of Neuronal Modeling* (MIT Press, 1998), pp.251-292.

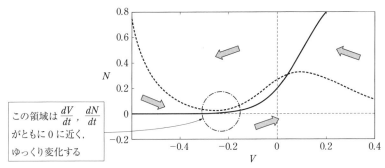

図 A.8 $I = 0.1$ におけるヌルクライン

析も本書でみたヌルクラインや安定性の解析が基本となっているのですが，詳細な説明は本書の範囲を超えていますので割愛します[12]．ここでは Class I の神経細胞数理モデルのダイナミクスについて，要点の一部を図を用いて説明します．$I = 0.05$ でのヌルクラインおよび簡単な方向場は図 A.7 の通りです．平衡点は 3 点ありますが，その中の $V \simeq -0.4$, $N \simeq 0$ は安定平衡点で，最終的にこの値に落ち着きます．I を増やすと 2 つの平衡点が消え，平衡点は 1 つだけになるのですが（図 A.8），この平衡点は不安定平衡点になります．さらに，消えた平衡点の周囲では V と N の時間変化はどちらも 0 に近い値をとるためにゆっくりと変化する領域ができますが，I を増やすにしたがって 2 つのヌルクラインの間が離れていき，ゆっくり変化する領域が解消されるために，発火の頻度が高くなっていきます．

付録 6　確率変数の収束に関する補足

確率変数における収束についても，いくつかの種類があります．ここでは確率収束，概収束，分布収束についてそれぞれ示し，また本書で扱った大数の法則，中心極限定理との関係について説明します[13]．

---

12) たとえば，Izhikevich, E. M., *Dynamical Systems in Neuroscience: The Geometry of Excitability and Bursting* (MIT Press, 2006) には神経細胞の数理モデルごとにくわしい特徴と分岐のタイプの解析が載っていますので参照してください．
13) くわしくは，Gardiner, C., *Stochastic Methods: A Handbook for the Natural and*

232   付録

付録 6.1 確率収束について

確率収束とは，確率変数列 X_i と確率変数 X が任意の定数 $\varepsilon > 0$ に対して，

$$\lim_{n \to \infty} P(|X_n - X| > \varepsilon) = 0$$

を満たす場合を指します．確率収束を用いて表される大数の法則は大数の弱法則と呼ばれ，

X_i はそれぞれ独立で，$E[X_i] = \mu$ とする．このとき，$Y_n = \dfrac{X_1 + X_2 + \cdots + X_n}{n}$ とすると，$\lim_{n \to \infty} P(|Y_n - \mu| > \varepsilon) = 0$ である

と表されます．この法則は，分散 σ^2 が有限のときは，チェビシェフの不等式と呼ばれる不等式から $P(|Y_n - \mu| > \varepsilon) < \dfrac{\sigma^2}{n\varepsilon^2}$ が成り立つため，$n \to \infty$ の極限をとることで導かれます．

付録 6.2 概収束について

概収束とは，確率変数列 X_i と確率変数 X が，

$$P(\lim_{n \to \infty} X_n = X) = 1$$

を満たす場合を指します．概収束は付録 1 でみた関数列の各点収束に近い概念で，（測度 0 の集合を除いた）標本 ω それぞれについて $\lim_{n \to \infty} X_n = X$ が成り立つことを意味しています．大数の法則は概収束の概念を用いて示されることもあり，その場合は，

X_i はそれぞれ独立で，$E[X_i] = \mu$ とする．このとき，$Y_n = \dfrac{X_1 + X_2 + \cdots + X_n}{n}$ とすると，$P\left(\lim_{n \to \infty} Y_n = \mu\right) = 1$ である

と表されます．こちらの法則は大数の強法則と呼ばれています[14]．

Social Sciences 4th Edition (Springer, 2009) および野田一雄，宮岡悦良『数理統計学の基礎』（共立出版，1992）などを参照してください．

[14] くわしくは森真『入門確率解析とルベーグ積分』（東京図書，2012）などを参照してください．

付録 7　t 分布の導出の詳細　　233

付録 6.3　分布収束について

確率変数列 X_i と確率変数 X を考えます．すべての有界な連続関数 f に対して，

$$\lim_{n \to \infty} E[f(X_n)] = E[f(X)]$$

が成り立つとき，X_n は X に分布収束するといいます.

中心極限定理においては，X_i はそれぞれ独立で，$E[X_i] = \mu$, $\mathrm{Var}[X_i] = \sigma^2 < \infty$ としたときに，$Y_n = \dfrac{1}{\sqrt{n}\sigma} \sum_{i=1}^{n} (X_i - \mu)$ とすると，Y_n が標準正規分布に分布収束することが示されます.

付録 7　t 分布の導出の詳細

自由度 n の t 分布は，「確率変数 X, Y が独立で X が標準正規分布，Y は自由度 n のカイ二乗分布にしたがうとき，$\tilde{T} = X/\sqrt{Y/n}$ がしたがう分布」として与えられます．そこで以下ではこの分布を導出するにあたり，(1) 商の確率密度関数の公式を導出し，(2) カイ二乗分布の特徴と式について説明します．(3) その後 (1)(2) を用いて t 分布の確率密度関数を求めます．さらに (4) では正規分布にしたがう N 個の独立な確率変数に対して，標本平均 $\bar{X}$，標本（不偏）分散 s^2，（母）平均 μ を用いて算出される T 統計量 $T = \dfrac{\bar{X} - \mu}{s/\sqrt{N}}$ が t 分布にしたがうことを示します．最後に重要な補足として $Z = \sum_{i=1}^{N}(X_i - \bar{X})^2/\sigma^2$ が自由度 $N - 1$ のカイ二乗分布にしたがい，かつ $\bar{X}$ とは独立であることを説明します．t 分布・t 検定においては，微積分の立場からすべての式変形をその方針も含めてまとめた書籍はあまりないため，これらを付録としてここにまとめました．かなり複雑な計算も含まれていますが，それぞれの操作はこれまで習得した分布の再生性や積分公式ですので，余力のある方はぜひトライしてみてください．

付録 7.1　商の確率密度関数

t 分布は 2 つの確率変数のわり算（商）に関連した分布であるため，はじめ

234　付録

に一般的な商の確率密度関数について考えます．一般に，確率分布 $g_{1X_1}(x)$ に
したがう確率変数 X_1 と確率分布 $g_{2X_2}(x)$ にしたがう確率変数 X_2 があり両者
が独立であったとき，$Y = X_1/X_2$ のもつ確率密度関数は，

$$h_Y(y) = \int_{-\infty}^{\infty} g_{1X_1}(yx)g_{2X_2}(x)|x|dx \tag{A.9}$$

となります．以下にその式の導出を示します．

$$
\begin{aligned}
h_Y(y) &= \frac{d}{dy}P\left(Y = \frac{X_1}{X_2} \le y\right) \\
&= \frac{d}{dy}\int_{-\infty}^{0}\left[\int_{yx_2}^{\infty}g_{1X_1}(x_1)g_{2X_2}(x_2)dx_1\right]dx_2 \\
&\quad + \frac{d}{dy}\int_{0}^{\infty}\left[\int_{-\infty}^{yx_2}g_{1X_1}(x_1)g_{2X_2}(x_2)dx_1\right]dx_2 \\
&= \int_{-\infty}^{0}g_{2X_2}(x_2)\left[\frac{d}{dy}\int_{yx_2}^{\infty}g_{1X_1}(x_1)dx_1\right]dx_2 \\
&\quad + \int_{0}^{\infty}g_{2X_2}(x_2)\left[\frac{d}{dy}\int_{-\infty}^{yx_2}g_{1X_1}(x_1)dx_1\right]dx_2 \\
&= \int_{-\infty}^{0}g_{2X_2}(x_2)g_{1X_1}(yx_2)(-x_2)dx_2 \\
&\quad + \int_{0}^{\infty}g_{2X_2}(x_2)g_{1X_1}(yx_2)x_2dx_2 \\
&= \int_{-\infty}^{\infty}g_{1X_1}(yx_2)g_{2X_2}(x_2)|x_2|dx_2
\end{aligned}
$$

2 行目の式を導くのに，確率変数 X_2 の値 x_2 の正負で場合分けをしています．
$x_1/x_2 \le y$ を満たす x_1 の該当範囲は $x_2 < 0$ の場合は $x_1 \ge yx_2$ であり，
$x_2 > 0$ の場合には $x_1 \le yx_2$ となります．前者は負の数をかけて移項したの
で，不等号の向きが反対になっていることを確認してください[15]．また式展
開における y に関する微分では，$g_{1X_1}(x_1)$ の原始関数を G_1 とすると，
$\frac{d}{dy}(G_1(yx_2) - G_1(-\infty)) = \frac{d}{dy}(G_1(yx_2)) = g_{1X_1}(yx_2) \cdot x_2$ となることなど
を用いています．

---

[15]　一般的に $j < k$ が成り立つ場合は，$-j > -k$ です．この関係は具体的な数値を入れると当
たり前で，$3 < 5$ の場合に $-3 > -5$ となることから確認できます．

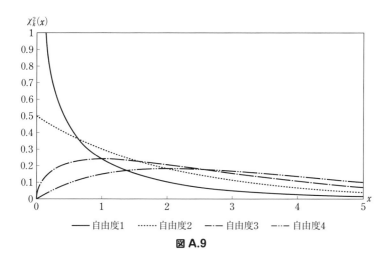

図 **A.9**

付録 7.2　カイ二乗分布とは

正規分布にしたがう独立な試行を何回も行い，得られた X_i から n 点を選んで統計量 $Z = \sum_{i=1}^{n} \left(\frac{X_i - \mu}{\sigma}\right)^2$ を計算するとします．それは n 点の選び方によって毎回異なる値を返してきますが，その値がどのようにばらついているかを示す確率分布がカイ二乗分布です．

以下ではカイ二乗分布の確率密度関数とその概形を説明した後に，その数理的な特徴を示していきます．カイ二乗分布の確率密度関数は自由度と呼ばれる自然数 k を用いて，$x \geq 0$ において，

$$\chi_k^2(x) = A(k) x^{\frac{k}{2}-1} \exp\left(-\frac{x}{2}\right) \tag{A.10}$$

と表され，$x < 0$ において $\chi_k^2(x) = 0$ で表されます．ここで $A(k)$ は k のみの関数で，$\chi_k^2(x)$ を 0 以上 ∞ までの区間で積分をすると 1 になるように $A(k) = \dfrac{1}{2^{\frac{k}{2}} \Gamma(k/2)}$ と定められます．

$\chi_k^2(x)$ は x に対しては減少関数 $\exp(-x/2)$ と k によって傾向がかわる関数 $x^{\frac{k}{2}-1}$ の積で表されているため，k の値で形状が大きく異なります．k を変えた場合の $\chi_k^2(x)$ の形は図 A.9 の通りです．

式 (A.10) で表されるカイ二乗分布には，正規分布と関連した以下の 4 つの

236 付録

関係があることが知られています.

(1) 確率変数 X が $f_N(x; 0, 1)$ にしたがうとき,$Y = X^2$ の分布は $\chi^2_{(k=1)}(x)$ にしたがう.

(2) 確率変数 X_1 が $\chi^2_m(x)$,X_2 が $\chi^2_n(x)$ にしたがい互いに独立であるとき,$X_1 + X_2$ の分布は $\chi^2_{m+n}(x)$ にしたがう.

(3) 確率変数 X_i が各々 $f_N(x; 0, 1)$ にしたがい互いに独立であるとき,$\sum_{i=1}^n X_i^2$ の分布は $\chi^2_n(x)$ にしたがう.

(4) 確率変数 X_i が各々平均 μ,分散 σ^2 の正規分布にしたがい互いに独立であるとき,$Z = \sum_{i=1}^n \left(\dfrac{X_i - \mu}{\sigma}\right)^2$ の分布は $\chi^2_n(x)$ にしたがう.

以下ではそれぞれについて順にみていきます.

(1) については,はじめに X を標準正規分布にしたがう確率変数,Y を $\chi^2_{(k=1)}(x)$ にしたがう確率変数とします.このとき,

$$P(|X| \leq X_0) = P(Y \leq X_0^2) \tag{A.11}$$

が X_0 の値によらず成り立てば,$Y = X^2$ であることがいえます.左辺は

$$P(|X| \leq X_0) = \int_{-X_0}^{X_0} \frac{1}{\sqrt{2\pi}} \exp\left(-\frac{x^2}{2}\right) dx = 2 \int_0^{X_0} \frac{1}{\sqrt{2\pi}} \exp\left(-\frac{x^2}{2}\right) dx$$

ですが,ここで $y = x^2$ を導入し,y の積分に置換します.$\dfrac{dx}{dy} = \dfrac{1}{2} y^{-\frac{1}{2}}$ より[16],

$$= \frac{2}{\sqrt{2\pi}} \int_0^{X_0^2} \exp\left(-\frac{y}{2}\right) \cdot \frac{1}{2} y^{-\frac{1}{2}} dy$$

$$= \frac{1}{\sqrt{2\pi}} \int_0^{X_0^2} \exp\left(-\frac{y}{2}\right) y^{-\frac{1}{2}} dy$$

が得られます.一方で式 (A.11) 右辺はカイ二乗分布の積分から,

$$P(Y \leq X_0^2) = \frac{1}{2^{\frac{1}{2}} \Gamma\left(\frac{1}{2}\right)} \int_0^{X_0^2} y^{-\frac{1}{2}} \exp\left(-\frac{y}{2}\right) dy$$

---

[16] $x \geq 0$ の積分区間において,$x = \sqrt{y} = y^{\frac{1}{2}}$ が y に対して単調に増加することを確認したのちに,$\dfrac{dy}{dx} = 2x$ から $\dfrac{dx}{dy} = \dfrac{1}{2x}$ の分母の x に $x = y^{\frac{1}{2}}$ を代入して導きます.

ですが，$2^{\frac{1}{2}}\Gamma(1/2) = \sqrt{2\pi}$ より X^2 が $\chi^2_{(k=1)}(x)$ にしたがうことが確認できます．

(2) はカイ二乗分布の再生性と呼ばれる性質です．カイ二乗分布は複雑な形をしていますが，その確率変数の和は自由度をたしたカイ二乗分布にしたがうという美しい法則が成り立ちます．モーメント母関数を用いて示すことができます．

自由度 m のカイ二乗分布のモーメント母関数 $M_Y(t)$ は，

$$
\begin{aligned}
M_Y(t) &= \int_0^\infty \exp(tx)\chi^2_m(x)dx \\
&= \int_0^\infty \exp(tx)\frac{1}{2^{\frac{m}{2}}\Gamma\left(\frac{m}{2}\right)}x^{\frac{m}{2}-1}\exp\left(-\frac{x}{2}\right)dx \\
&= \frac{1}{2^{\frac{m}{2}}\Gamma\left(\frac{m}{2}\right)}\int_0^\infty x^{\frac{m}{2}-1}\exp\left(-\frac{1-2t}{2}x\right)dx
\end{aligned}
$$

ですが，ここで $s = \dfrac{1-2t}{2}x$ を導入して s の積分に置換積分を行うと，$\dfrac{dx}{ds} = \dfrac{2}{1-2t}$ より，

$$
\begin{aligned}
&= \frac{1}{2^{\frac{m}{2}}\Gamma\left(\frac{m}{2}\right)}\left(\frac{2}{1-2t}\right)^{\frac{m}{2}-1}\int_0^\infty s^{\frac{m}{2}-1}\exp(-s)\frac{2}{1-2t}ds \\
&= \frac{1}{2^{\frac{m}{2}}\Gamma\left(\frac{m}{2}\right)}\left(\frac{2}{1-2t}\right)^{\frac{m}{2}}\Gamma\left(\frac{m}{2}\right) \\
&= \frac{1}{(1-2t)^{\frac{m}{2}}}
\end{aligned}
$$

が得られます[17]．そこで，自由度 m のカイ 2 乗分布 X_1 と，それと独立な自由度 n のカイ 2 乗分布 X_2 のたし合わせ $Y = X_1 + X_2$ の分布は，

---

17)　正確には，モーメント母関数における t には発散しない程度に小さい値という条件がつきます．カイ二乗分布のモーメント母関数は $t = 1/2$ で発散するため，$0 < t < 1/2$ の範囲で考えることになります．

238 付録

$$M_Y(t) = M_{X_1}(t)M_{X_2}(t)$$
$$= \frac{1}{(1-2t)^{\frac{m}{2}}}\frac{1}{(1-2t)^{\frac{n}{2}}}$$
$$= \frac{1}{(1-2t)^{\frac{m+n}{2}}}$$

となり，自由度 $m+n$ のカイ二乗分布をもつ確率変数のモーメント母関数に等しいことがわかります．

(3) は数学的帰納法と呼ばれる方法で証明されます．数学的帰納法は，

(a) $n=1$ のときに成り立つ．

(b) $n=k$ のときに成り立つと仮定し，$n=k+1$ のときに成り立つことを示す．

によってすべての自然数で成り立つことを示すものです．この場合では，(a) は上記 (1) の X^2 の分布が $\chi_1^2(x)$ にしたがうという関係から成り立ち，(b) は上記 (2) の関係で $m=k, n=1$ のときを考えると $\sum_{i=1}^{k+1} X_i^2$ が $\chi_{k+1}^2(x)$ にしたがうことから成り立ちます．そのため，任意の自然数 n について $\sum_{i=1}^{n} X_i^2$ の分布が $\chi_n^2(x)$ にしたがうことがわかります．

(4) は $(X_i - \mu)/\sigma$ が確率密度関数 $f_N(x; 0, 1)$ にしたがうことと (3) から示されます．

付録 7.3　t 分布の導出

確率変数 X, Y が独立で X が標準正規分布，Y が自由度 n のカイ二乗分布にしたがうとき，$\tilde{T} = X/\sqrt{Y/n}$ がしたがう分布（自由度 n の t 分布）の式を求めます．方針としては，分母の確率密度関数を求めてから，商の確率密度関数の法則を用います．記述の分かりやすさのため，積分の外にだしてよい n のみの関数を $C_i(n)$ と表記して変形を進めていきます．

Y は自由度 n のカイ二乗分布にしたがうので，その確率密度関数は，

$$\chi_n^2(y) = \frac{1}{2^{\frac{n}{2}}\Gamma\left(\frac{n}{2}\right)}y^{\frac{n}{2}-1}\exp\left(-\frac{y}{2}\right) \quad (y \geq 0)$$

と表されます．$\tilde{T}$ のしたがう確率密度関数を直接求めるのは困難ですので，

まずは分母の確率変数を $U = \sqrt{Y/n}$ として導入し $(U \geq 0)$, U の確率密度関数を $g(u)$, $g(u)$ を求めるために用いる U の累積分布関数を $G(u)$ とします. $u_0 = \sqrt{y_0/n}$ が成り立つときに $G(u_0)$ は,

$$
\begin{aligned}
G(u_0) &= P(U \leq u_0) \\
&= P\left(U \leq \sqrt{\frac{y_0}{n}}\right) \\
&= C_1(n) \int_0^{y_0} y^{\frac{n}{2}-1} \exp\left(-\frac{y}{2}\right) dy
\end{aligned}
$$

で与えられます. ただし $C_1(n) = \dfrac{1}{2^{\frac{n}{2}} \Gamma(n/2)}$ です.

U と Y の関係と同様に, 正の数 y に対して $y = nu^2$ として u を導入すると, $u > 0$ で u は y に対して単調増加関数となるために, 置換積分によって u による積分に変換することができます. $\dfrac{dy}{du} = 2nu$ ですので,

$$
G(u_0) = C_1(n) \int_0^{u_0} (nu^2)^{\frac{n}{2}-1} \exp\left(-\frac{nu^2}{2}\right) \cdot 2nu\, du
$$

が成り立ち, U の確率密度関数 $g(u)$ に関しては,

$$
\begin{aligned}
g(u) &= C_1(n)(nu^2)^{\frac{n}{2}-1} \exp\left(-\frac{nu^2}{2}\right) \cdot 2nu \\
&= C_2(n) u^{n-1} \exp\left(-\frac{nu^2}{2}\right)
\end{aligned}
$$

(ただし $C_2(n) = C_1(n) 2n^{\frac{n}{2}}$) と求まります.

次に, 懸案であった $\tilde{T} = X/\sqrt{Y/n}$ の確率密度関数を $t_n(x)$ として, その関数を求めていきます. 具体的には, $\tilde{T}$ は X と U のわり算で与えられますので, 商の確率密度関数の公式 (A.9) および $U < 0$ で $g(u) = 0$ であることから,

$$
\begin{aligned}
t_n(x) &= \int_0^\infty \frac{1}{\sqrt{2\pi}} \exp\left(-\frac{(xu)^2}{2}\right) C_2(n) u^{n-1} \exp\left(-\frac{n}{2}u^2\right) u\, du \\
&= C_3(n) \int_0^\infty u^n \exp\left(-\frac{n+x^2}{2}u^2\right) du
\end{aligned}
$$

(ただし $C_3(n) = C_2(n)/\sqrt{2\pi}$) と変形されます. ここで, $s = (n+x^2)u^2/2$

240 付録

を導入すると，s は正の数 u に対して単調増加であり，$u = 2^{\frac{1}{2}}(n+x^2)^{-\frac{1}{2}}s^{\frac{1}{2}}$ および $\frac{du}{ds} = 2^{-\frac{1}{2}}(n+x^2)^{-\frac{1}{2}}s^{-\frac{1}{2}}$ であることから，置換積分を行って，

$$
\begin{aligned}
t_n(x) &= C_3(n) \int_0^\infty (2^{\frac{1}{2}}(n+x^2)^{-\frac{1}{2}}s^{\frac{1}{2}})^n \exp(-s)(2^{-\frac{1}{2}}(n+x^2)^{-\frac{1}{2}}s^{-\frac{1}{2}})ds \\
&= C_3(n)2^{\frac{n-1}{2}}(n+x^2)^{-\frac{n+1}{2}} \int_0^\infty s^{\frac{n-1}{2}} \exp(-s)ds \\
&= C_3(n)\Gamma\left(\frac{n+1}{2}\right)2^{\frac{n-1}{2}}n^{-\frac{n+1}{2}}\left(1+\frac{x^2}{n}\right)^{-\frac{n+1}{2}} \\
&= C(n)\left(1+\frac{x^2}{n}\right)^{-\frac{n+1}{2}}
\end{aligned}
\tag{A.12}
$$

として自由度 n の t 分布における確率密度関数が求まりました（ただし $C(n) = C_3(n)\Gamma\left(\frac{n+1}{2}\right)2^{\frac{n-1}{2}}n^{-\frac{n+1}{2}}$）．最終的に規格化定数 $C(n)$ の中身を整理すると，

$$
\begin{aligned}
C(n) &= \frac{1}{2^{\frac{n}{2}}\Gamma\left(\frac{n}{2}\right)}2n^{\frac{n}{2}}\frac{1}{\sqrt{2\pi}}\Gamma\left(\frac{n+1}{2}\right)2^{\frac{n-1}{2}}n^{-\frac{n+1}{2}} \\
&= \frac{1}{\sqrt{2\pi}}2^{\frac{1}{2}}n^{-\frac{1}{2}}\frac{\Gamma\left(\frac{n+1}{2}\right)}{\Gamma\left(\frac{n}{2}\right)} \\
&= \frac{\Gamma\left(\frac{n+1}{2}\right)}{\sqrt{\pi n}\,\Gamma\left(\frac{n}{2}\right)}
\end{aligned}
\tag{A.13}
$$

であることがわかります．この形が第 3 講の式 (3.10) と同じであることを確認してください．

付録 7.4　標本からの T 統計量が t 分布にしたがう

平均 μ, 分散 σ^2 の正規分布にしたがう N 個の独立な確率変数 $X_1, \cdots, X_N$ があるとします．このとき，前述の標本平均 $\bar{X}$ および標本（不偏）分散 $s^2 = \frac{1}{N-1}\sum_{i=1}^{N}(X_i - \bar{X})^2$ を用いて，次の変数，

$$
T = \frac{\bar{X} - \mu}{s/\sqrt{N}}
\tag{A.14}
$$

がしたがう確率分布を考えます.ここでも直接 T の確率分布を考えることはできないため,まずは分母を σ に置き換えた $\hat{T} = \dfrac{\bar{X} - \mu}{\sigma}$ の確率分布を考え,その特徴から T と標準正規分布の関係を導きます.$\hat{T}$ が,

$$\hat{T} = \frac{\bar{X} - \mu}{\sigma} = \frac{1}{N} \sum_{i=1}^{n} \frac{X_i - \mu}{\sigma}$$

と変形できることと,3.4.2 項でみた正規分布の再生性より $\hat{T}$ は平均 0,分散 $1/N$ の正規分布にしたがうことがわかります[18].そこで式 (A.14) の分子と分母を両方 σ でわると,

$$T = \frac{\bar{X} - \mu}{s/\sqrt{N}} = \frac{\sqrt{N}(\bar{X} - \mu)/\sigma}{\sqrt{s^2/\sigma^2}} = \frac{\sqrt{N}\hat{T}}{\sqrt{s^2/\sigma^2}}$$

という形になり,この分子は分散が 1 になり,標準正規分布にしたがうことになります.さらに分母のルートの中身には,不偏分散 s^2 の定義を代入した上で分子と分母の両方に $(N-1)/\sigma^2$ をかけると,

$$\frac{s^2}{\sigma^2} = \frac{\frac{\sum_{i=1}^{N}(X_i - \bar{X})^2}{N-1}}{\sigma^2} = \frac{\sum_{i=1}^{N}(X_i - \bar{X})^2/\sigma^2}{N-1} \tag{A.15}$$

が得られますが,この右辺の分子は自由度 $N-1$ のカイ二乗分布にしたがい,$\bar{X}$ と独立であることが示されます(以下の補足説明を参照してください).

そこで,$N-1 = n$ とすると,確率変数 X_i を用いて算出される T は,上の式変形によって標準正規分布にしたがう変数 X と,X とは独立な自由度 n のカイ二乗分布 Y を用いて $T = X/\sqrt{Y/n}$ と変換できます.そのため,付録 7.3 の計算によって自由度 n の t 分布 (A.12) にしたがうことがわかります[19].

付録 7.5　重要な補足——$Z = \sum_{i=1}^{n}(X_i - \bar{X})^2/\sigma^2$ とカイ二乗分布の関係

先ほどの式 (A.15) における右辺の分子を $Z = \sum_{i=1}^{N}(X_i - \bar{X})^2/\sigma^2$ とすると,Z は自由度 $N-1$ のカイ二乗分布にしたがい,さらに標本平均 $\bar{X}$ と独立

---

18)　再生性に加えて,関数の平行移動と拡大・縮小の法則を使います.みなさんで確認してみてください.

19)　3.6 節でも言及しましたが,最終的に T 統計量の算出式にも t 分布の確率密度関数の式にも(未知な量である)母分散 σ^2 が含まれていないことに注意してください.

242　付録

であることが知られています. このことを示すには, $Z = \sum_{i=1}^{N-1} S_i^2$ を満た
し, $S_i(i = 1, 2, \cdots, N-1)$ が互いに独立かつ標準正規分布にしたがうよう
に, S_i を X_i からの変数変換によって導く必要があります. 変換は複雑です
が, 方針としては, $V_i = (X_i - \mu)/\sigma$ と変換すると V_i は互いに独立な標準正
規分布にしたがうため, まずは Z から $(X_i - \mu)/\sigma$ という項を (強引に) 作り
出します. Z の分子は,

$$\sum_{i=1}^{N}(X_i - \bar{X})^2 = \sum_{i=1}^{N}\left((X_i - \mu) - (\bar{X} - \mu)\right)^2$$

から右辺2乗の中身を展開して $\sum_{i=1}^{N}(X_i - \mu)^2 - \sum_{i=1}^{N} 2(X_i - \mu)(\bar{X} - \mu) + \sum_{i=1}^{N}(\bar{X} - \mu)^2$ とすると, 2項目は $-2N(\bar{X} - \mu)^2$, 3項目は $N(\bar{X} - \mu)^2$ とな
ることより,

$$\sum_{i=1}^{N}(X_i - \bar{X})^2 = \sum_{i=1}^{N}(X_i - \mu)^2 - N(\bar{X} - \mu)^2$$

が得られます. さらに両辺を σ^2 でわって,

$$Z + N\left(\frac{\bar{X} - \mu}{\sigma}\right)^2 = \sum_{i=1}^{N} V_i^2 \tag{A.16}$$

が得られます.

　次に, カイ二乗分布にしたがう式を求めるための変換として, 1 から $N-1$
までの自然数 l について,

$$S_l = \sum_{k=1}^{l} \frac{1}{\sqrt{l \cdot (l+1)}} V_k - \frac{l}{\sqrt{l \cdot (l+1)}} V_{l+1}$$

とし, S_n については,

$$S_n = \sum_{k=1}^{N} \frac{1}{\sqrt{N}} V_k$$

として導入される S_i を考えます. $N = 3$ のときの具体例は,

$$S_1 = \frac{1}{\sqrt{1\cdot 2}}V_1 - \frac{1}{\sqrt{1\cdot 2}}V_2,$$

$$S_2 = \frac{1}{\sqrt{2\cdot 3}}V_1 + \frac{1}{\sqrt{2\cdot 3}}V_2 - \frac{2}{\sqrt{2\cdot 3}}V_3,$$

$$S_3 = \frac{1}{\sqrt{3}}V_1 + \frac{1}{\sqrt{3}}V_2 + \frac{1}{\sqrt{3}}V_3$$

です．この変換による確率変数 $S_i (i = 1, \cdots, N)$ も互いに独立な標準正規分布にしたがいます．ここで互いに独立であることを示すには大学数学における線形代数の知識が必要ですが[20]，正規分布の再生性を用いると，S_i が平均が0で分散が1の正規分布にしたがうことは確認できます（たとえば，S_2 については $f_N(x; 0, 1/6)$, $f_N(x; 0, 1/6)$, $f_N(x; 0, 4/6)$ にしたがう独立な確率変数の和なので，正規分布の再生性より S_2 は $f_N\left(x; 0, \frac{1}{6} + \frac{1}{6} + \frac{4}{6}\right)$ にしたがうからです）．さらにこのとき，$\sum_{i=1}^{N} V_i^2 = \sum_{i=1}^{N} S_i^2$ が成り立ちます（$N = 3$ の具体例に関しては，実際の2乗和の計算から確認できると思います）．これらの関係および $S_N = \sum_{k=1}^{N} \frac{1}{\sqrt{N}} V_k = \frac{\sqrt{N}}{\sigma}(\bar{X} - \mu)$ を式 (A.16) に代入すると，

$$Z + S_n^2 = \sum_{i=1}^{N} S_i^2$$

$$Z = \sum_{i=1}^{N-1} S_i^2$$

となり，確率変数 Z が自由度 $N-1$ のカイ二乗分布にしたがうことが示されます．また，$S_i (i = 1, \cdots, N)$ が互いに独立であることから $\sum_{i=1}^{N-1} S_i^2$ と S_N は独立となります．前者は $Z = \frac{1}{\sigma^2}\sum_{i=1}^{N}(X_i - \bar{X})^2$，後者は $\frac{\sqrt{N}}{\sigma}(\bar{X} - \mu)$ です

---

20) この部分は線形代数における直交変換に関する知識が必要になります．概略だけ述べますと，独立な標準正規分布に従う確率変数 $V_1, V_2, \cdots, V_N$ の確率密度関数は $f(V_1, V_2, \cdots, V_N) = \frac{1}{(\sqrt{2\pi})^N} \exp\left(-\frac{V_1^2}{2} - \frac{V_2^2}{2} - \cdots - \frac{V_N^2}{2}\right)$ ですが，これら V_i を用いた特殊な線形和（直交変換）で表される S_i の確率密度関数 $f(S_1, S_2, \cdots, S_N)$ が $\frac{1}{(\sqrt{2\pi})^N} \exp\left(-\frac{S_1^2}{2} - \frac{S_2^2}{2} - \cdots - \frac{S_N^2}{2}\right)$ にしたがうことが示されます（直交変換の性質である，ヤコビアン（置換積分の面積拡大率に相当する量）が1であることと，$\sum_k V_k^2 = \sum_l S_l^2$ が成り立つことを用いて導かれます（洲之内治男，寺田文行，舟根智美『演習 確率統計』（サイエンス社，1976）））．

ので，カイ二乗分布にしたがう確率変数 Z と標準正規分布にしたがう確率変数 $\bar{X}$ が独立ということになります．

参考文献

　本書の執筆に関する参考文献，さらに発展的な内容を学習するための取り掛かりに最適な本，関連する数学（微積分，微分方程式，確率統計）を扱った読みやすい本，をそれぞれ以下に挙げさせていただきます．

1　本書の執筆で参考にした文献

微積分

栗田稔『基礎教養 微分積分学』（学術図書，1977）.

杉浦光夫『解析入門 I』（東京大学出版会，1980）.

Boyer, C. B. A, *History of Mathematics*, 2nd Edition (Wiley, 1989).

小平邦彦『軽装版 解析入門 I』（岩波書店，2003）.

Stillwell, J., *Mathematics and Its History*, 3rd Edition (Springer, 2010).

高木貞治『定本 解析概論』（岩波書店，2010）.

微分方程式

Ermentrout, G. B., *Simulating, Analyzing, and Animating Dynamical Systems: A guide to XPPAUT for researchers and students*,Vol.14 (Siam., 2002).
　　（本書の微分方程式の章の計算の多くは Prof.　Ermentrout 作成のフリーソフト XPPAUT を用いて行いました.）

小室元政『基礎からの力学系——分岐解析からカオス的遍歴へ』（サイエンス社，2005）.

森真，水谷正大『入門力学系』（東京図書，2009）.

Ermentrout, G. B., and Terman, D. H., *Mathematical Foundations of Neuroscience*, Vol. 35 (Springer, 2010).

宮川博義，井上雅司『ニューロンの生物物理 第 2 版』（丸善出版，2013）.

Strogatz, S. H.（著），田中久陽，中尾裕也，千葉逸人（訳）『非線形ダイナミクスとカオス』（丸善出版，2015）.

確率統計

和田秀三『基本演習確率統計』（サイエンス社，1990）.

東京大学教養学部統計学教室（編）『統計学入門』（東京大学出版会，1991）.

松原望『入門ベイズ統計——意思決定の理論と発展』（東京図書，2008）.

平岡和幸，堀玄『プログラミングのための確率統計』（オーム社，2009）.

涌井良幸『道具としてのベイズ統計』（日本実業出版社，2009）.

Bishop, C. M.（著），元田浩，栗田多喜夫，樋口知之，松本裕治，村田昇（監訳）『パターン認識と機械学習』（丸善出版，2012）.

森真『入門　確率解析とルベーグ積分』（東京図書，2012）.

2　発展的な内容を学習するための文献

（下記の書籍も本書の執筆にあたり参考にした文献です.）

微積分

Dunham, W.（著），一樂重雄，實川敏明（訳）『微積分名作ギャラリー——ニュートンからルベーグまで』（日本評論社，2009）.

微積分・微分方程式

千葉逸人『工学部で学ぶ数学』（プレアデス出版，2009）.

微分方程式

藪野浩司『工学のための非線形解析入門——システムのダイナミクスを正しく理解するために』（サイエンス社，2004）.

確率統計

久保拓弥『データ解析のための統計モデリング入門——一般化線形モデル・階層ベイズモデル・MCMC』（岩波書店，2012）.

3　数学を扱った読み物として楽しめる文献

蔵本由紀『非線形科学』（集英社，2007）.

鳥越規央『スポーツを 10 倍楽しむ統計学』（化学同人，2015）.

大栗博司『数学の言葉で世界を見たら——父から娘に贈る数学』（幻冬舎，2015）.

甘利俊一『脳・心・人工知能——数理で脳を解き明かす』（ブルーバックス，2016）.

謝辞

　本書の執筆にあたり，さまざまな方にお世話になりました．

　長山雅晴先生，土谷隆先生には数理的な内容や展開について，貴重なコメントをいただきました．また，中野直人さんにはいくつかの記述について，貴重なコメントをいただきました．

　白坂将さんには原稿をていねいに校正していただき，有益なフィードバックをいただきました．榛葉健太さん，小川雄太郎さん，沼田崇志さんには執筆の初期段階において，表現などのチェックをしていただきました．

　刊行にあたっては，本書のねらい（の1つ）である「数学を活用して社会的な問題に取り組む」という点において，先駆的な研究をされている西成活裕先生に推薦文をいただきました．

　本書の構成や内容の一部については，共同研究者の先生方との日々のディスカッションや，科学技術振興機構さきがけ「社会的課題の解決に向けた数学と諸分野の協働」に携わる先生方とのやりとりを直接的，間接的に役立たせていただきました．

　東京大学出版会の丹内利香さんには本書のコンセプトから仕上げに至るまでさまざまな有益なコメントをいただきました．

　この場を借りてみなさまに感謝の気持ちを申し上げます．ありがとうございました．

索 引

1 次視覚野　175
1 変数線形力学系　73
1 変数非線形力学系　83
2 元体　204
2 次方程式の解の公式　82
2 進数　215
2 変数線形力学系　75
4 次のルンゲ-クッタ法　201
AIC　162
CORDIC　213
cos 関数　37
FitzHugh-Nagumo モデル　91
Hodgkin-Huxley モデル　91
KL ダイバージェンス　162
MCMC　207
Morris-Lecar モデル　229
n 次モーメント　127
sin 関数　37
t 検定　155
t 分布　153

ア 行

圧力　180
安定（な不動点）　67
安定性解析　54
安定平衡点　85
イオンチャネル　91
一様分布　202
イプシロン-デルタ論法　9
運動方程式　60
円弧　183
円周率　206
オイラーの公式　186
オイラー法　59
オームの法則　74

カ 行

概収束　232
階乗　46
海馬　112
カオス　54, 105
拡大・縮小　3
確率収束　232
画像認識　175
関数　2
ガンマ関数　117
奇関数　116
棄却　152
疑似乱数　202
期待値　126
気体定数　180
帰無仮説　152
逆関数　40
共分散　137
極限をとる　8
極座標変換　190
虚数　182
キルヒホッフの電流の法則　74
偶関数　116
空気抵抗　71
区間推定　151
組み合わせ　20
蔵本・シバンスキー方程式　172
原始関数　25
検定　151
広義積分　121
合成関数の微分公式　13
弧度法　182
コンデンサ　74

サ 行

再生性　141

最尤法　159
サドル・ノード分岐　86
三角関数　37
三体問題　57, 59
シグモイド関数　174
事後分布　168
事象　125
指数関数　32
事前分布　164
質量　71
写像　56
修正オイラー法　196
重積分　178, 189
収束する　9
収束半径　18
重力加速度　71
出力層　174
順列　20
条件付き確率　164
情報幾何学　163
常用対数　44
初期値　74
神経細胞　89
深層学習　175
推定　151
数値解法　58
スターリングの公式　46
スローファスト系　97
正規分布　130
積の微分公式　11
積分　23
絶対温度　180
漸近式　56
線形　64
線形合同法　202
全微分の式　197
層流　172
測度　28
測度論　125

タ　行

多価関数　42
第一種の誤り　152
対数関数　40

大数の弱法則　146
大数の法則　140
体積　180
第二種の誤り　152
対立仮説　151
多項式関数　3
ダランベールの収束判定法　18
単調増加関数　41
置換積分　113
中間層　174
中心極限定理　140
中心多様体理論　97
抵抗　74
定積分　25
テイラー展開　14
ディリクレ関数　27
電圧　73
電荷　74
電気回路　74
電気容量　74
点推定　151
テント写像　108
電流　73
独立　136

ナ　行

ナヴィエ-ストークス方程式　104
二項定理　22
二体問題　57
入力層　174
ニュートン法　17
ニューラルネットワーク　174
ニューロン新生　112
任意定数　74
ヌルクライン　68
ネイピア数　178
熱拡散　104
粘性　104

ハ　行

はさみうちの原理　219
万有引力の法則　60
非線形　64

ピタゴラスの定理　60, 182
微分　7
標準形　86
標準正規分布　130
標本　125
　　——空間　125
　　——（不偏）分散　148
　　——平均　141, 148
不安定（な不動点）　68
不安定平衡点　85
複素数　178, 182
複素平面　188
物質量　180
不定積分　25
浮動小数点　216
不動点　67
部分積分　113
不偏分散　149
分岐図　83
分岐パラメータ　83
分散　127
分布収束　233
平均　126
平行移動　6
平衡点　68
ベイズ更新　164
ベイズ統計　164
ベイズの定理　164
ベータ関数　119
変数変換　87
偏微分　178, 195
方向場　68
放射性崩壊　55
母分散　127

母平均　126

マ　行

膜電位　89
マクローリン展開　14
メトロポリス法　208
メルセンヌ・ツイスター　202
面積　24
モーメント母関数　128
モンティ・ホール問題　169
モンテカルロ法　206

ヤ　行

有意水準　152
有向パーコレーション　173
尤度関数　160

ラ　行

ラジアン　183
乱流　171
　　——スポット　173
力学系　55
離散時間力学系　55
離散分布　124
利息　56
リーマン積分　27
ルベーグ積分　27
レイリー-ベナール対流　104
連続時間力学系　55
連続分布　124
ローレンツ方程式　103

著者略歴

小谷　潔 （こたに・きよし）

2003 年，東京大学大学院工学系研究科精密機械工学専攻博士課程修了.
同大学院情報理工学系研究科特任助手，
同大学院新領域創成科学研究科講師などを経て，
現在，同大学先端科学技術研究センター准教授．博士（工学）

専門分野：応用数学，非線形動力学，生体計測，生体医工学

「極限」を使いこなす
微積分・微分方程式・確率統計

2017 年 10 月 27 日　初　版

［検印廃止］

著　者　小谷　潔

発行所　一般財団法人　東京大学出版会

代表者　吉見俊哉

153-0041　東京都目黒区駒場 4-5-29
電話 03-6407-1069　Fax 03-6407-1991
振替 00160-6-59964
URL http://www.utp.or.jp/

印刷所　大日本法令印刷株式会社
製本所　誠製本株式会社

ⓒ2017 Kiyoshi Kotani
ISBN 978-4-13-063903-3　Printed in Japan

JCOPY〈㈳出版者著作権管理機構　委託出版物〉
本書の無断複写は著作権法上での例外を除き禁じられています．複写される場合は，そのつど事前に，㈳出版者著作権管理機構（電話 03-3513-6969，FAX 03-3513-6979, e-mail: info@jcopy.or.jp）の許諾を得てください.

現象数理学入門

三村昌泰編　A5 判・216 頁・3200 円

動物の模様，感染症の流行，交通渋滞や経済不況など，私たちの身のまわりにあるさまざまな現象を数理的に解明する方法とは？　それぞれの分野の第一人者が，「シミュレーション」「数値解析」「モデリング」の 3 つの視点から初心者向けにわかりやすく解説.

数学　理性の音楽
自然と社会を貫く数学

岡本和夫・薩摩順吉・桂　利行　A5 判・208 頁・2800 円

数学って役に立つの？　物の落下や天体の動きなどさまざまな自然現象をはじめ，インターネットのセキュリティーや CD などいまや生活に欠かすことのできない技術まで，いたるところに数学あり．私たちの身近な世界と深くかかわる数学にふれてみよう.

数学の現在［全 3 巻］

斎藤　毅・河東泰之・小林俊行編　A5 判
i：224 頁・2800 円／π：198 頁・2800 円／e：272 頁・3000 円

微積分や線形代数の先には，どのような世界がくりひろげられているのだろう．東大数理の執筆陣が，いま数学ではどのようなおもしろい研究がおこなわれているのかを，初学者に向けて生き生きと解説．あなたも臨場感あふれる講義に参加してみませんか.

ここに表示された価格は本体価格です．ご購入の
際には消費税が加算されますのでご了承ください.